中等职业学校教材

有机化学

第二版

王添惠　贺红举　编

化学工业出版社

·北京·

本书遵循中等职业学校教材“实用为主，够用为度，应用为本”的原则，以学生能力培养为目标。主要内容包括饱和烃（烷烃），不饱和烃（烯烃、二烯烃、炔烃），脂环烃，芳香烃，卤代烃，醇、酚和醚，醛和酮，羧酸及其衍生物，含氮有机化合物，其他类有机化合物以及有机化学实验等内容。每章附有思考与练习、自测题，以巩固所学知识。附录列出了常见有机化合物的类别和重要的有机反应，以方便学生查询。

本书适用于中等职业学校化工工艺专业和化学检验专业的中级工，也可供开设有机化学课程的其他专业选用。

图书在版编目(CIP)数据

有机化学/王添惠，贺红举编．—2版．—北京：化学工业出版社，2007.4 （2020.1重印）
中等职业学校教材
ISBN 978-7-122-00262-4

Ⅰ．有… Ⅱ．①王…②贺… Ⅲ．有机化学-专业学校-教材 Ⅳ．O62

中国版本图书馆CIP数据核字（2007）第054587号

责任编辑：陈有华　刘心怡　　文字编辑：林　媛
责任校对：王素芹　　装帧设计：潘　峰

出版发行：化学工业出版社（北京市东城区青年湖南街13号　邮政编码100011）
印　　装：大厂聚鑫印刷有限责任公司
850mm×1168mm　1/32　印张9¼　字数245千字
2020年1月北京第2版第9次印刷

购书咨询：010-64518888
售后服务：010-64518899
网　　址：http://www.cip.com.cn
凡购买本书，如有缺损质量问题，本社销售中心负责调换。

定　　价：26.00元

前　　言

第一版《有机化学》自1985年出版以来已重印近20次，得到了全国化工技工学校广大师生的厚爱。为满足中等职业教育改革及学生素质教育的需要，在征求有关专家意见的基础上，结合近年教学改革实践的体会，对第一版教材进行了修订。

修订后的教材内容包括：绪论；饱和烃——烷烃；不饱和烃——烯烃、二烯烃和炔烃；脂环烃；芳香烃；卤代烃；醇、酚和醚；醛和酮；羧酸及其衍生物；含氮有机化合物；其他类有机化合物简介；有机化学实验；附录等。每章均编有学习目标、思考与练习、自测题等。

本书适用于中等职业学校化学检验专业和化工工艺专业的中级工，也可供开设有机化学课程的其他专业选用及有关人员学习和参考。

修订后的教材保留了原教材的知识结构和体系，同时又充分体现了当今社会对技工教育和技工人才的培养目标，体现了最新的教育教学理念，紧扣素质教育这条主线。以学生为本，以能力培养为主。遵循了职业学校教材"实用为主，够用为度，应用为本"的原则，删减了原版教材中一些难度较大的理论（如杂化轨道理论等）、结构和习题，语言通俗易懂，与生产和生活联系紧密。在强调有机化学及有机化学发展的同时，也将有机化合物与人们生产、生活相关的安全与健康问题作为重点提出，努力体现了先进性和前瞻性。书中标有"*"的内容为选学。

本书由贺红举修订，在修订过程中，也得到了很多专家的指导，在此表示感谢！

由于编者水平有限，加之时间仓促，书中难免有不妥之处，敬请同行与读者批评、指正。

编者

2007年2月

第一版前言

本书系根据1982年8月在吉林召开的化工技工学校有机专业教材编审工作座谈会上修订的《有机化学教学大纲》编写而成，作为化工技工学校有机专业、无机专业和分析专业的教学用书，也可作为化工职工教育的教学参考书以及供有关人员自学。

有机化学是化工技工学校工艺类各专业的重要基础理论课程。它的任务是使学生获得必需的有机化学基本理论、基本知识和基本技能，为后继课程的学习和毕业后从事化工生产，打下良好的基础。根据专业特点与要求，本书在编写过程中，注意运用辩证唯物主义观点来阐明有机化学的一些基本原理，紧密联系化工生产实际，并注意本学科的系统性、逻辑性和科学性。着重介绍常见各类有机化合物的结构和性质，各类有机物之间相互转变的规律，以及重要代表物的制法与应用。删除陈旧的及与化工生产无关的内容，对有机结构理论和反应机理的阐述尽可能简明扼要，同时避免作纯理论的探讨。在文字上尽量做到通俗易懂，叙述也力求深入浅出，以便学生自学。

全书分十四章。前十一章系按官能团将脂肪族、芳香族各类化合物进行混合编排，较系统地讨论烃及烃的重要衍生物；后三章简要介绍碳水化合物、杂环化合物和高分子化合物的有关知识。书末附有“有机化学实验”和“一些有机化学名词的读音”、“常见有机化合物的类别”、“重要的有机反应”等，供各校教学和学生自学时参考。书中对有机化合物的命名，以1980年中国化学会修订的《有机化学命名原则》（科学出版社，1983年第一版）为主要依据。鉴于不同学校和不同专业在教学上要求不尽一致，书中内容采用大、小两种字号排印，可根据教学大纲要求及各校的具体情况来决定取舍。

本书是在化工部化工技工学校有机专业教材编审委员会的领导下编写的，由兰州化工技工学校王添惠同志执笔。

本书经化工技工学校有机化学编审小组审查，上海化工厂技工学校曹福民同志主审。参加审稿的还有：北京化工技工学校高奇志同志、广西柳州化工技工学校姜树信同志（曾参与第十二章、十三章、十四章及实验部分的初稿编写工作）、上海吴淞化工厂技工学校周序伟同志和吉林化工技工学校杨秀忠同志。

限于编者的学识水平，加之时间仓促，书中错误在所难免，敬希各校有关老师及读者予以批评指正。

编者

1984 年 6 月

目　　录

绪　论

【学习目标】

1. 了解有机化合物的定义和结构特点。
2. 掌握有机化合物的分类。
3. 熟悉有机化合物的来源和特性。

一、有机化合物和有机化学的概念

1. 有机化合物

相信每个人对有机化合物都不太陌生，因为它已越来越广泛地渗透到人们的生活当中，与人们的衣、食、住、行息息相关。

从前人们把来源于有生命的动物和植物的物质称为有机化合物，而把从无生命的矿物中得到的物质称为无机化合物。有机化合物与生命有关，所以人们认为它们是“有机”的，故称为有机化合物。实际上有机化合物不一定都来自有机物，也可以以无机物为原料，在实验室中人工合成出来。如 1828 年，德国化学家武勒（Wohler）就用氰酸铵制得了尿素；我国于 1965 年在世界上第一个成功合成了具有生物活性的蛋白质——牛胰岛素等。

大量的研究证明，所有的有机化合物中都含有碳元素，绝大多数有机化合物中含有氢元素，许多有机化合物除含碳、氢元素外，还含有氧、氮、硫、磷和卤素等元素。所以，现在有人把**有机化合物定义为碳氢化合物及其衍生物（碳氢化合物中的一个或几个氢原子被其他原子或原子团取代后得到的化合物）**。此外，含碳的化合物不一定都是有机化合物，如一氧化碳、二氧化碳、碳酸盐及金属氰化物等，由于它们的性质与无机化合物相似，因此习惯上仍把它们放在无机化学中讨论。

2. 有机化学

研究有机化合物的化学称为有机化学，它主要研究有机化合物的组成、结构、性质、来源、相互之间的转化关系及其在生产、生活中的应用。

二、有机化合物的特点

1. 结构特点

（1）碳原子是四价的　碳原子最外层有四个价电子，它不仅能与电负性较小的氢原子结合，也能与电负性较大的氧、硫、卤素、氮等元素形成四个化学键。因此，碳原子是四价的。

（2）碳原子与其他原子以共价键相结合　碳原子与其他原子结合成键时，既不易得到电子，也不易失去电子，而是以共价键相结合。每个碳原子不仅能与其他原子形成共价键，而且碳原子与碳原子之间也能相互形成共价键。不仅可以形成单键，还可以形成双键或三键，多个碳原子可以相互连接形成长长的碳链，也可以形成碳环。

（3）分子中的原子是按一定次序和方式相连接的　有机化合物分子中的原子是按一定的顺序和方式相连接的，在书写时一定要注意。分子中原子间的排列顺序和连接方式称为分子的构造，表示分子构造的式子称为构造式。

（4）构造式的表达式

① 结构式（短线式）。用一条短线代表一个共价键，双键或三键则以两条或三条短线相连，如：

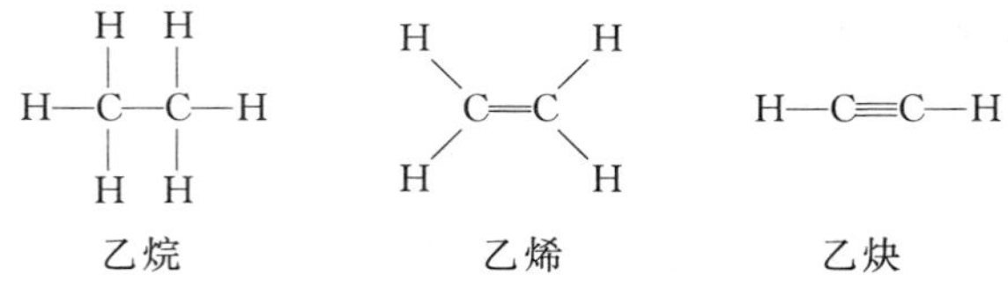

乙烷　　　　乙烯　　　　乙炔

② 结构简式（缩简式）。省略结构式中代表碳氢单键的短线，如：

$$CH_3CH_3 \qquad CH_2{=}CH_2 \qquad CH{\equiv}CH \qquad \begin{array}{c} CH_2{-}CH_2 \\ | \quad\quad | \\ CH_2{-}CH_2 \end{array}$$

乙烷　　乙烯　　乙炔　　环丁烷

③ 键线式。不写出碳原子和氢原子，用短线代表碳碳键，短线的连接点和端点代表碳原子，如：

□　⬠

环丁烷　环戊烯

（5）同分异构现象　**分子式相同而构造式不同的化合物称为同分异构体，这种现象称为同分异构现象，**如：

$$CH_3{-}CH_2{-}CH_2{-}CH_2{-}CH_3 \qquad \begin{array}{c} CH_3{-}CH{-}CH_2{-}CH_3 \\ | \\ CH_3 \end{array} \qquad \begin{array}{c} CH_3 \\ | \\ CH_3{-}C{-}CH_3 \\ | \\ CH_3 \end{array}$$

正戊烷　　异戊烷　　新戊烷

它们的分子式都是 C_5H_{12}，但由于碳原子的排列次序和方式不同，产生了不同的构造式，具有不同的性质，是不同的化合物。同分异构现象的普遍存在，是有机化合物数目繁多（至今已达 1000 万种以上）的一个主要原因。

2. 性质特点

（1）熔点、沸点较低，热稳定性差　有机化合物的熔点通常比无机化合物要低。有机物在常温下通常为气体、液体或低熔点的固体，其熔点多在 400℃以下，如冰醋酸的熔点为 16.6℃。而无机物很多是固体，其熔点高得多，如氯化钠的熔点为 808℃。同样，液体有机化合物的沸点也比较低。与典型的无机化合物相比，有机化合物一般对热不稳定，有的甚至在常温下就能分解；有的虽在常温下稳定，但一放在坩埚中加热，即炭化变黑。由于有机物的熔点、沸点都较低，又比较容易测定，且纯的有机物大多有固定的熔点，含有杂质时熔点一般会降低，因此，可以**利用测定熔点来鉴别固体有机物或检验其纯度。**

（2）易于燃烧　绝大多数有机物都能燃烧，如天然气、液化石油气、酒精、汽油、煤等，燃烧时放出大量的热，最后产物是二氧化碳和水。大多数无机化合物则不易燃烧，也不能燃尽，故常利用这一性质来初步鉴别有机物和无机物。当然这一性质也有例外，有的有机物不易燃烧，甚至可以作灭火剂，如 CF_2ClBr、CF_3Br、CCl_4 等。

(3) 难溶于水，易溶于有机溶剂　绝大多数有机化合物都难溶于水，而易溶于有机溶剂，但是，当有机化合物分子中含有能够和水形成氢键的羟基（如乙醇）、羧基（如乙酸）、氨基、磺酸基时，该有机化合物也可能溶于水。这就是“相似相溶”规则。

(4) 反应速率慢，副反应多　由于有机化合物的反应一般为分子之间（而不是离子之间）的反应，反应速率决定于分子之间有效的碰撞，所以比较慢，为了增加有机反应的速率，往往需要采取加热、加压、振荡或搅拌，以及使用催化剂等方法。且有机反应的产率较低，在主要反应的同时，还常伴随着副反应。因此，在有机反应中，一定要选择适当的试剂，控制适宜的反应条件，尽可能减少副反应的发生，有效地提高产率。

三、有机化合物的分类

有机化合物种类繁多，数目庞大，为了系统地进行学习和研究，对有机化合物进行科学的分类是非常必要的。常用的分类方法有两种：一种是按有机化合物的碳原子连接方式（碳骨架）分类；另一种是按决定分子的主要化学性质的原子或基团（官能团）来分类。

1. 按碳骨架分类

根据组成有机化合物的碳骨架不同，可将其分为三类。

(1) 开链化合物（脂肪族化合物）　这类化合物的共同特点是分子中的碳原子相互连接成链状。开链化合物最早是从动植物油脂中获得的，所以又称为脂肪族化合物，如：

$CH_3—CH_2—CH_3$	$CH_2═CH—CH_3$	$CH_3—CH_2—OH$
丙烷	丙烯	乙醇

（2）碳环化合物　这类化合物的共同特点是碳原子间互相连接成环状。按性质不同，它们又分为两类。

① 脂环族化合物。分子中的碳原子连接成环，性质与脂肪族相似的一类化合物，如：

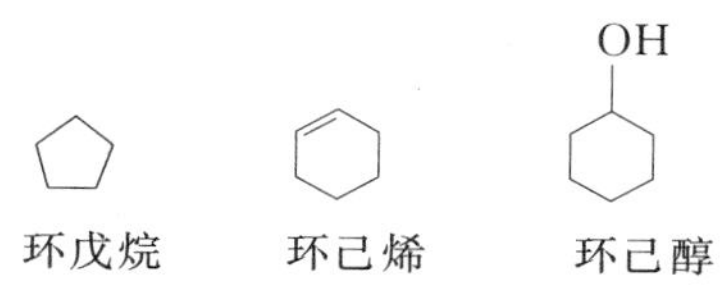

② 芳香族化合物。这类化合物中都含有由六个碳原子组成的苯环，且性质与脂肪族和脂环族化合物不同。由于这类化合物最初是从具有芳香味的有机化合物和香树脂中发现的，故又称芳香族化合物，如：

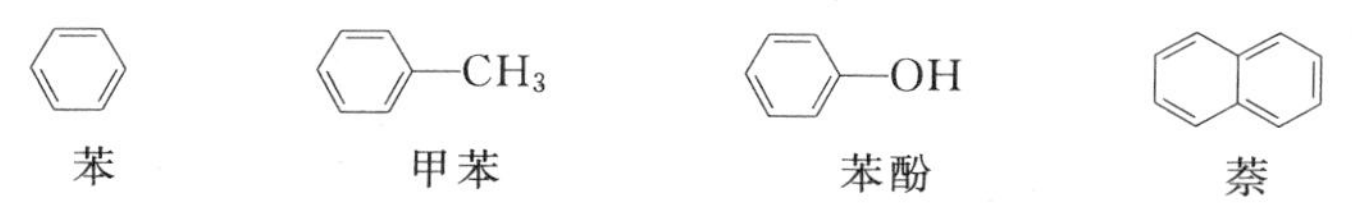

（3）杂环化合物　这类化合物的共同特点是在它们的分子中也具有环状结构，但在环中除碳原子外，还有其他原子（如氧、硫、氮等），故称为杂环，如：

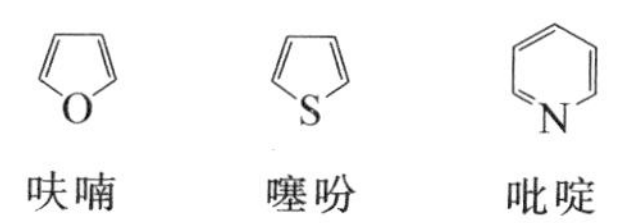

2. 按官能团分类

官能团是指有机化合物分子中那些特别容易发生反应的、决定有机化合物主要性质的原子或基团。一般来说，含有相同官能团的化合物，性质也相似，所以将它们归为一类，便于学习和研究。一些常见的官能团见表 0-1。

四、有机化合物的来源

有机化合物的主要来源是煤、石油、天然气等。

1. 煤

煤是蕴藏在地层下的可燃性固体，主要由深埋在地下的各地质

表 0-1　一些常见的官能团

官能团	名称	官能团	名称
$>C=C<$	双键	$-C(=O)-$	酮基
$-C\equiv C-$	三键	$-C(=O)-OH$	羧基
—X(F,Cl,Br,I)	卤原子	—CN	氰基
—OH	羟基	$-NO_2$	硝基
—O—	醚键	$-NH_2$	氨基
$-C(=O)-H$	醛基	$-SO_3H$	磺酸基

时代的植物，经长期煤化作用而形成的，其主要成分为碳及少量的氢、氮、硫、磷等。依碳化程度将煤分为无烟煤（含碳量85%～95%）、烟煤（含碳量70%～85%）、褐煤（含碳量60%～70%）、泥煤（含碳量50%～60%）。煤干馏（隔绝空气加强热950～1050℃的过程）后可得到甲烷、乙烯、苯、甲苯、二甲苯、萘、蒽、酚类、杂环类化合物及沥青等有机物。

2. 石油

石油是蕴藏在地层内的可燃烧黏稠液体，一般为黑色或深褐色，也称原油。主要成分是烃类的混合物，此外，还有少量含氢、氮、硫的有机化合物。将原油分段蒸馏会得到不同成分不同用途的有机物（见表0-2）。

表 0-2　原油分段蒸馏产物

成　分	组　成	分馏温度/℃	用　途
石油气	C_1～C_4	20以下	燃料
石油醚	C_5～C_6	20～60	有机溶剂
汽油	C_6～C_9	60～200	汽车燃料、有机溶剂
煤油	C_{10}～C_{16}	175～300	柴油机、喷射机燃料
柴油	C_{15}～C_{20}	250～400	柴油机燃料
蜡油	C_{18}～C_{22}	>300	润滑油、蜡纸
残留物	C_{18}～C_{40}		沥青

一般家庭用的液化石油气是石油分馏的产物，主要成分为丙烷和丁烷，其他为较低沸点的烃类。

3. 天然气

天然气是蕴藏在地层内的可燃烧气体，可分为干气和湿气两种。干气的主要成分是甲烷；湿气的主要成分除甲烷外，还含有乙烷、丙烷和丁烷等低度烷烃。天然气主要用作气体燃料，也可用作化工原料。

五、有机化学及有机化学工业的发展

有机化学的深入研究推动了有机化学工业的快速发展，有机化学工业的飞速发展又促进了有机化学的研究。我国在有机化学领域已缩短了与世界科技先进国家的差距。但是，近十年来国际上在有机化学学科中又涌现了一些新的发展领域。这些领域有些是当年曾感觉到但还未很好认识到的，有些则完全是新开展起来的。有机化学与生命科学、材料科学以及环境科学的交叉渗透，发展到今日已出现诸如化学生物学、化学遗传学、糖化学生物学、组合化学、绿色化学等新名词和新领域。以金属复分解反应（metathesis）为代表的新反应的发明、不对称反应的普及以及近年来计算机以难于想象的高速度发展，以至于计算机化学、分子模拟已成为有机实验室的常规技术，众多的反应和新性能产物的发现等，这些都显示了有机化学在这十年中有了很大的飞跃。但是有机化学还应当随着社会经济的发展与时俱进，不断创新。可喜的是，人们已经看到有机化学在几个重大科学领域上的发展，其中有以下方面。

① 生命科学中显现出有机化学的巨大发展空间，包括后基因时代的化学、小分子的化学生物学、糖化学生物学以及天然产物化学发展的新趋势等。

② 材料科学中有机化学的机遇。各种结构材料和功能材料是人类赖以生存和发展的物质基础，为提高人类生存质量和生存安全，保证可持续发展，人们对新功能材料会不断提出新的需求。

③ 环境科学中对有机化学的挑战。绿色化学今天已经赢得了

空前的声誉，但应该说现在仅仅还只是起步，从源头上消除有机物的污染，保护生态环境的持续发展，有机化学家是义不容辞的。

六、学习有机化学的重要作用

1. 巩固和深化物质结构基础知识

有机物区别于无机物的一些特点，与有机物的结构密切相关。有机物分子中稳定的碳链和碳环构成了有机物分子的骨架，这种分子骨架的构成是由碳原子的独特的结构决定的。所以，在学习有机化学时，学生对碳原子在元素周期表中的位置和原子结构的特点，以及共价键形成的基础知识需要进行复习和再认识。学生在学习有机物的分类、有机物反应的特性、各类有机物之间的相互转化关系时，都离不开物质结构知识的指导。因此，有机化学的学习，有助于巩固和深化物质结构的基础知识。反过来，又会影响整体化学知识学习质量的提高。

2. 有助于学生进一步了解化学与人类的关系

无机化学基础知识的学习，已使学生初步了解到无机物的应用范围十分广泛，在国民经济建设中占有很重要的地位。而有机化学基础知识的学习，将会使学生进一步认识到有机化学的成就和有机化学工业的发展，对于创造日益增长的物质财富，满足人类生活、生产的需要，推动国民经济各个部门和科学技术的发展起着十分重要的作用。例如，通过对糖类、氨基酸、蛋白质、脂肪、橡胶和塑料等具体知识的学习，使学生进一步了解化学与人的生命、生活以及经济建设的关系是十分密切的，从而激发他们学习有机化学的兴趣，提高学习的自觉性和积极性。

3. 有利于辩证唯物主义观点的培养

有机化合物知识蕴藏着丰富的辩证唯物主义因素。教师应结合有机物的教学来进行辩证唯物主义观点教育。

有机同系物的教学，为学生进一步树立物质的量变引起质变的观点，提供了极好的条件。恩格斯曾以正烷烃系列、伯醇系列和一元脂肪酸系列为例，说明了质量互变规律在有机化合物中的显著表现。有机物的每一个同系列中，每两个化合物在分子组成上相差一个或若干个 CH_2，随着 CH_2 数目的增加，碳链逐渐增长，同系列中各物质的性质和状态也发生着有规律的递变。所以说，有机物的每一个同系列都有力地揭示了物质由于量变引起质变这一普遍规律。各类有机物间相互转化的知识，有助于学生进一步树立物质间联系、运动与发展的观点。

4. 有助于科学方法的训练和思维能力的培养

与学习无机物一样，为了让学生认识有机物的性质与制备方法，常要采取观察、实验的方法；为了帮助学生理解有机物的分子结构，常需借助于物质模型或模型图；为了更好地掌握各类有机物的性质、反应特征，常要采用与无机物或其他类有机物的对比方法。还有，同分异构体的推导，有机物的命名、合成、鉴别、推断等，这些做法对训练学生学习科学方法、培养逻辑思维能力都有积极作用。

思考与练习

0-1　有机化合物的结构特点和性质特点有哪些?

0-2　什么叫做同分异构体? 同分异构现象是怎样产生的?

0-3　简述有机化合物的分类。

第一章　饱和烃——烷烃

【学习目标】

1. 掌握烷烃的同分异构和命名方法。

2. 了解烷烃的物理性质及其变化规律。

3. 熟悉烷烃的化学反应类型，掌握其在生产、生活中的实际应用。

4. 了解烷烃的来源、制法与用途。

只有碳和氢两种元素组成的有机化合物称为烃。开链的碳氢化合物称为脂肪烃。**在脂肪烃分子中，只有C—C单键和C—H单键的称为烷烃，也称为石蜡烃。**由于烷烃分子中碳的四价达到饱和，所以烷烃又称为饱和烃。

烷烃是最简单和最基本的一类有机化合物。在一定条件下，烷烃可以转变成一系列其他的化合物。因此，学习有机化学，首先从烷烃开始，了解烷烃的结构和性质以后，将有助于学习其他各类有机化合物。

第一节　烷烃的结构和同分异构

一、烷烃的结构

1. 甲烷的正四面体构型

甲烷是最简单的烷烃，分子中只有1个碳原子和4个氢原子，分子式为CH_4，实验测得甲烷分子为正四面体构型，碳原子处于四面体的中心，且4个C—H键是完全等同的，彼此间的夹角为

109.5°。甲烷的正四面体构型如图 1-1 所示。

2. 其他烷烃的结构

在其他烷烃分子中，碳原子的结构和甲烷中的碳原子一样。例如，乙烷分子中有两个碳原子和 6 个氢原子。两个碳原子之间形成了一个 C—C 单键，每个碳原子还分别与 3 个氢原子结合，共形成 6 个 C—H 单键，即乙烷分子。

需要注意的是，由于烷烃分子中的碳原子都是四面体构型，所以除乙烷外，其他烷烃分子中的碳链并不是以直线形排列的，而是排布成锯齿形，以保持正常的键角。正戊烷的碳链模型如图 1-2 所示。

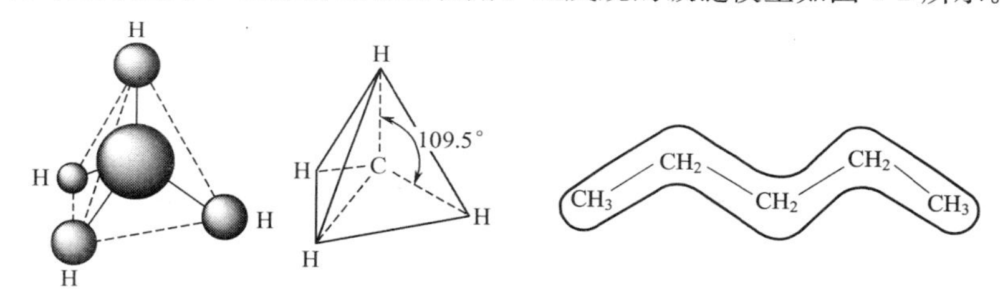

图 1-1 甲烷的正四面体构型

图 1-2 正戊烷的碳链结构

虽然烷烃分子中的碳链排列是曲折的，但在书写构造式时，为方便起见，还是将其写成直链形式。

在烷烃分子中，碳原子和氢原子之间的数量关系是一定的，例如：

烷烃	构造式	碳原子数目	氢原子数目
甲烷	$\begin{array}{c} H \\ \mid \\ H-C-H \\ \mid \\ H \end{array}$	1	4
乙烷	$\begin{array}{c} H\ \ H \\ \mid\ \ \mid \\ H-C-C-H \\ \mid\ \ \mid \\ H\ \ H \end{array}$	2	6
丙烷	$\begin{array}{c} H\ \ H\ \ H \\ \mid\ \ \mid\ \ \mid \\ H-C-C-C-H \\ \mid\ \ \mid\ \ \mid \\ H\ \ H\ \ H \end{array}$	3	8

由上面所列的构造式和数字不难看出，从甲烷开始，每增加一个碳原子，就相应增加两个氢原子，碳原子与氢原子之间的数量关系为 C_nH_{2n+2}（n 为碳原子数目），这个式子就是烷烃的通式。从上面列举的 3 种烷烃可以看出，任何两个烷烃的分子式之间都相差一个或整数个 CH_2。这些**具有同一通式、结构和性质相似、相互间相差一个或整数个 CH_2 的一系列化合物称为同系列**。同系列中的各个化合物称为**同系物**。相邻同系物之间的差称为**系差**。同系物一般具有相似的化学性质。在有机化学中，同系列现象是普遍存在的。

二、烷烃的同分异构现象

烷烃的同分异构现象是由于分子中碳原子的排列方式不同而引起的，所以烷烃的同分异构又称为构造异构。甲烷、乙烷、丙烷分子中的碳原子只有 1 种排列方式，所以没有构造异构体。丁烷的分子中有 4 个碳原子，它们可以有两种排列方式，所以有两种异构体，一种是直链的，另一种是带支链的。戊烷分子中有 5 个碳原子，它们可以有 3 种排列方式，所以有 3 种异构体，它们的构造式如下：

$$CH_3—CH_2—CH_2—CH_2—CH_3$$

正戊烷

$$\begin{array}{l} CH_3—CH—CH_2—CH_3 \\ \qquad\quad\ | \\ \qquad\quad CH_3 \end{array}$$

异戊烷

$$\begin{array}{c} CH_3 \\ | \\ CH_3—C—CH_3 \\ | \\ CH_3 \end{array}$$

新戊烷

烷烃分子中，随碳原子数目的增加，构造异构体的数目迅速增加（见表 1-1）。

表 1-1　部分烷烃构造异构体的数目

烷　烃	构造异构体数	烷　烃	构造异构体数
丁烷	2	壬烷	35
戊烷	3	癸烷	75
己烷	5	十一烷	159
庚烷	9	二十烷	36 万多种
辛烷	18		

烷烃的异构体可以按一定的步骤推导写出。例如，己烷的异构体推导步骤如下。

① 先写出最长的碳直链（为方便起见，可只写出碳原子）。

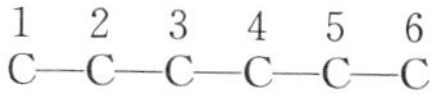

```
1  2  3  4  5  6
C—C—C—C—C—C
```

② 写出少 1 个碳原子的直链，把这一直链作为主链。剩余的 1 个碳原子作为支链连在主链中可能的位置上。

```
1  2  3  4  5          1  2  3  4  5
C—C—C—C—C          C—C—C—C—C
   |                         |
   C                         C
```

注意：支链不能连在端点的碳原子上，因为那样相当于又接长了主链；也不能连在可能出现重复的碳原子上，例如，上式中支链若连在 C-4 上就与连在 C-2 上的构造式相同了。

③ 写出少 2 个碳原子的直链作为主链，把剩余的 2 个碳原子作为一个或两个支链连在主链中可能的位置上，两个支链可以连在主链中不同的碳原子上，也可以连在同一碳原子上。

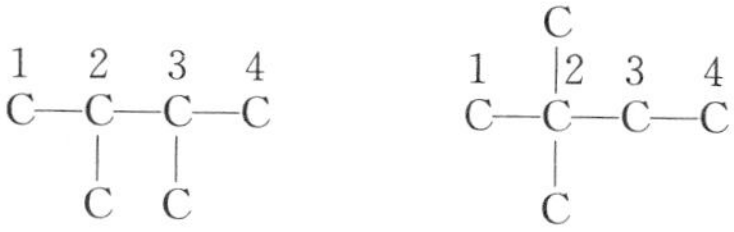

```
                          C
1  2  3  4            1  |2  3  4
C—C—C—C            C—C—C—C
   |  |                   |
   C  C                   C
```

由于上式主链中只有 4 个碳原子，若将 2 个碳原子作为一个支链连在主链上，相当于又接长了主链，所以在这里，就不能将 2 个碳原子作为一个支链连在主链上了。

若碳原子数目较多，可依次类推；写出少 3 个碳原子的直链作为主链，将剩余的 3 个碳原子作为 1 个、2 个、3 个支链连在主链中可能的位置上……，这样就可以推导出烷烃所有可能存在的异构体。

④ 最后，补写上氢原子。如己烷的 5 个异构体为：

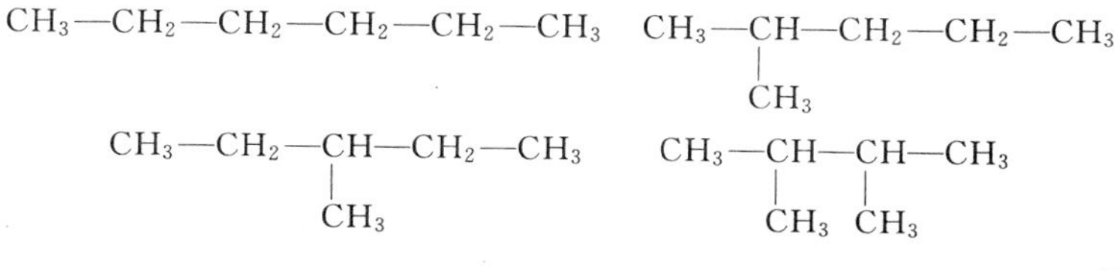

```
CH3—CH2—CH2—CH2—CH2—CH3      CH3—CH—CH2—CH2—CH3
                                   |
                                   CH3

CH3—CH2—CH—CH2—CH3           CH3—CH—CH—CH3
         |                         |   |
         CH3                       CH3 CH3
```

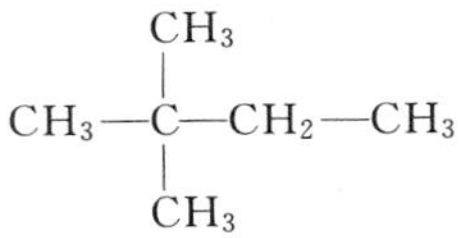

$$
\begin{array}{c}
\qquad CH_3 \\
\qquad | \\
CH_3-C-CH_2-CH_3 \\
\qquad | \\
\qquad CH_3
\end{array}
$$

第二节　烷烃的命名

一、碳原子的类型

在烷烃分子中，由于碳原子所处的位置不完全相同，它们所连接的碳原子数目也不一样。根据连接碳原子的数目，可将其分为 4 类。

1. 伯碳原子（或称一级碳原子）

仅与 1 个碳原子直接相连的碳原子称为伯碳原子，常用 1°表示。端点上的碳原子一般都是伯碳原子。

2. 仲碳原子（也称二级碳原子）

与 2 个碳原子直接相连的碳原子称为仲碳原子，常用 2°表示。

3. 叔碳原子（也称三级碳原子）

与 3 个碳原子直接相连的碳原子称为叔碳原子，常用 3°表示。

4. 季碳原子（也称四级碳原子）

与 4 个碳原子直接相连的碳原子称为季碳原子，常用 4°表示。

与伯、仲、叔碳原子连接的氢原子分别称为伯、仲、叔氢原子，季碳原子上没有氢原子，所以也就没有季氢原子。

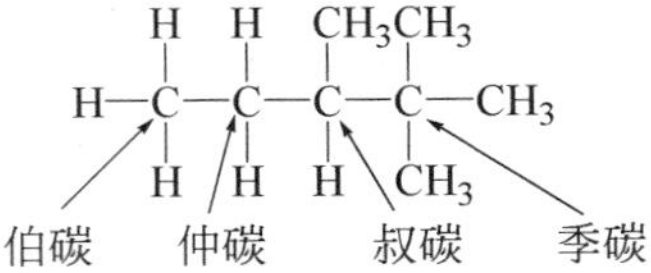

$$
\begin{array}{ccccccccc}
 & & H & & H & & CH_3 & & CH_3 \\
 & & | & & | & & | & & | \\
H & - & C & - & C & - & C & - & C-CH_3 \\
 & & | & & | & & | & & | \\
 & & H & & H & & H & & CH_3
\end{array}
$$

伯碳　仲碳　叔碳　季碳

在化学反应中，4 种碳原子和伯、仲、叔氢原子所处的环境不同，它们的反应活性也是不相同的。

二、烷基

从烷烃分子中去掉一个氢原子后所得到的基团称为烷基，通式

为 C_nH_{2n+1}—，常用 R—表示。

烷基的名称是根据相应烷烃的名称以及去掉的氢原子的类型而得来的，例如：

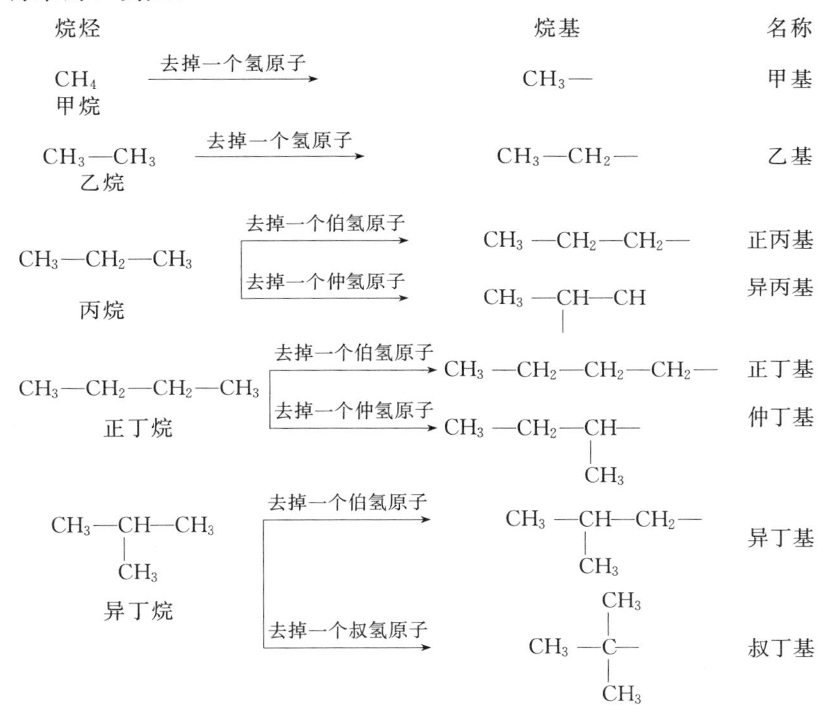

三、烷烃的命名

1. 习惯命名法

烷烃的习惯命名法（也称普通命名法）是根据分子中碳原子的数目称为“某烷”。其中，碳原子数从 1～10 的烷烃用天干甲、乙、丙、丁、戊、己、庚、辛、壬、癸表示。碳原子数在 10 以上时，用中文数字十一、十二、十三……表示。为了区别同分异构体，通常在直链烷烃的名称前加“正”字；在链端第二个碳原子上有一个—CH_3 的烷烃名称前加“异”字，例如：

$CH_3—CH_2—CH_2—CH_2—CH_3$　　　$CH_3—\underset{\displaystyle CH_3}{\underset{|}{CH}}—CH_2—CH_3$

正戊烷　　　　　　　　　　异戊烷

习惯命名法简单方便，但只适用于结构比较简单的烷烃，难以命名碳原子数较多、结构较复杂的烷烃。

2. 系统命名法

系统命名法是一种普遍适用的命名方法。它是采用国际上通用的IUPAC（国际纯粹与应用化学联合会）命名原则，结合我国的文字特点制定出来的命名方法。

（1）直链烷烃的命名　系统命名法对于直链烷烃的命名与普通命名法基本相同，只是把“正”字去掉。

例如：$CH_3—CH_2—CH_2—CH_2—CH_2—CH_3$

习惯命名法：正己烷　　系统命名法：己烷

（2）支链烷烃的命名　对于带支链的烷烃则看成是直链烷烃的烷基衍生物，按照下列步骤和规则进行命名。

① 选取主链作为母体。选择一个带支链最多的最长碳链作为主链（母体），支链作为取代基。按照主链中所含的碳原子数目称为某烷，作为母体名称。

② 给主链碳原子编号。为标明支链在主链中的位置，需要将主链上的碳原子编号。编号应从靠近支链的一端开始。当碳链两端相应的位置上都有支链时，编号应遵守最低序列规则。即顺次逐项比较第二个、第三个……支链所在的位次，以位次最低者为最低序列。

③ 写出烷烃的名称。按照取代基的位次（用阿拉伯数字表示）、相同基的数目（用中文数字表示）、取代基的名称、母体名称的顺序，写出烷烃的全称。注意阿拉伯数字之间需用“,”隔开，阿拉伯数字与文字之间需用半字线“-”隔开。

④ 当分子中含有不同支链时，写名称时将优先基团排在后面，靠近母体名称。在立体化学的次序规则中，将常见的烷基按下列次序排列（符号“＞”表示“优先于”）：

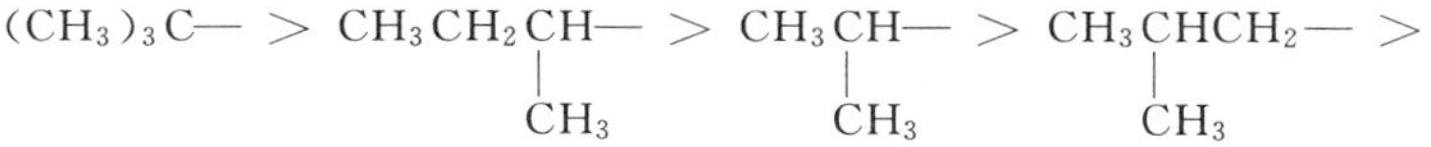

$(CH_3)_3C— > CH_3CH_2CH(CH_3)— > CH_3CH(CH_3)— > CH_3CH(CH_3)CH_2— >$

$CH_3CH_2CH_2CH_2— > CH_3CH_2CH_2— > CH_3CH_2— > CH_3—$

例如：

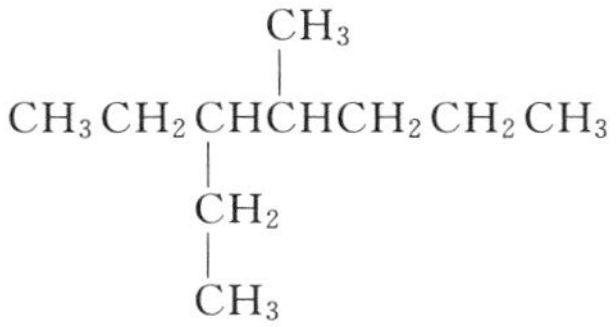

$CH_3CH_2CH(CH_2CH_3)CH(CH_3)CH_2CH_2CH_3$

4-甲基-3-乙基庚烷

$CH_3—C(CH_3)_2—CH_2—CH(CH_3)—CH_3$

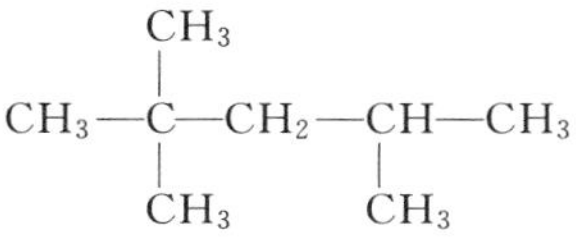

2,2,4-三甲基戊烷

（而不是 2,4,4-三甲基戊烷）

第三节　烷烃的物理性质

有机化合物的物理性质通常是指它们的状态、颜色、气味、熔点、沸点、相对密度、折射率和溶解度等。纯的有机化合物的物理性质在一定条件下是不变的，其数值一般为常数。因此可利用测定物理常数来鉴别有机化合物或检验其纯度。

一般来说，同系列的有机化合物，其物理性质（见表 1-2）往往随相对分子质量的增加而呈现规律性变化。

一、物态

常温常压下 $C_1 \sim C_4$ 的烷烃为气体；$C_5 \sim C_{16}$ 的烷烃为液体；C_{17} 以上的烷烃为固体。

二、沸点

直链烷烃的沸点随分子中碳原子数的增加而升高，这是因为随着分子中碳原子数目的增加，相对分子质量增大，分子间的引力增强，若要使其沸腾汽化，就需要提供更多的能量，所以烷烃的相对分子质量越大，沸点越高。在碳原子数目相同的烷烃异构体中，直链烷烃的沸点较高，支链烷烃的沸点较低，支链越多，沸点越低。

表 1-2 一些常见的直链烷烃的物理性质

名 称	沸点/℃	熔点/℃	相对密度	折射率(n_D^{20})
甲烷	−164	−182.5	0.4240	
乙烷	−88.6	−183.3	0.5462	
丙烷	−42.1	−189.7	0.5824	
丁烷	−0.5	−138.4	0.5788	
戊烷	36.1	−129.7	0.6264	1.3575
己烷	68.9	−95.0	0.6594	1.3749
庚烷	98.4	−90.6	0.6837	1.3876
辛烷	125.7	−56.8	0.7028	1.3974
壬烷	150.8	−51.0	0.7179	1.4054
癸烷	174.0	−29.7	0.7298	1.4119
十一烷	195.9	−25.6	0.7493	1.4176
十二烷	216.3	−9.6	0.7493	1.4216
十三烷	235.4	−5.5	0.7568	1.4233
十四烷	253.7	5.9	0.7636	1.4290
十五烷	270.6	10.0	0.7688	1.4315
十六烷	287.0	18.2	0.7749	1.4345
十七烷	301.8	22.0	0.7767	1.4369
十八烷	316.1	28.2	0.7767	1.4349
十九烷	329.1	32.1	0.7776	1.4409
二十烷	343.0	36.8	0.7777	1.4425

例如，戊烷的3种异构体的沸点分别为：正戊烷，36℃；异戊烷，28℃；新戊烷，9.5℃。这主要是由于烷烃的支链产生了空间阻碍作用，使得烷烃分子彼此间难以靠得很近，分子间引力大大减弱的缘故。支链越多，空间阻碍作用越大，分子间作用力越小，沸点就越低。

三、熔点

烷烃的熔点基本上也是随分子中碳原子数目的增加而升高。其中含偶数碳原子烷烃熔点比相邻含奇数碳原子烷烃的熔点升高多一些。随着分子中碳原子数目的增加，这种差异逐渐变小，以致最后消失。这是因为在较长的碳链中，甲基的空间位置对整个分子对称性的影响已经显得微不足道了。

四、溶解性

烷烃分子难溶于水，易溶于有机溶剂。

五、折射率

折射率是液态有机化合物纯度的标志。液态烷烃的折射率随分子中碳原子数目的增加而缓慢加大。

六、相对密度

烷烃的相对密度都小于1，比水轻。随分子中碳原子数目增加而逐渐增大，支链烷烃的密度比直链烷烃略低些。

第四节　烷烃的化学性质

烷烃分子中只有C—C键和C—H键，这两种键都是结合得比较牢固的共价键。烷烃分子无极性，也无特征官能团，与其他各类有机化合物相比，烷烃（特别是直链烷烃）的化学性质最不活泼，即最不容易发生化学反应。在常温下，它们与大多数试剂如强酸、强碱、强氧化剂和强还原剂等都不发生化学反应。所以烷烃是常用的有机溶剂和润滑剂。

烷烃的稳定性并不是绝对的。在一定条件下，如高温、光照或加催化剂，烷烃也能发生一系列的化学反应。正是这些化学反应使人们得以对石油和石油产品进行化学加工和利用。

一、氧化反应

1. 完全氧化

常温下，烷烃一般不与氧化剂反应，也不与空气中的氧反应。但是，烷烃在空气中易燃烧，空气中完全燃烧时，生成二氧化碳和水，同时放出大量的热。石油产品如汽油、煤油、柴油等作为燃料就是利用它们燃烧时放出的热能。烷烃燃烧不完全时会产生游离碳，如汽油、煤油等燃烧时带有黑烟（游离碳）就是因为空气不足燃烧不完全的缘故。

$$CH_4 + 2O_2 \xrightarrow{\text{燃烧}} CO_2 + 2H_2O + 889.9kJ/mol$$

2. 控制氧化

在控制的条件下，用空气氧化烷烃可以生成醇、醛、酮、酸等含氧有机化合物。因原料（烷烃和空气）便宜，这类氧化反应在有机化学工业上具有重要性。例如，工业上生产乙酸的一个新方法就是以乙酸钴或乙酸锰为催化剂，在150～225℃、约5MPa的压力下，于乙酸溶液中用空气氧化正丁烷（液相氧化）。

$$CH_3CH_2CH_2CH_3 + O_2 \xrightarrow{\text{催化剂}} CH_3COOH + H_2O$$

烷烃的氧化反应非常复杂，上述反应中还有许多副产物生成。

应该注意，烷烃是易燃易爆物质。烷烃（气体或蒸气）与空气混合达到一定程度时（爆炸范围以内）遇到火花就发生爆炸。在生产上和实验室中处理烷烃时必须小心。

二、卤代反应

有机化合物分子中的氢原子或其他原子与基团被别的原子与基团取代的反应总称为**取代反应**。被卤素原子取代的反应称为卤化或卤代反应。

烷烃的卤代通常是指氯代或溴代，因为氟代反应过于激烈，难于控制，而碘代反应又难以发生。

1. 甲烷的氯代

烷烃与氯或溴在黑暗中并不作用，但在强光照射下则可发生剧烈反应，甚至引起爆炸。例如，甲烷与氯气的混合物在强烈的日光照射下，可发生爆炸性反应，生成单质碳和氯化氢。

$$CH_4 + 2Cl_2 \xrightarrow{\text{强光}} C + 4HCl$$

但是，如果在漫射光或加热（400～450℃）的情况下，甲烷分子中的氢原子可逐渐被氯原子取代，生成一氯甲烷（CH_3Cl）、二氯甲烷（CH_2Cl_2）、三氯甲烷（$CHCl_3$）和四氯化碳（CCl_4）。

甲烷氯代反应得到的通常是 4 种氯代产物的混合物。工业上常把这种混合物作为有机溶剂或合成原料使用。

如果控制反应条件，特别是调节甲烷与氯气的配比，就可使其中的某种氯甲烷成为主要产物。例如，当甲烷∶氯气＝10∶1 时，主要产物是一氯甲烷；当甲烷∶氯气＝1∶4 时，则主要生成四氯化碳。

2. 其他烷烃的氯代

丙烷和丙烷以上的烷烃发生一元卤代反应时，生成的卤代烷一般是两种或两种以上的构造异构体，如：

$$H_3C—CH_2—CH_3 \xrightarrow[\text{光，25℃}]{Cl_2} \underset{(45\%)}{H_3C—CH_2—CH_2—Cl} + \underset{(55\%)}{H_3C—\underset{\substack{|\\Cl}}{CH}—CH_3}$$

$$H_3C—\underset{\substack{|\\H}}{\overset{\substack{CH_3\\|}}{C}}—CH_3 \xrightarrow[\text{光，25℃}]{Cl_2} \underset{(63\%)}{H_3C—\underset{\substack{|\\Cl}}{\overset{\substack{CH_3\\|}}{C}}—CH_3} + \underset{(37\%)}{H_3C—\underset{\substack{|\\H}}{\overset{\substack{CH_3\\|}}{C}}—CH_2—Cl}$$

三、裂化反应

烷烃在隔绝空气的情况下，加热到高温，分子中的 C—C 键和 C—H 键发生断裂，由较大分子转变成较小分子的过程，称为裂化反应。裂化反应的产物往往是复杂的混合物。

1. 热裂化

一般把不加催化剂，在较高温度（500～700℃）和压力（2～5MPa）下进行的裂化称为热裂化。热裂化反应可使汽油中的重油成分转化成汽油，提高汽油质量。

2. 催化裂化

在催化剂存在下的裂化称为催化裂化。催化裂化可在较缓和的条件（450～500℃，压力 0.1～0.2MPa）下进行。催化裂化产生较多带支链的烷烃和芳烃，可大幅度提高汽油质量。

3. 裂解

在比热裂化更高的温度下（高于 700℃）将石油深度裂化的过程称为裂解。裂解的目的主要是为了获得更多的低级烯烃。

四、异构化反应

由一种异构体转化为另一种异构体的反应称为异构化反应。例如，正丁烷在酸性催化剂存在下可转变为异丁烷。

$$CH_3CH_2CH_2CH_3 \xrightleftharpoons{AlCl_3，HCl} CH_3—\underset{\displaystyle CH_3}{\underset{|}{CH}}—CH_3$$

烷烃的异构化反应主要用于石油加工工业中，将直链烷烃转变成支链烷烃，可以提高汽油的辛烷值及润滑油的质量。

第五节　烷烃的来源、制法及重要的烷烃

一、烷烃的来源和制法

在自然界，烷烃主要存在于天然气和石油之中。

天然气中含有大量 $C_1 \sim C_4$ 的低级烷烃，其中主要成分是甲烷。我国是最早开发和利用天然气的国家，天然气资源也十分丰富，在四川、甘肃等地都有丰富的储藏量。

沼泽地的植物腐烂时，经细菌分解也会产生大量的甲烷，所以甲烷俗称沼气。目前我国农村许多地方就是利用农产品的废弃物、人畜粪便及生活垃圾等经过发酵来制取沼气作为燃料的。

实验室中常用醋酸钠和碱石灰共热来制备甲烷。

$$CH_3COONa + NaOH \xrightarrow[\triangle]{CaO} CH_4\uparrow + Na_2CO_3$$

从油田开采出来的原油经过分馏、裂化或异构化等加工处理后，便可得到汽油、煤油、柴油、润滑油和石蜡等中、高级烷烃。

某些动、植物体内也含有少量烷烃。例如，白菜叶中含有二十九烷；菠菜叶中含有三十三烷、三十五烷和三十七烷；烟草叶中含

有二十七烷和三十一烷；成熟的水果中含有 C_{27}～C_{33} 的烷烃；一些昆虫体内用来传递信息而分泌的信息素中也含有烷烃。

工业上常采用烯烃加氢、卤代烷与金属有机试剂作用等方法来制取。

二、重要的烷烃及其用途

甲烷等低级烷烃是常用的民用燃料，也用作化工原料。中级烷烃如汽油、煤油、柴油等是常用的工业燃料，石油醚、液体石蜡等是常用的有机溶剂，润滑油则是常用的润滑剂和防锈剂。

思考与练习

1-1 写出庚烷的 9 种同分异构体。

1-2 写出下列烷烃的构造式：

(1) 2,2,3-三甲基丁烷　　(2) 4-丙基庚烷

(3) 2,4-二甲基-3-乙基戊烷　　(4) 十五烷

1-3 用系统命名法命名庚烷的 9 种同分异构体。

1-4 比较下列各组烷烃分子沸点和熔点的高低。

(1) 正丁烷和异丁烷　　(2) 己烷和辛烷

自　测　题

一、填空题

1. 只含有伯碳原子的烷烃构造式是__________。

2. 含有伯碳、仲碳、叔碳、季碳原子的相对分子质量最小的烷烃构造式是__________。

3. 下列各组物质中，表示是同一物质的是__________，互为同系物的是__________，互为同分异构体的是__________。

(1) $CH_3CH(CH_3)CH_2CH_2CH_3$ 与 $CH_2(CH_3)—CH(CH_3)CH_3$

$$\begin{array}{l} CH_3\underset{\displaystyle CH_3}{\underset{|}{C}}HCH_2CH_2CH_3 \end{array} \quad 与 \quad \begin{array}{c} \qquad\quad CH_3 \\ \qquad\quad | \\ CH_2—CH \\ |\qquad\quad | \\ CH_3\quad CH_3 \end{array}$$

(2) $CH_3(CH_2)_2C(CH_3)_3$ 与 $(CH_3)_2CH—C(CH_3)_3$

(3) $CH_3(CH_2)_2CH(CH_3)_2$ 与 $CH_3CH(CH_3)CH_2CH_2CH_3$（即 CH₃ 位于第二个碳上的支链）

4. A、B两种烷烃的相对分子质量都是72，控制一氯取代时，A只生成一种一氯代烷；B生成三种一氯代烷。试推测A、B的结构式为________________。

二、选择题

1. 下列分子中，属于烷烃的是（　）。

A. C_2H_2　　B. C_2H_4　　C. C_2H_6　　D. C_6H_6

2. 下列化合物的熔点由高到低的顺序是（　）。

① 正辛烷　　② 2,2,3,3-四甲基丁烷　　③ 正戊烷

④ 2-甲基丁烷　　⑤ 2,2-二甲基丙烷

A. ①>②>③>④>⑤　　B. ①>③>④>⑤>②

C. ②>①>⑤>③>④　　D. ①>③>④>②>⑤

3. 50mL甲烷、乙烷的混合气体，完全燃烧后得60mLCO_2气体（均在同温、同压下测定），该混合气体中甲烷的体积分数为（　）。

A. 90%　　B. 80%　　C. 70%　　D. 60%

4. 实验室制取甲烷的正确方法是（　）。

A. 乙醇与浓硫酸在170℃条件下反应

B. 电石直接与水反应

C. 无水醋酸钠和碱石灰的混合物加热至高温

D. 醋酸钠与氢氧化钠混合物加热至高温

三、是非题（下列叙述中，对的在括号中打"√"，错的打"×"）

1. 某有机物燃烧后的产物只有CO_2和H_2O，因此可以推断该有机物肯定是烃，它只含有碳和氢两种元素。（　）

2. 互为同系物的物质，它们的分子式一定不同；互为同分异构体的物质，它们的分子式一定相同。（　）

3. 同分异构体的化学性质相似，物理性质不同。（　）

4. 具有同一通式的两种物质，一定互为同系物。 （ ）

5. 甲烷和氯气混合时，在光照或加热（辐射能）条件下都能发生氯代反应。 （ ）

四、下列化合物的系统命名对吗？如有错误，指出违背了什么命名原则？并正确命名之。

1. $(CH_3)_3CCH_2CH(CH_3)_2$ 1,1,1-三甲基-3,3-二甲基丙烷

2. $CH_3—CH(CH_3)—CH(CH_3)—CH_3$ 2,3,2-甲基丁烷

五、写出相当于下列名称化合物的构造式，这些名称如不符合系统命名法的要求，给予正确命名。

1. 3-甲基-3,4-二乙基己烷 2. 2-甲基-3-乙基戊烷

第二章　不饱和烃——烯烃、二烯烃和炔烃

【学习目标】

1. 掌握烯烃、二烯烃和炔烃的通式和系统命名法。
2. 熟悉烯烃、炔烃的物理性质及其变化规律。
3. 掌握烯烃、二烯烃和炔烃的化学性质及其在化工生产中的应用。
4. 掌握乙烯、乙炔的实验室制法及其用途。

分子中含有碳碳双键（ $>C=C<$ ）或三键（ $-C\equiv C-$ ）的碳氢化合物，由于所含氢原子的数目比相应的烷烃少，因此称其为不饱和烃。它们的种类很多，包含有开链和环状的各类不饱和烃，本章主要介绍开链不饱和烃中的烯烃、二烯烃和炔烃，如：

$CH_2=CH_2$	$CH_3-CH=CH_2$	$CH_2=CH-CH=CH_2$	$CH\equiv CH$
乙烯	丙烯	1,3-丁二烯	乙炔

第一节　烯　　烃

分子中含有一个碳碳双键（ $>C=C<$ ）的链状不饱和烃称为单烯烃，习惯上也称为烯烃。烯烃比相同碳原子数的烷烃少两个氢原子，也形成一个同系列，它们的通式为 $C_nH_{2n}(n\geqslant 2)$，系差也是 CH_2。碳碳双键又称烯键，是烯烃的官能团。

一、烯烃的结构

1. 乙烯的结构

在所有烯烃分子中，乙烯是最简单的烯烃，其分子式为

C_2H_4，结构式为 H—C═C—H（两个碳原子上各连一个 H），结构简式为 $CH_2═CH_2$ 。由物理方法测得，乙烯分子是平面型结构，如图 2-1 所示。两个碳原子和四个氢原子都在同一平面内，分子中的键角接近于 120°。

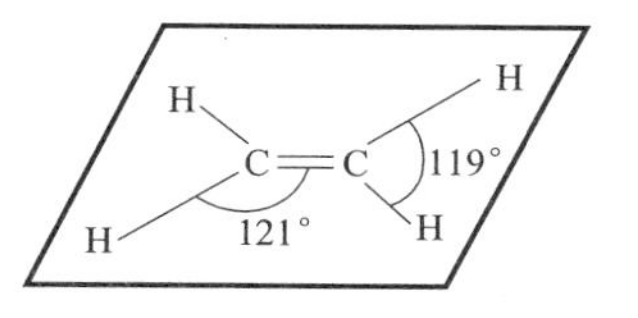

图 2-1 乙烯分子的平面构型

2. 其他烯烃的结构

其他烯烃可看作是乙烯分子中的氢原子被烃基取代的产物，故其基本结构都是相似的，即除 >C═C< 中有一个碳碳双键外，其余的 C—C 键、C—H 键与烷烃一样，都是单键。

二、烯烃的同分异构

烯烃的同分异构现象比烷烃复杂，除构造异构外还有顺反异构。

1. 构造异构

烯烃的构造异构包括碳链异构和双键位置异构。

（1）碳链异构　它是由于分子中碳原子的排列方式不同而引起的，乙烯和丙烯分子中的碳原子只有一种排列方式，没有异构体。C_4 以上的烯烃，由于碳原子可以不同方式进行排列，故存在碳链异构体，如烯烃 C_4H_8 有两种碳链异构体：

$CH_2═CHCH_2CH_3$　　　$CH_2═C(CH_3)—CH_3$

（2）位置异构　它是由于双键在碳链中的位置不同而引起的，如烯烃 C_4H_8 有两种位置异构：

$CH_2═CHCH_2CH_2CH_3$　　　$CH_3CH═CHCH_3$

烯烃构造异构体的推导方法是先按烷烃碳链异构的推导方法写出碳链异构，再在碳链中可能的位置上依次移动双键的位置。如烯烃 C_5H_{10} 的构造异构体共有 5 个：

$CH_2═CHCH_2CH_2CH_3$（碳链）　　　$CH_3CH═CHCH_2CH_3$（位置）

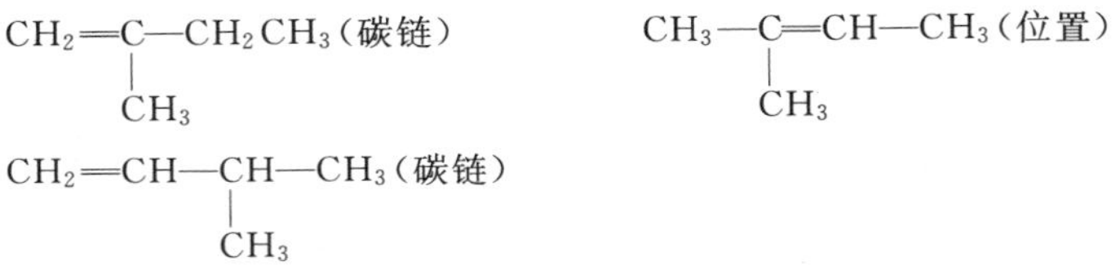

$CH_2{=}C{-}CH_2CH_3$（碳链）
$\qquad\ \ |$
$\quad\ \ CH_3$

$CH_3{-}C{=}CH{-}CH_3$（位置）
$\qquad\quad |$
$\qquad\ CH_3$

$CH_2{=}CH{-}CH{-}CH_3$（碳链）
$\qquad\qquad\quad |$
$\qquad\qquad\ CH_3$

***2. 顺反异构**

由于原子或基团在空间的排列方式不同所引起的异构现象称为顺反异构。这两种异构体称为顺反异构体。

并不是所有的烯烃都存在顺反异构体。只有当分子具有下列结构时，才会产生顺反异构现象。

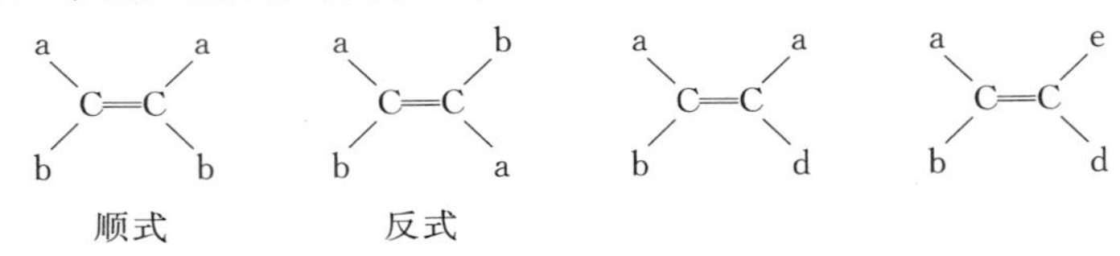

顺式　　反式

也就是说，同一个双键碳原子上所连接的原子或基团互不相同。只要有一个碳原子上连接两个相同的原子或基团，就没有顺反异构，如：

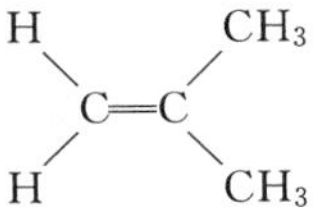

H　　CH_3
　C=C
H　　CH_3

三、烯烃的命名

1. 烯基

烯烃分子中去掉一个氢原子后剩余的基团称为烯基。几个常见烯基的名称如下：

$CH_2{=}CH{-}$　　$CH_3{-}CH{=}CH{-}$　　$CH_2{=}CH{-}CH_2{-}$

乙烯基　　丙烯基　　烯丙基

其中最常用的是烯丙基。

2. 烯烃的命名

与烷烃相似，也有习惯命名法、衍生物命名法和系统命名法。

(1) 习惯命名法　某些低级烯烃习惯上采用“正”、“异”等词头加在烯烃“天干”名称之前来称呼，如：

$CH_3CH_2CH=CH_2$ 称为正丁烯

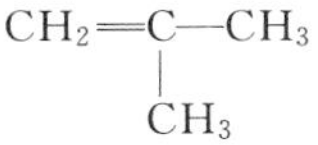

$CH_2=C(CH_3)-CH_3$ 称为异丁烯

对于碳原子数较多和结构较为复杂的烯烃，只能用系统命名法命名。

（2）系统命名法　烯烃的系统命名分为构造异构体的命名和顺反异构体的命名，下面仅介绍构造异构体的命名方法。

① 直链烯烃的命名。直链烯烃的命名是按照分子中碳原子的数目称为某烯，与烷烃一样，碳原子数在10以内的用天干表示，10以上的用中文数字表示，并常在烯字前面加碳字。为区别位置异构体，需在烯烃名称前用阿拉伯数字标明双键在链中的位次。阿拉伯数字与文字之间同样要用半字线隔开，例如：

$CH_3-CH=CH_2$　丙烯　　$CH_2=CH_2$　乙烯

（没有位置异构体，双键位次可省略）

$CH_2=CHCH_2CH_3$　1-丁烯　　$CH_3CH=CHCH_3$　2-丁烯

$CH_3(CH_2)_5CH=CH(CH_2)_6CH_3$

7-十五碳烯

② 支链烯烃的命名

a. 选取主链作为母体。应选择含有双键且连接支链较多的最长碳链作为主链（母体），并按主链上碳原子数目命名“某烯”。

b. 给主链碳原子编号。从靠近双键一端开始给主链编号，用以标明双键和支链的位次。

c. 写出烯烃的名称。按取代基位次、相同基数目、取代基名称、双键位次、母体名称的顺序写出烯烃的名称，如：

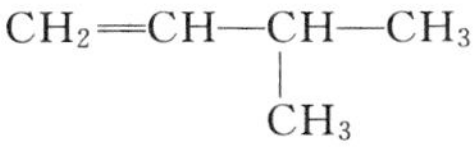

$CH_2=CH-CH(CH_3)-CH_3$　3-甲基-1-丁烯

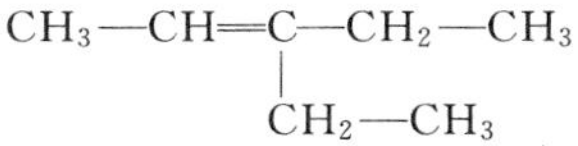

$CH_3-CH=C(CH_2-CH_3)-CH_2-CH_3$　3-乙基-2-戊烯

$$CH_3-\overset{\overset{\large CH_3}{|}}{C}=CH-CH_2-\overset{\overset{\large CH_3}{|}}{CH}-CH_3$$

2,5-二甲基-2-己烯

四、烯烃的物理性质

1. 物态

常温下 $C_2 \sim C_4$ 的烯烃为气体，$C_5 \sim C_{18}$ 的烯烃为液体，C_{19} 以上的烯烃为固体。

2. 颜色、气味

纯的烯烃都是无色的。乙烯略带甜味，液态烯烃具有汽油的气味。

3. 沸点

烯烃的沸点随分子中碳原子数目的增加而升高，在顺反异构体中，顺式异构体的沸点略高于反式异构体。

4. 熔点

烯烃的熔点随分子中碳原子数目的增加而升高。但在顺反异构体中，反式异构体的熔点比顺式异构体高。

5. 溶解性

烯烃难溶于水，易溶于有机溶剂。

6. 相对密度

烯烃的相对密度都小于 1，比水轻。常见烯烃的物理常数见表 2-1。

五、烯烃的化学性质

烯烃的化学性质主要表现在官能团 $\diagdown C=C \diagup$ 的氧化与加成反应，以及受碳碳双键影响较大的 α-碳原子（与官能团直接相连的碳原子）上的氢原子（α-H）的氧化与取代反应。烯烃的主要反应有氧化、加成、聚合和 α-H 的反应。

表 2-1 常见烯烃的物理常数

名称	构造式	熔点/℃	沸点/℃	相对密度	折射率(n_D^{20})
乙烯	$CH_2=CH_2$	−169.2	−103.7	0.3840(−10℃)	1.63(−100℃)
丙烯	$CH_3CH=CH_2$	−184.9	−47.4	0.5193	1.3567(−40℃)
1-丁烯	$CH_3CH_2CH=CH_2$	−183.4	−6.3	0.5951	1.3962
顺-2-丁烯	$(CH_3)HC=CH(CH_3)$(两个 CH_3 在同侧,两个 H 在同侧)	−138.9	3.7	0.6213	1.3931(−25℃)
反-2-丁烯	$(CH_3)HC=CH(CH_3)$(CH_3 与 H 在同侧)	−105.5	0.88	0.6042	1.3848(−25℃)
1-戊烯	$CH_3CH_2CH_2CH=CH_2$	−138	30.1	0.6405	1.3715
1-庚烯	$CH_2=CH(CH_2)_4CH_3$	−119	93.6	0.697	1.3998
1-十八碳烯	$CH_3(CH_2)_{15}CH=CH_2$	17.5	179	0.791	1.4448

1. 氧化反应

烯烃的 $\rangle C=C\langle$ 双键非常活泼，容易发生氧化反应，当氧化剂和氧化条件不同时，产物也不相同。

(1) 被氧气氧化　在点燃的情况下，乙烯与纯净的氧气发生反应生成二氧化碳和水。

$$CH_2=CH_2+3O_2(纯)\xrightarrow{点燃}2CO_2+2H_2O$$

(2) 催化氧化　在活性银催化剂作用下，乙烯被空气中的氧直接氧化，π 键断裂，生成环氧乙烷。

$$CH_2=CH_2+O_2\xrightarrow[220\sim300℃]{Ag}\underset{\diagdown O \diagup}{CH_2-CH_2}$$

该反应必须严格控制反应温度，反应温度低于 220℃，则反应太慢，超过 300℃，便部分地氧化生成二氧化碳和水，致使产率下降。

当乙烯或丙烯在氯化钯等催化剂存在下，也能被氧化，产物为乙醛或丙酮，它们都是重要的化工原料。

$$CH_2{=\!=}CH_2 + O_2 \xrightarrow[100\sim125℃]{PdCl_2\text{-}CuCl_2} CH_3CHO$$

$$CH_2{=\!=}CH{-}CH_3 \xrightarrow[120℃]{PdCl_2\text{-}CuCl_2} CH_3{-}\underset{\underset{O}{\|}}{C}{-}CH_3$$

(3) 氧化剂氧化　常用的氧化剂有高锰酸钾、重铬酸钾-硫酸和有机过氧化物等。

用适量冷的高锰酸钾稀溶液作氧化剂，在碱性或中性介质中，烯烃双键中的π键断裂，被氧化成邻二醇，而高锰酸钾被还原为棕色的二氧化锰从溶液中析出，由此来鉴定不饱和烃的存在。

$$3R{-}CH{=\!=}CH{-}R' + 2KMnO_4 + 4H_2O \longrightarrow 3R{-}\underset{\underset{OH}{|}}{CH}{-}\underset{\underset{OH}{|}}{CH}{-}R' + 2MnO_2\downarrow + 2KOH$$

如果用酸性热高锰酸钾浓溶液氧化烯烃，则碳碳双键完全断裂，不同结构烯烃得到不同的氧化物，根据反应得到的氧化产物，可以推测原来烯烃的结构。

$$R{-}CH{=\!=}CH{-}R' \xrightarrow[\triangle]{过量\ KMnO_4,\ H^+} \underset{羧酸}{R{-}\overset{\overset{O}{\|}}{C}{-}OH} + \underset{羧酸}{R'{-}\overset{\overset{O}{\|}}{C}{-}OH}$$

$$R{-}\overset{\overset{R'}{|}}{C}{=\!=}CH_2 \xrightarrow[\triangle]{过量\ KMnO_4,\ H^+} \underset{酮}{R{-}\underset{\underset{O}{\|}}{C}{-}R'} + CO_2$$

由此可以看出，具有 $R{-}CH{=\!=}$ 结构的烯烃，氧化后生成羧酸（RCOOH）；具有 $R{-}\underset{\underset{R'}{|}}{C}{=\!=}$ 结构的烯烃，氧化后生成酮（ $R{-}\underset{\underset{O}{\|}}{C}{-}R'$ ），具有 $CH_2{=\!=}$ 结构的烯烃，氧化后生成二氧化碳（CO_2）。

【例 2-1】 某烯烃用酸性高锰酸钾溶液强烈氧化后，只生成一

种产物乙酸 $CH_3\overset{O}{\overset{\|}{C}}-OH$ ，试推测该烯烃的构造式。

解 烯烃的氧化产物是烯烃断裂碳碳双键之后形成的，产物中连接氧原子的碳原子就是原烯烃中的双键碳原子，只生成 $CH_3\underset{O}{\underset{\|}{C}}-OH$ 说明原烯烃中有两个 $CH_3CH=$ 结构，将这两部分连接起来，即为该烯烃的构造式。

$$CH_3CH=CHCH_3 \qquad \text{2-丁烯}$$

【例 2-2】 某烯烃分子式为 C_5H_{10}。用酸性 $KMnO_4$ 氧化后，得到乙酸（ $CH_3-\overset{O}{\overset{\|}{C}}-OH$ ）和丙酮（ $CH_3-\underset{O}{\underset{\|}{C}}-CH_3$ ），试推测该烯烃的构造式。

解 产物中有乙酸说明原烯烃中有 $CH_3CH=$ 结构，产物中有丙酮说明原烯烃中有 $CH_3-\underset{CH_3}{\underset{|}{C}}=$ 结构，这两部分连接起来即为原烯烃的构造式：

$$CH_3-CH=\overset{CH_3}{\overset{|}{C}}-CH_3 \qquad \text{2-甲基-2-丁烯}$$

2. 加成反应

碳碳双键中π键较易断裂，在双键的两个碳原子上各加一个原子或基团，生成饱和化合物的反应称为加成反应，这是烯烃最普遍、最典型的反应。

$$\underset{\text{烯烃}}{\gt C=C\lt} + \underset{\text{试剂}}{X-Y} \longrightarrow \underset{\text{加成产物}}{-\underset{X}{\underset{|}{\overset{|}{C}}}-\underset{Y}{\underset{|}{\overset{|}{C}}}-}$$

（1）催化加氢（H_2） 在常温常压下，烯烃与氢气很难反应，但在催化剂存在下，烯烃能与氢气反应生成烷烃，故称为催化加氢，例如：

$$RCH{=}CHR' + H_2 \xrightarrow{\text{催化剂}} RCH_2{-}CH_2R'$$

工业上常用的催化剂有 Pt、Pd、Ni 等，实验常用活性较高的雷尼镍。

应用催化加氢反应，可把汽油中的不饱和烃转变为烷烃，可提高汽油的质量；还可使油脂中的不饱和脂肪酸转变为饱和脂肪酸用于生产肥皂；也可用于烯烃的化学分析，根据吸收氢气的量可以计算出混合物中不饱和化合物的含量或双键的数目（不饱和度）。

（2）加卤素（X_2） 烯烃容易与卤素发生加成反应，生成邻位二卤代烃。不同的卤素反应活性不同，氟与烯烃的反应非常激烈，常使烯烃完全分解，氯与烯烃反应较氟缓和，但也要加溶液稀释，溴与烯烃可正常反应，碘与烯烃难以发生加成反应，即活性顺序为 $F_2 > Cl_2 > Br_2 > I_2$，如：

$$CH_2{=}CH_2 + Cl_2 \xrightarrow[40℃，溶剂]{FeCl_3} \underset{Cl}{\underset{|}{CH_2}}{-}\underset{Cl}{\underset{|}{CH_2}}$$

1,2-二氯乙烷

1,2-二氯乙烷为无色油状液体，有毒，大量吸入其蒸气或误食均能引起中毒死亡。

$$\underset{（红棕色）}{CH_2{=}CH_2 + Br_2} \xrightarrow[40℃，溶剂]{CCl_4} \underset{Br}{\underset{|}{CH_2}}{-}\underset{Br}{\underset{|}{CH_2}}$$

1,2-二溴乙烷（无色液体）

此反应前后有明显的颜色变化，因此可用来鉴别烯烃，工业上即用此来检验汽油、煤油中是否含有不饱和烃。

（3）加卤化氢（HX） 烯烃与卤化氢气体或浓的氢卤酸在加盐下发生加成反应，生成一卤代烷，卤化氢的活性顺序为 HI > HBr > HCl，例如：

$$CH_2{=}CH_2 + HCl \xrightarrow[130\sim250℃]{AlCl_3} CH_3CH_2Cl$$

氯乙烷

氯乙烷常温下是无色气体，能与空气形成爆炸性混合物，它能在皮肤表面很快蒸发，使皮肤冷至麻木而不致冻伤皮下组织，因此用作局部麻醉剂，也被称为**足球场上的"化学大夫"**。

乙烯是对称分子，不论氢原子和卤原子加在哪个碳原子上都得到同样的一卤代乙烷，但对于结构不对称的烯烃，与卤化氢加成时，可以得到两种加成产物，如：

$$CH_3CH{=}CH_2 + HX \begin{cases} \longrightarrow CH_3\underset{\displaystyle X}{\underset{|}{C}}HCH_3 & \text{2-卤丙烷} \\ \longrightarrow CH_3CH_2CH_2X & \text{1-卤丙烷} \end{cases}$$

实验证明，上述反应的主要产物是2-卤丙烷。1869年俄国化学家马尔科夫-尼科夫（MarkovniKov）根据大量的实验事实总结出一条经验规律：**不对称烯烃与HX加成时，氢原子主要加在含氢较多的双键碳原子上，而卤原子加到含氢较少的双键碳原子上，此规律叫做马尔科夫-尼科夫规则，简称马氏规则。**

反马氏规则加成——过氧化物效应：在过氧化物存在下，烯烃与HBr加成时，得到的产物是反马氏规则的，如：

$$CH_3CH_2CH{=}CH_2 + HBr \begin{cases} \xrightarrow{\text{有过氧化物}} CH_3CH_2\underset{\displaystyle H}{\underset{|}{C}}H{-}\underset{\displaystyle Br}{\underset{|}{C}}H_2 & \text{反马氏规则} \\ \xrightarrow{\text{无过氧化物}} CH_3CH_2\underset{\displaystyle Br}{\underset{|}{C}}H{-}\underset{\displaystyle H}{\underset{|}{C}}H_2 & \text{马氏规则} \end{cases}$$

注意：过氧化物的存在对不对称烯烃与HCl和HI的加成反应无影响，仍然遵循马氏规则。

（4）加硫酸（$H{-}O{-}SO_2OH$）

$$CH_2{=}CH_2 + H{-}O{-}SO_2OH \longrightarrow \underset{\text{硫酸氢乙酯}}{CH_3CH_2O{-}SO_2OH}$$

$$CH_3CH{=}CH_2 + H{-}O{-}SO_2OH \longrightarrow \underset{\text{硫酸氢异丙酯}}{(CH_3)_2CHO{-}SO_2OH}\text{(按马氏规则加成)}$$

（5）加水（$H{-}OH$） 烯烃与水不易直接作用，但在适当的催化剂和加压下也可与水直接加成生成相应的醇，如：

$$CH_2{=}CH_2 + H_2O \xrightarrow[300℃，7MPa]{磷酸\text{-}硅藻土} CH_3CH_2OH$$

乙醇

$$CH_3CH{=}CH_2 + H_2O \xrightarrow[300℃，4MPa]{磷酸\text{-}硅藻土} CH_3\underset{\displaystyle OH}{\underset{|}{C}H}CH_3$$

异丙醇

这是工业上生产乙醇、异丙醇最重要的方法，叫做烯烃直接水化法。

（6）加次卤酸（HO—X） 烯烃与次卤酸加成，生成卤代醇，当不对称烯烃与次卤酸加成时，带部分正电荷的卤原子首先加到氢较多的双键碳原子上，带部分负电荷的羟基加到含氢较少的双键碳原子上，也符合马氏规则，如：

$$CH_3CH{=}CH_2 + HO{-}Cl \xrightarrow{70℃} CH_3{-}\underset{\displaystyle OH}{\underset{|}{C}H}{-}\underset{\displaystyle Cl}{\underset{|}{C}H_2}$$

3. 聚合反应

烯烃不仅能与许多试剂发生加成反应，还能在引发剂或催化剂的存在下，双键中的 π 键断裂，以头尾相连的形式自相加成，生成相对分子质量较大的化合物，这种由低相对分子质量的化合物转变为高相对分子质量的化合物的反应称为聚合反应，得到的产物称为聚合物或高聚物，如：

$$nCH_2{=}CH_2 \xrightarrow[100MPa]{100\sim300℃} {-}\!\![CH_2{-}CH_2]\!\!{-}_n$$

聚乙烯

式中，$CH_2{=}CH_2$ 称为单体；${-}\!\![CH_2{-}CH_2]\!\!{-}_n$ 称为链节；n 称为链节数（聚合度）。

$$n\underset{\displaystyle CH_3}{\underset{|}{C}H}{=}CH_2 \xrightarrow[1\sim2MPa，60\sim80℃]{TiCl_4\text{-}Al(C_2H_5)_2Cl，汽油} {-}\!\![\underset{\displaystyle CH_3}{\underset{|}{C}H}{-}CH_2]\!\!{-}_n$$

丙烯　　　　聚丙烯

聚合反应在合成橡胶、塑料、纤维三大高分子材料工业上有十分重要的意义。

4. α-氢原子的反应

烯烃分子中的α-氢原子因受双键的影响，表现出特殊的活泼性，容易发生取代反应和氧化反应。

（1）取代反应　在较低温度下，丙烯与卤素主要发生碳碳双键的加成反应，生成1,2-二氯丙烷，而在较高温度下，则是α-氢原子被取代，生成α-氯代烯烃。

$$CH_3-CH=CH_2+Cl_2\xrightarrow{<300℃,加成}\underset{\substack{|\\Cl}}{CH_2}\underset{\substack{|\\Cl}}{CH}CH_3\ (主要反应)$$

$$CH_3-CH=CH_2+Cl_2\xrightarrow{500℃,取代}\underset{\substack{|\\Cl}}{CH_2}-CH=CH_2\ (主要反应)$$

（2）氧化反应　在不同的催化条件下，用空气或氧气作氧化剂，氧化α-氢原子，其产物不同。

$$CH_2=CH-CH_3+O_2(空气)\xrightarrow[350℃,\ 0.25MPa]{Cu_2O}\underset{丙烯醛}{CH_2=CH-CHO}$$

这是工业上生产丙烯醛的主要方法。

$$CH_2=CH-CH_3+O_2(空气)\xrightarrow[300\sim400℃]{钼酸铋}\underset{丙烯酸}{CH_2=CH-COOH}$$

这是工业上生产丙烯酸的主要方法之一。

六、烯烃的来源、制法及重要的烯烃

1. 烯烃的来源、制法

（1）从石油裂解气和炼厂气中分离　主要得到乙烯、丙烯、丁烯等低级烯烃。

（2）用醇脱水制取　实验室中制取少量烯烃时，通常是在催化剂存在下，由醇脱水制得，如：

$$\underset{乙醇}{CH_3CH_2OH}\xrightarrow[170℃]{浓\ H_2SO_4}CH_2=CH_2+H_2O$$

$$CH_3CH_2OH \xrightarrow[350\sim400℃]{Al_2O_3} CH_2{=}CH_2 + H_2O$$

$$\underset{\text{异丙醇}}{CH_3\underset{\substack{|\\OH}}{C}HCH_3} \xrightarrow[350\sim400℃]{Al_2O_3} CH_2{=}CH{-}CH_3 + H_2O$$

（3）由卤代烷脱卤化氢制取　卤代烷与强碱的醇溶液共热时，脱去1分子卤化氢生成烯烃，例如：

$$CH_3\underset{\substack{|\\Br}}{C}HCH_3 \xrightarrow[\triangle]{KOH/醇} CH_3CH{=}CH_2 + KBr + H_2O$$

2. 重要的烯烃

（1）乙烯　乙烯是无色略带甜味的气体。微溶于水，比空气轻，在空气中燃烧时火焰比甲烷明亮，这是因为乙烯分子中碳的质量分数高于甲烷，乙烯与空气混合，遇明火会发生爆炸，爆炸极限为3%～29%（体积分数）。

乙烯是有机化学工业最重要的起始原料之一。由乙烯出发，通过各类化学反应，可以制得许多有用的化工产品和中间体。

乙烯还具有催促水果成熟的作用。

（2）丙烯　丙烯是无色气体。在空气中的爆炸极限是2%～11%（体积分数）。不溶于水，易溶于汽油、四氯化碳等有机溶剂。丙烯也是有机化学工业重要的起始原料之一。

第二节　二　烯　烃

分子中含有两个碳碳双键的开链不饱和烃称为二烯烃，二烯烃的分子中比相应的单烯烃少两个氢原子，故通式为C_nH_{2n-2}（$n\geqslant3$）。

一、二烯烃的分类和命名

1. 分类

在二烯烃分子中，由于两个碳碳双键的相对位置不同，致使其性质也有差异，因此通常根据二烯烃的分子中两个碳碳双键相对位置的不同，将二烯烃分为三种类型。

（1）累积二烯烃　分子中两个双键连接在同一个碳原子上的二烯烃，如 $CH_2=C=CH_2$（丙二烯）。

累积双键不稳定，容易发生异构化——双键位置改变，因此一般它很活泼，但也不容易制备。

（2）共轭二烯烃　分子中两个双键被一个单键隔开的二烯烃，如 $CH_2=CH-CH=CH_2$（1,3-丁二烯，简称丁二烯）。

共轭二烯烃是二烯烃中最重要的一类，它在理论和应用方面都具有重要意义。

（3）孤立二烯烃　分子中两个双键被两个或两个以上单键隔开的二烯烃。如 $CH_2=CH-CH_2-CH=CH_2$（1,4-戊二烯）。孤立二烯烃的性质与单烯烃相似。

当碳原子数相同时，这三类二烯烃互为同分异构体。

2. 命名

二烯烃的命名与烯烃相似，不同之处在于：

① 选择主链时应把两个双键都包含在内；

② 两个双键的位次都必须标明。

例如： $CH_3-\underset{\displaystyle CH_3}{\underset{|}{CH}}-CH=CH-CH=CH_2$　5-甲基-1,3-己二烯

二、共轭二烯烃的化学性质

共轭二烯烃分子中含有 $C=C-C=C$ 共轭 π 键，与烯烃的 $\gt C=C\lt$ 相似，它主要可进行加成和聚合反应。现以 1,3-丁二烯为例加以说明。

1. 加成反应

共轭二烯烃在与 1mol 卤素或卤化氢等试剂加成时，即可发生 1,2-加成反应，也可发生 1,4-加成反应，故可得到两种产物，例如：

$$CH_2=CH-CH=CH_2 + Br_2 \xrightarrow{1,2-加成} CH_2=CH-CH(Br)-CH_2Br$$

3,4-二溴-1-丁烯

$$CH_2=CH-CH=CH_2 + Br_2 \xrightarrow{1,4-加成} CH_2Br-CH=CH-CH_2Br$$

1,4-二溴-2-丁烯

一般在低温下或非极性溶剂中有利于1,2-加成产物的形成；升高温度或在极性溶剂中则有利于1,4-加成产物的生成。

共轭二烯烃与卤化氢加成时，符合马氏规则。

***2. 双烯合成**

共轭二烯烃在加热条件下，能与含有 $>C=C<$ 双键或 $-C\equiv C-$ 三键的化合物发生1,4-加成反应，生成环状化合物，这类反应称为**狄尔斯-阿尔德（Diels-Alder）反应，也称双烯合成反应**，如：

$$CH_2=CH-CH=CH_2 + CH_2=CH_2 \xrightarrow[17h]{165℃,\ 90MPa} \text{环己烯}（CH_2-CH=CH-CH_2-CH_2-CH_2 \text{成环}）$$

3. 聚合反应

共轭二烯烃比较容易发生聚合生成高分子化合物，工业上利用这一反应生产合成橡胶，例如：

$$nCH_2=CH-CH=CH_2 \xrightarrow{齐格勒-纳塔催化剂} \left[\begin{matrix} CH_2 & & CH_2 \\ & C=C & \\ H & & H \end{matrix}\right]_n$$

顺-1,4-聚丁二烯（顺丁橡胶）

另外，共轭二烯烃还可以与其他含有双键的化合物进行共聚生成共聚物，例如：

$$nCH_2=CH-CH=CH_2 + mCH(C_6H_5)=CH_2 \xrightarrow{过氧化物}$$

$$\cdots—CH_2—CH═CH—CH_2—\underset{\displaystyle C_6H_5}{CH}—CH_2—\cdots$$

顺丁橡胶和丁苯橡胶在工业、国防和生活等领域发挥着重要作用。

三、共轭二烯烃的来源、制法及重要的二烯烃

1. 1,3-丁二烯的来源、制法及用途

（1）从石油裂解气中提取　在石油裂解生产乙烯和丙烯时，副产物 C_4 馏分中含有大量 1,3-丁二烯。采用合适的溶剂，可从这种 C_4 馏分中将 1,3-丁二烯提取出来。

此法的优点是原料来源丰富，价格低廉，生产成本低，经济效益高。目前世界各国用此法生产 1,3-丁二烯的越来越多，西欧已全部用这一生产方法。

（2）由丁烷和丁烯脱氢制取

$$CH_3CH_2CH_2CH_3 \xrightarrow[600℃]{Al_2O_3\text{-}CrO_3} CH_2═CH—CH═CH_2 + H_2\uparrow$$

$$\left.\begin{matrix}CH_3CH_2CH═CH_2\\CH_3CH═CHCH_3\end{matrix}\right\} \xrightarrow[600\sim650℃]{Fe_2O_3} 2CH_2═CH—CH═CH_2 + 2H_2\uparrow$$

（3）由乙醇脱水、脱氢制取

$$2CH_3CH_2OH \xrightarrow[360\sim370℃]{MgO\text{-}SiO_2} CH_2═CH—CH═CH_2 + 2H_2O + H_2$$

1,3-丁二烯是无色气体，沸点 −44℃，不溶于水，可溶于汽油、苯等有机溶剂，是合成橡胶的重要单体，也用作 ABS 树脂、尼龙纤维、医药及染料等的原料。

2. 2-甲基-1,3-丁二烯（异戊二烯）的来源、制法及用途

（1）从石油裂解馏分中提取　工业上可从石油裂解的 C_5 馏分中提取异戊二烯，这也是一个越来越广泛采用的很经济的方法。

（2）由异戊烷和异戊烯脱氢制取

$$CH_3\underset{\displaystyle CH_3}{\underset{|}{C}H}CH_2CH_3 \xrightarrow[600℃]{催化剂} CH_2═\underset{\displaystyle CH_3}{\underset{|}{C}}—CH═CH_2 + H_2\uparrow$$

$$CH_3—\underset{\displaystyle CH_3}{\underset{|}{C}}HCH═CH_2 \xrightarrow[600\sim621℃]{催化剂} CH_2═\underset{\displaystyle CH_3}{\underset{|}{C}}—CH═CH_2 + H_2\uparrow$$

异戊二烯是无色液体，沸点 34℃，不溶于水，易溶于汽油、苯等有机溶剂，主要用作合成橡胶的单体，也用于制造医药、农药、麦料和黏合剂等。

第三节　炔　　烃

分子中含有碳碳三键（ —C≡C— ）的开链不饱和烃称为炔烃，碳碳三键是炔烃的官能团。炔烃比相同碳原子数的单烯烃少两个氢原子。炔烃通式为 C_nH_{2n-2} （$n\geqslant 2$），与二烯烃互为同分异构体。

一、炔烃的结构

1. 乙炔的结构

乙炔是最简单和最重要的炔烃，分子式为 C_2H_2。

实验测得乙炔分子中的 2 个碳原子和 2 个氢原子都在同一条直线上，是直线形分子，其 C≡C 键与 C—H 键之间的夹角为 180°，如图 2-2 所示。

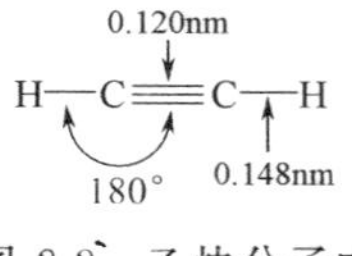

0.120nm

H—C≡C—H

180°　0.148nm

图 2-2` 乙炔分子中共价键的键长和键角

2. 其他炔烃分子的结构

其他炔烃分子中 —C≡C— 的结构与乙炔一样，它们的结构式可表示为 R—C≡C—H 或 R—C≡C—R′ ,式中 R 和 R′可以相同，也可以不同。

二、炔烃的构造异构和命名

1. 构造异构

炔烃的构造异构主要表现为碳链构造异构和三键位置异构，因为三键碳原子上只能连接一个原子或基团，故炔烃没有顺反异构，如炔烃 C_5H_8 有 3 种异构体：

$$CH\equiv CCH_2CH_2CH_3 \qquad CH_3CH_2C\equiv CCH_3 \qquad \underset{\displaystyle CH_3}{CH_3\underset{|}{C}HC}\equiv CH$$

2. 炔烃的命名

炔烃的命名法与烯烃相似。

(1) 衍生物命名法　此法是以乙炔为母体，其他部分看作是乙炔的烃基衍生物，如：

$$CH_3-C\equiv C-CH_3 \qquad CH_3-C\equiv C-CH_2-CH_3$$

二甲基乙炔　　　　甲基乙基乙炔

此法只适用于简单的炔烃。

(2) 系统命名法　炔烃的系统命名法与烯烃相似，只是把相应的"烯"字改成"炔"即可，例如：

$$\underset{\displaystyle CH_3}{CH_3\underset{|}{C}HC}\equiv CH \qquad CH_3-\underset{\displaystyle CH_3}{\overset{\displaystyle CH_3}{\underset{|}{\overset{|}{C}}}}-C\equiv C-CH_3$$

3-甲基-1-丁炔　　　　4,4-二甲基-2-戊炔

三、炔烃的物理性质

1. 物态

通常情况下，$C_2\sim C_4$ 的炔烃是气体，$C_5\sim C_{17}$ 的炔烃是液体，C_{18} 以上的炔烃是固体。

2. 熔点、沸点

炔烃的熔点、沸点都随碳原子数目增加而升高。一般比相应的烷烃、烯烃略高。

3. 相对密度

炔烃的相对密度都小于 1，比水轻，相同碳原子数的烃的相对密度为：炔烃＞烯烃＞烷烃。

4. 溶解性

炔烃难溶于水，易溶于乙醚、石油醚、丙酮、苯和四氯化碳等有机溶剂。部分炔烃的物理常数见表 2-2。

表 2-2 部分炔烃的物理常数

名　称	构造式	熔点/℃	沸点/℃	相对密度	折射率(n_D^{20})
乙炔	$CH\equiv CH$	−80.8	−84	—	—
丙炔	$CH_3C\equiv CH$	−101.5	−23.2	—	—
1-丁炔	$CH_3CH_2C\equiv CH$	−125.7	8.1	—	1.3962
1-戊炔	$CH_3(CH_2)_2C\equiv CH$	−90	40.2	0.6901	1.3852
2-戊炔	$CH_3CH_2C\equiv CCH_3$	−101	56	0.7107	1.4039
3-甲基-1-丁炔	$(CH_3)_2CHC\equiv CH$	−89	29.5	0.5660	1.3723
1-己炔	$CH_3(CH_2)_3C\equiv CH$	−131.9	71.3	0.7155	1.3989
1-庚炔	$CH_3(CH_2)_4C\equiv CH$	−81	99.7	0.7328	1.4115
1-十八碳炔	$CH_3(CH_2)_{15}C\equiv CH$	28	180(52kPa)	0.8025	1.4265

四、炔烃的化学性质

炔烃的化学性质比较活泼，与烯烃相似，也可以发生氧化、加成和聚合反应，另外受 $—C\equiv C—$ 的影响，炔烃还有一些特殊的性质。

1. 氧化反应

（1）燃烧　乙炔在氧气中燃烧，生成二氧化碳和水，同时放出大量的热（火焰温度可达 3000℃以上，故工业上广泛用作切割和焊接金属）。

$$2CH\equiv CH + 5O_2 \xrightarrow{\text{点燃}} 4CO_2 + 2H_2O$$

（2）被高锰酸钾氧化　碳碳三键也能进行氧化反应。将乙炔通入 $KMnO_4$ 的水溶液中，$KMnO_4$ 被还原为棕褐色的二氧化锰沉淀，原来的紫色消失，三键断裂，生成二氧化碳和水。

$$3CH\equiv CH + 10KMnO_4 + 2H_2O \longrightarrow 6CO_2 + 10MnO_2\downarrow + 10KOH$$

$$R—C\equiv CH \xrightarrow[H_2O]{KMnO_4} \underset{\text{羧酸}}{R—COOH} + CO_2$$

$$R-C\equiv C-R' \xrightarrow[H_2O]{KMnO_4} R-COOH + R'COOH$$

因此，**可根据氧化产物来推测原来炔烃的结构，也可用高锰酸钾的颜色变化来鉴别炔烃（或烯烃）。**

【例 2-3】 某一炔烃经高锰酸钾氧化后，得到两种酸 $CH_3\underset{\displaystyle CH_3}{\underset{|}{C}}HCOOH$ 和 CH_3COOH，试推测原来炔烃的结构。

解 氧化产物中有 $CH_3\underset{\displaystyle CH_3}{\underset{|}{C}}HCOOH$ 说明原炔烃中有 $CH_3\underset{\displaystyle CH_3}{\underset{|}{C}}HC\equiv$ 结构，产物中有 CH_3COOH，说明原炔烃中有 $CH_3C\equiv$ 结构，两部分合在一起即为原炔烃的结构：

$$CH_3\underset{\displaystyle CH_3}{\underset{|}{C}}HC\equiv CCH_3 \qquad \text{4-甲基-2-戊炔}$$

2. 加成反应

（1）催化加氢（H_2） 炔烃催化加氢可以生成相应的烯烃或烷烃，例如：

$$R-C\equiv CH + H_2 \xrightarrow{Pt、Pd、Ni} R-CH=CH_2 \xrightarrow{Pt、Pd、Ni} R-CH_2CH_3$$

若选择活性适当的催化剂，如用醋酸铅处理过的附在碳酸钙上的钯做催化剂也称**林德拉（Lindlar）催化剂**，可使炔烃加氢生成烯烃。

$$R-C\equiv CH + H_2 \xrightarrow{林德拉} R-CH=CH_2$$

（2）加卤素（X_2） 炔烃容易与氯或溴发生加成反应。与 1mol 卤素加成生成二卤代烯烃，与 2mol 卤素加成生成四卤代烷烃，在较低温度下，反应可控制在二卤代烯烃阶段，例如：

$$CH\equiv CH \xrightarrow[较低温度]{Cl_2} \underset{\displaystyle Cl}{\underset{|}{C}}H=\underset{\displaystyle Cl}{\underset{|}{C}}H \xrightarrow[80\sim85℃]{Cl_2} CHCl_2CHCl_2$$

$$R-C\equiv CH \xrightarrow{Br_2} R-\underset{\displaystyle Br}{\underset{|}{C}}=\underset{\displaystyle Br}{\underset{|}{C}}H \xrightarrow{Br_2} R-\overset{\displaystyle Br}{\overset{|}{\underset{\displaystyle Br}{\underset{|}{C}}}}-\overset{\displaystyle Br}{\overset{|}{\underset{\displaystyle Br}{\underset{|}{C}}}}H$$

溴与炔烃发生加成反应后，其红棕色褪去，可由此检验碳碳三键或碳碳双键的存在。

（3）加卤化氢（HX） 炔烃与 HX 的加成不如烯烃活泼，也比与卤素加成反应难，通常需要在催化剂存在下进行。例如，在氯化汞-活性炭催化作用下，于 180℃左右，乙炔与氯化氢加成生成氯乙烯：

$$CH \equiv CH + HCl \xrightarrow[180℃]{HgCl_2\text{-}C} \underset{\text{氯乙烯}}{CH_2 = CH - Cl}$$

不对称炔烃与卤化氢的加成符合马氏规则，例如：

$$CH_3C \equiv CH \xrightarrow{HBr} \underset{\text{2-溴丙烯}}{CH_3\underset{\displaystyle Br}{\underset{|}{C}} = CH_2} \xrightarrow{HBr} \underset{\text{2,2-二溴丙烷}}{CH_3 - \overset{\displaystyle Br}{\overset{|}{\underset{\displaystyle Br}{\underset{|}{C}}}} - CH_3}$$

卤化氢的活泼性：HI＞HBr＞HCl。

（4）加水（H—OH） 一般情况下，炔烃与水不发生反应，但在催化剂（如硫酸汞的稀硫酸溶液）存在下，炔烃与水反应生成醛或酮。不对称炔烃与水加成时遵循马氏规则，例如：

$$CH \equiv CH + H_2O \xrightarrow[98 \sim 105℃，0.15MPa]{H_2SO_4，稀\ H_2SO_4} \underset{\text{乙烯醇}}{CH_2 = \underset{\displaystyle OH}{\underset{|}{CH}}} \xrightarrow{\text{重排}} \underset{\text{乙醛}}{CH_3CHO}$$

$$CH_3 - C \equiv CH + H_2O \xrightarrow[70℃]{H_2SO_4，稀\ H_2SO_4} \underset{\text{丙酮}}{CH_3 - \underset{\displaystyle O}{\underset{\|}{C}} - CH_3}$$

工业上利用上述反应来制取乙醛和丙酮，但汞和汞盐的毒性很大，影响健康并严重污染环境，现已利用铜、锌等非汞催化剂来代替汞盐类。

（5）加醇（R—OH） 在碱的催化下，乙炔与醇加成得到乙烯基醚，例如：

$$CH\equiv CH + CH_3OH \xrightarrow[160\sim165℃,\ 2\sim2.2MPa]{20\%KOH\ 水溶液} CH_2=CH-O-CH_3$$

甲醇　　　　　　　　　　　　　　甲基乙烯基醚

甲基乙烯基醚经聚合生成的高聚物，可做涂料、增塑剂和黏合剂等。

(6) 加氢氰酸（HCN）　乙炔在 Cu_2Cl_2 催化下，在 80～90℃ 下与 HCN 进行加成反应，生成丙烯腈。

$$CH\equiv CH + HCN \xrightarrow[80\sim90℃,\ 约\ 0.7MPa]{Cu_2Cl_2\ 水溶液} CH_2=CH-CN$$

丙烯腈

丙烯腈是合成人造羊毛的原料。

(7) 加羧酸（R—COOH）　在催化剂作用下，乙炔能与羧酸发生加成反应，生成羧酸乙烯酯，例如：

$$CH\equiv CH + CH_3\underset{\underset{O}{\|}}{C}O-H \xrightarrow[180\sim220℃]{ZnAc_2\text{-}C} CH_3\underset{\underset{O}{\|}}{C}-O-CH=CH_2$$

乙酸　　　　　　　　　　　　乙酸乙烯酯

乙酸乙烯酯主要用作合成纤维——维纶的原料。

3. 聚合反应

乙炔的聚合产物随催化剂和反应条件的不同而不同。如乙炔可发生两分子聚合、三分子聚合和多分子聚合。

$$2CH\equiv CH \xrightarrow[少量\ HCl,\ 70℃]{Cu_2Cl_2\text{-}NH_4Cl} CH_2=CH-C\equiv CH$$

乙烯基乙炔

乙烯基乙炔是合成橡胶的主要原料。

$$3CH\equiv CH \xrightarrow[600\sim650℃]{活性炭} \text{(苯环)}$$

苯

$$nCH\equiv CH \xrightarrow{齐格勒\text{-}纳塔} \lbrack CH=CH \rbrack_n$$

聚乙炔

4. 炔氢的反应

与三键碳原子直接相连的氢原子叫做炔氢原子，它具有微弱的酸性，比较“活泼”，可以与强碱、碱金属或某些重金属离子反应生成金属炔化物，例如，**炔氢原子能与硝酸银或氯化亚铜的氨溶液反应生成金属炔化物。**

将乙炔通入硝酸银或氯化亚铜的氨溶液中，炔氢原子可被 Ag^+ 或 Cu^+ 取代生成灰白色的乙炔银或棕红色的乙炔亚铜的沉淀。

$$CH{\equiv}CH + 2Ag(NH_3)_2NO_3 \longrightarrow \underset{\text{乙炔银（灰白色）}}{Ag{-}C{\equiv}C{-}Ag\downarrow} + 2NH_4NO_3 + 2NH_3$$

$$CH{\equiv}CH + 2Cu(NH_3)_2Cl \longrightarrow \underset{\text{乙炔亚铜（棕红色）}}{Cu{-}C{\equiv}C{-}Cu\downarrow} + 2NH_4Cl + 2NH_3$$

其他分子中含有炔氢原子的炔烃，也可以发生这一反应，例如：

$$R{-}C{\equiv}CH + Ag(NH_3)_2NO_3 \longrightarrow R{-}C{\equiv}C{-}Ag\downarrow + NH_4NO_3 + NH_3$$

$$R{-}C{\equiv}CH + Cu(NH_3)_2Cl \longrightarrow R{-}C{\equiv}C{-}Cu\downarrow + NH_4Cl + NH_3$$

故实验室中常由此来鉴别乙炔和末端炔烃，也可利用这一性质分离、提纯炔烃，或从其他烃类中除去少量炔烃杂质。

【例 2-4】 用化学方法鉴别下列化合物：丙烷、丙烯、丙炔。

解

$$\left.\begin{matrix}\text{丙烷}\\ \text{丙烯}\\ \text{丙炔}\end{matrix}\right\} + Br_2/CCl_4 \text{——} \left\{\begin{matrix}\times\\ \text{褪色}\\ \text{褪色}\end{matrix}\right\} + \begin{matrix}Ag(NH_3)_2NO_3\text{(溶液)或}\\ Cu(NH_3)_2Cl\text{ 溶液}\end{matrix} \text{——} \left\{\begin{matrix}\times\\ \text{灰白色沉淀或}\\ \text{红棕色沉淀}\end{matrix}\right.$$

炔银和炔亚铜潮湿时比较稳定，干燥时，因撞击、振动或受热会发生爆炸。因此，实验中对生成的炔银或炔亚铜要及时用酸处理，以免发生危险：

$$Ag{-}C{\equiv}C{-}Ag + 2HNO_3 \longrightarrow CH{\equiv}CH + 2AgNO_3$$

$$Cu{-}C{\equiv}C{-}Cu + 2HCl \longrightarrow CH{\equiv}CH + Cu_2Cl_2\downarrow$$

五、乙炔的制法与用途

纯净的乙炔为无色无臭气体，微溶于水，易溶于丙酮。乙炔与空气混合点火则发生爆炸，爆炸极限为 2.6%～80%（体积分数），范围相当宽，使用时一定要注意安全。

1. 乙炔的制法

（1）电石法　将生石灰和焦炭在高温电炉中加热至 2200～

2300℃就生成电石（碳化钙）。电石水解即生成乙炔：

$$CaO + 3C \xrightarrow{2200\sim2300℃} \underset{\diagdown\ \diagup \atop Ca}{C\equiv C} + CO$$

$$\underset{\diagdown\ \diagup \atop Ca}{C\equiv C} + 2H_2O \longrightarrow CH\equiv CH + Ca(OH)_2$$

电石法技术比较成熟，但因耗能较高，故工业上多采用下述方法。

(2) 甲烷裂解法　甲烷在1500～1600℃时发生裂解，可制得乙炔：

$$2CH_4 \xrightarrow[0.001\sim0.01s]{1500\sim1600℃} CH\equiv CH + 3H_2$$

2. 乙炔的用途

乙炔是三大合成材料工业重要的基本原料之一。由乙炔出发，通过化工过程，可以生产出塑料、橡胶、纤维以及其他许多化工原料和化工产品。

另外，乙炔在氧气中燃烧，火焰温度高达3000～4000℃，一般称为氧炔焰，广泛用于焊接和切割金属材料。

思考与练习

2-1　写出烯烃 C_6H_{12} 的13个同分异构体。

2-2　将烯烃 C_6H_{12} 的13个同分异构体用系统命名法命名。

2-3　实验室中制取甲烷时，会产生少量烯烃，试设计一实验方案将其除去。

2-4　分别写出 $CH_3-\underset{CH_3}{\underset{|}{C}}=CH_2$ 与 H_2、Br_2、HOCl、H_2O、HBr反应的所有方程式，并注明反应条件。

2-5　给下列二烯烃命名。

$CH_2=CH-\underset{CH_3}{\underset{|}{C}}=CH_2$　　$CH_3\underset{CH_3}{\underset{|}{C}}=CH-CH_2-\underset{CH_3}{\underset{|}{C}}=CH_2$　　$CH_2=\underset{CH_2CH_3}{\underset{|}{C}}-CH=CH_2$

2-6　写出异戊二烯与下列物质的反应式：

（1）在低温下与 HBr

（2）在高温下与 Br_2

2-7 某化合物 A 的分子式为 C_5H_8，A 能使溴水褪色，催化加氢得到正戊烷，用酸性高锰酸钾溶液氧化时生成丙二酸（HOOC—CH_2—COOH）和二氧化碳。试推测化合物 A 的构造式。

2-8 写出分子式为 C_6H_{10} 的 7 种炔烃同分异构体，并用系统命名法命名。

2-9 写出丙炔与 O_2、$KMnO_4$、H_2、Br_2、HCl、H_2O、HCN 反应的方程式，并注明反应条件。

2-10 用化学方法鉴别 1-丁炔与 2-丁炔。

2-11 具有分子式 C_5H_8 的两种异构体，加氢后都可生成 2-甲基丁烷，它们也都可以和两分子溴加成。但是其中一种可与 $AgNO_3$ 的氨水溶液产生白色沉淀，另一种则不能，试推测这两种异构体的结构式，并写出有关的反应式。

2-12 分子式为 C_6H_{10} 的烃，加氢后生成 2-甲基戊烷；当用 $HgSO_4$ 稀 H_2SO_4 处理时，能与水化合，但它不与 $AgNO_3$ 的氨水溶液发生反应。写出这种烃的结构式。

自　测　题

一、填空题

1. 实验室鉴别烯烃和烷烃的试剂是________溶液和________溶液。现象是____________。

2. 烯烃和炔烃均能发生水合反应。烯烃在酸的催化下水合，其产物是____类。炔烃在 Hg^{2+} 催化下水合，其产物是________。

3. 炔烃催化加氢时，催化剂有选择性。若要制取烷烃，使用的催化剂是____，若要制取烯烃，使用的催化剂是________。

4. 在乙炔与氯化氢加成制备氯乙烯的过程中，氯乙烯往往含有少量氯化氢杂质，该杂质可用简便易行、经济实用的________法洗涤除去。

5. 试把与 HI 作用主要生成 $(CH_3)_2CHCHICH_3$、$(CH_3)_2CICH_3$ 的烯烃构造式写在横线上 ________________、________________。

二、选择题

1. 下列基团中，烯丙基的构造式是（ ）。

A. $CH_3CH=CH-$　　B. $CH_3CH_2CH_2-$

C. $CH_2=CHCH_2-$　　D. $CH_2=C(CH_3)-$

2. 下列物质中，与 2-戊烯互为同系物的是（ ）。

A. 1-戊烯　　B. 2-甲基-1-戊烯

C. 2-甲基-2-丁烯　　D. 4-甲基-2-戊烯

3. 分子式为 C_6H_{12} 烯烃，其同分异构体的数目是（ ）。

A. 10　B. 11　C. 12　D. 13

4. 构造式 $CH_3C(CH_2CH_3)=CHCH(CH_3)CH_3$ 的正确名称是（ ）。

A. 2-乙基-4-甲基-2-戊烯　　B. 4-甲基-2-乙基-2-戊烯

C. 3,5-二甲基-3-己烯　　D. 2,4- 二甲基-3-己烯

5. 在下列烯烃中，用作水果催熟剂的物质是（ ）。

A. 乙烯　B. 丙烯　C. 丁烯　D. 异丁烯

6. 在常温常压下，称取相同物质的量的下列各烃，分别在氧气中充分燃烧，消耗氧气最少的是（ ）。

A. 甲烷　B. 乙烷　C. 乙烯　D. 乙炔

7. 在适当条件下 1mol 丙炔与 2mol 溴化氢加成主要产物是（ ）。

A. $CH_3CH_2CHBr_2$　　B. $CH_3CBr_2CH_3$

C. $CH_3CHBrCH_2Br$　　D. $CH_2BrCBr=CH_2$

8. 在室温下，下列物质分别与硝酸银的氨溶液作用能立即产生沉淀的是（ ）。

A. 乙烯基乙炔　　　　　　　　B. 1,3-己二烯

C. 1,3-己二炔　　　　　　　　D. 2,4-己二炔

三、用系统命名法命名下列化合物。

1. $\mathrm{(CH_3)_2C{=}\underset{\underset{\displaystyle Cl}{|}}{C}CH(CH_3)_2}$

2. $\mathrm{CH_3\underset{\underset{\displaystyle C_2H_5}{|}}{C}{=}C(CH_3)CH(CH_3)_2}$

3. $\mathrm{(CH_3)_3CC{\equiv}CCH(CH_3)_2}$

四、完成下列反应式。

1. $\mathrm{CH_3\underset{\underset{\displaystyle CH_3}{|}}{C}HC{\equiv}CH + Ag(NH_3)_2NO_3 \longrightarrow}$

2. $\mathrm{CH_3CH_2\underset{\underset{\displaystyle CH_3}{|}}{C}{=}CH_2 + \underset{(1mol)}{Cl_2}}$ $\begin{cases} \xrightarrow{\text{常温}} \\ \xrightarrow{500^{\circ}C} \end{cases}$

3. $\mathrm{CH_3CH_2\underset{\underset{\displaystyle CH_3}{|}}{C}{=}CHCH_3}$ $\begin{cases} \xrightarrow{HBr} \\ \xrightarrow[\text{过氧化物}]{HBr} \end{cases}$

五、用简便的化学方法鉴别下列化合物。

1. 丁烷　　2. 1,3-丁二烯　　3. 1-丁炔　　4. 2-丁炔

六、以乙炔为唯一的有机原料和其他的无机试剂合成下列化合物。

1. 乙醇　　　2. $\mathrm{CH_3CHO}$　　　3. 1,1-二溴乙烷

七、推断题

化合物A和B，分子式都是$\mathrm{C_5H_8}$，都能使溴的四氯化碳溶液褪色。A与硝酸银的氨溶液反应生成白色沉淀，用高锰酸钾溶液氧化，则生成$\mathrm{CH_3CH_2CH_2COOH}$和$\mathrm{CO_2}$。B不与硝酸银的氨溶液反应，用高锰酸钾溶液氧化时，生成$\mathrm{CH_3COOH}$和$\mathrm{CH_3CH_2COOH}$，试写出A和B的构造式及各步化学反应式。

第三章　脂　环　烃

【学习目标】

1. 了解脂环烃的分类与结构。
2. 掌握脂环烃的系统命名法和物理、化学性质。
3. 了解脂环烃的工业制法和用途。

脂环烃是指分子中具有碳环结构（有一个或多个由碳原子组成的环）而性质与开链脂肪烃相似的一类有机化合物，它们在自然界中广泛存在，且大都具有生理活性。

第一节　脂环烃的分类、异构和命名

一、脂环烃的分类

（1）根据分子中含有的碳环数目分类　可分为单环脂环烃（分子中只有一个碳环）和多环脂环烃（分子中有两个或两个以上的碳环），如：

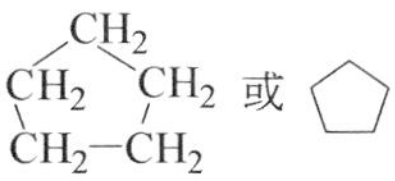

环戊烷（单环脂环烃） 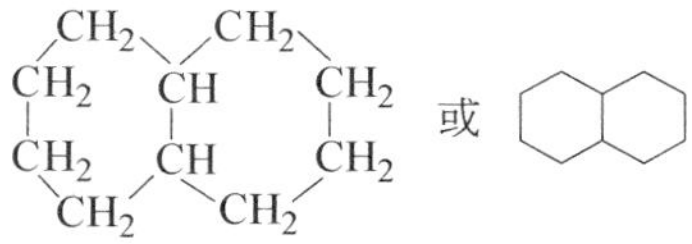　　十氢化苯（二环脂环烃）

（2）根据分子中组成环的碳原子数目分类　可分为三元环、四元环、五元环脂环烃等，如：

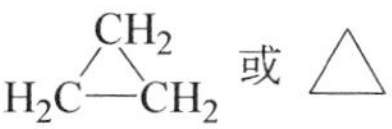

环丙烷（三元环） 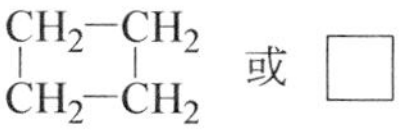　　环丁烷（四元环）

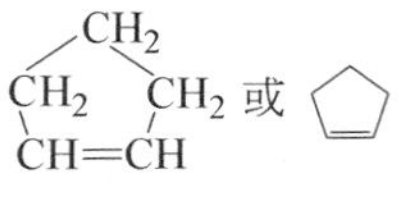

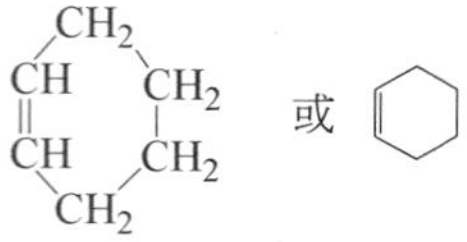

环戊烯（五元环）　　环己烯（六元环）

(3) 根据碳环中是否含有双键和三键来分类　可分为饱和脂环烃（如上例中的环丙烷、环丁烷、环戊烷等）和不饱和脂环烃（如上例中的环戊烯、环己烯）等。

二、脂环烃的异构现象

脂环烃的异构现象比较复杂，这里只介绍单环烷烃的同分异构现象。

单环烷烃可看作是烷烃分子中两端的碳原子各去掉一个氢后彼此连接而成。因此，**单环烷烃比相应的烷烃少两个氢原子，它们的通式为 C_nH_{2n}（$n\geqslant3$），与开链单烯烃互为同分异构体，但不是同一系列**。

单环烷烃可因环的大小不同、环上支链的位置不同而产生不同的异构体，此外，由于脂环烃中 C—C 键不能自由旋转，当环上至少有两个碳原子连有不相同的原子或基团时，环烷烃也存在顺反异构体。

最简单的环烷烃是环丙烷（C_3H_6），没有异构体。

环丁烷（C_4H_8）有两个异构体：

环丁烷

甲基环丙烷

环戊烷（C_5H_{10}）有 5 个构造异构体：

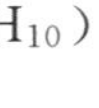

环戊烷

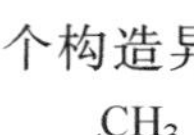

甲基环丁烷

乙基环丙烷

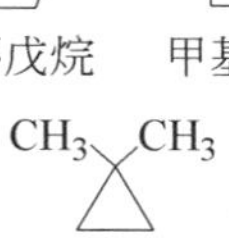

1,1-二甲基环丙烷

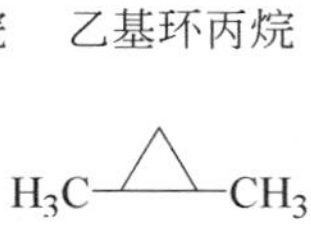

1,2-二甲基环丙烷

（其中，1,2-二甲基环丙烷存在顺反异构）

三、脂环烃的命名

1. 单环烷烃

单环烷烃的命名与烷烃相似，只是在烷烃前面加上“环”字。环上有支链时，则需将环上碳原子编号，以标明支链的位置，编号以使取代基所在位次最小为原则，当环上有两个以上不同取代基时，则按“次序规则”决定基团排列的先后，例如：

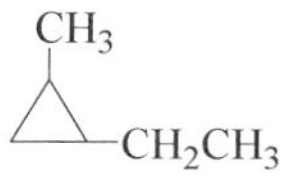

1-甲基-2-乙基环丙烷

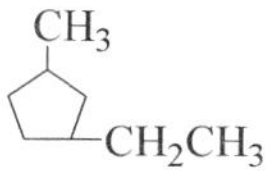

1-甲基-3-乙基环戊烷
（不命名为 1-甲基-4-乙基环戊烷）

2. 环烯烃

环烯烃命名时，先给环上碳原子编号以标明双键的位次和支链的位次。编号应使双键的位次最小，如有支链时则应使支链的位次尽可能小，例如：

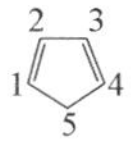

1,3-环戊二烯

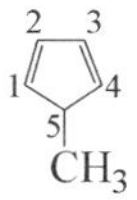

5-甲基-1,3-环戊二烯

第二节　环烷烃的物理性质

一、物态

常温下 C_3～C_4 环烷烃为气体；C_5～C_{11} 的环烷烃为液体；高级环烷烃为固体。

二、熔点、沸点

环烷烃的熔点、沸点变化规律是随分子中碳原子数增加而升高，且都高于同碳原子数的开链烷烃。

三、相对密度

环烷烃的相对密度都小于 1，比水轻，但比相应的开链烷烃的相对密度大。

四、溶解性

环烷烃不溶于水，易溶于有机溶剂。几种常见的环烷烃的物理常数见表 3-1。

表 3-1　几种常见的环烷烃的物理常数

名称	熔点/℃	沸点/℃	相对密度	折射率(n_D^{20})
环丙烷	−127.6	−33	0.6807(沸点)	1.3799(沸点)
环丁烷	−80	13	0.7038(0℃)	1.3752(0℃)
环戊烷	−90	49	0.7457	1.4065
环己烷	6.5	80.8	0.7785	1.4266
环庚烷	−12	118.5	0.8098	1.4436
环辛烷	14.8	149	0.8349	1.4586
环十二烷	61	—	0.861	—
甲基环戊烷	−142.4	72	0.7486	1.4097
甲基环己烷	−126.6	101	0.7694	1.4231

第三节　环烷烃的化学性质

环烷烃的化学性质与相应的烷烃相似，可以发生取代反应和氧化反应。但由于具有碳环结构，因此还有与环状结构相关的一些特性。如三元和四元环烷烃较不稳定，它们的环容易破裂，而和一些试剂发生加成反应，生成链状化合物。

一、氧化反应

与开链烷烃相似，在常温下，环丙烷、环丁烷这样的小环烷烃都不能与一般的氧化剂（如高锰酸钾的水溶液）发生氧化反应。

如果在加热下用强氧化剂，或在催化剂存在下用空气作氧化剂，环烷烃也能发生氧化反应。条件不同时，氧化产物也不同，如：

$$\text{环己烷} + O_2 \xrightarrow[120\sim124^\circ C, 1.8\sim2.4MPa]{\text{醋酸钴(锰)}} \underset{\text{环己酮}}{\text{C}_6\text{H}_{10}\text{O}} + \underset{\text{环己醇}}{\text{C}_6\text{H}_{11}\text{OH}}$$

$$\text{环己烷} + \frac{5}{2}O_2 \xrightarrow{\text{热 }HNO_3} \underset{\text{己二酸}}{\begin{matrix} CH_2—CH_2—COOH \\ | \\ CH_2—CH_2—COOH \end{matrix}} + H_2O$$

己二酸是合成尼龙-66 的重要原料。

二、取代反应

环烷烃与烷烃一样，也可发生取代反应。但由于小环易开环，只有环戊烷和环己烷等较易发生环上的取代反应，如：

$$\text{环戊烷} + Br_2 \xrightarrow[\text{或加热}]{\text{紫外光}} \underset{\text{溴代环戊烷}}{\text{C}_5\text{H}_9\text{Br}} + HBr$$

溴代环戊烷是合成利尿降压药物的原料。

$$\text{环己烷} + Cl_2 \xrightarrow[\text{或加热}]{\text{紫外光}} \underset{\text{氯代环己烷}}{\text{C}_6\text{H}_{11}\text{Cl}} + HCl$$

氯代环己烷是合成抗癫痫病、抗痉挛药物的原料。

三、加成反应

1. 催化加氢

在催化剂铂、钯或雷尼镍的作用下，环丙烷与环丁烷可以开环发生加氢反应，生成开链烷烃，如：

$$\text{环丙烷} + H_2 \xrightarrow[80^\circ C]{Ni} CH_3—CH_2—CH_3$$

$$\text{环丁烷} + H_2 \xrightarrow[120^\circ C]{Ni} CH_3—CH_2—CH_2—CH_3$$

2. 加卤素

环丙烷与卤素的加成常温下就可进行，而环丁烷需加热才能进行。

$$\triangle + Br_2 \xrightarrow{\text{室温}} \underset{\displaystyle Br}{\underset{|}{C}}H_2CH_2\underset{\displaystyle Br}{\underset{|}{C}}H_2$$

1,3-二溴丙烷

$$\square + Br_2 \xrightarrow{\text{加热}} \underset{\displaystyle Br}{\underset{|}{C}}H_2CH_2CH_2\underset{\displaystyle Br}{\underset{|}{C}}H_2$$

1,4-二溴丁烷

根据环丙烷、环丁烷能与溴加成但不能被高锰酸钾溶液氧化的性质，可将其与烷烃、烯烃、炔烃区别开来。也可以由此鉴别环丙烷、环丁烷。

由以上讨论可见，**环戊烷、环己烷易发生取代反应和氧化反应，而环丙烷、环丁烷易发生加成反应。它们的化学性质可概括为："小环"似烯，"大环"似烷。**

第四节　环烷烃的来源、制法及重要的脂环烃

石油是环烷烃的主要来源之一，其中常见的有环戊烷、环己烷及它们的烷基衍生物。原油中一般含有0.5%～1%的环己烷，粗汽油中含环己烷5%～15%。

一、环己烷

环己烷是无色液体，沸点80.8℃，易挥发，不溶于水，可与许多有机溶剂混溶。

工业上以苯为原料，通过催化加氢制取环己烷。

$$C_6H_6\,(\text{苯}) + 3H_2 \xrightarrow[200℃]{Ni} C_6H_{12}\,(\text{环己烷})$$

环己烷是重要的化工原料，主要用于合成尼龙纤维，制造己二酸、己二胺和己内酰胺以及用作溶剂等。

二、环戊二烯

环戊二烯是无色液体，沸点 41.5℃，易燃，易挥发，不溶于水，易溶于有机溶剂。工业上可由石油裂解产物中分离，也可由环戊烷或环戊烯催化脱氢制取。

环戊二烯主要用于制备二烯类农药、医药、涂料、香料以及合成橡胶、石油树脂、高能燃料等。

思考与练习

3-1 写出分子式为 C_6H_{12} 的环烷烃的 12 个构造异构体的结构简式，并用系统命名法命名。

3-2 用化学方法鉴别丙烷、环丙烷、丙烯和丙炔。

3-3 完成下列反应式。

(1) $\square\!-\!CH{=}CH_2 \xrightarrow[H_2SO_4]{KMnO_4}$

(2) 环戊烷 $+ Cl_2 \xrightarrow{光照}$

(3) 环己烯 $+ Br_2 \longrightarrow$

3-4 A 与 B 互为同分异构体，分子式为 C_5H_{10}，A 与溴反应只得到一种一溴化物 C_5H_9Br，B 与溴反应却得到 $C_5H_{10}Br_2$。A 在通常条件下不被高锰酸钾氧化，B 易被高锰酸钾氧化生成醋酸和丙酸的混合物。写出 A 和 B 的结构式及各步反应式。

自 测 题

一、填空题

1. 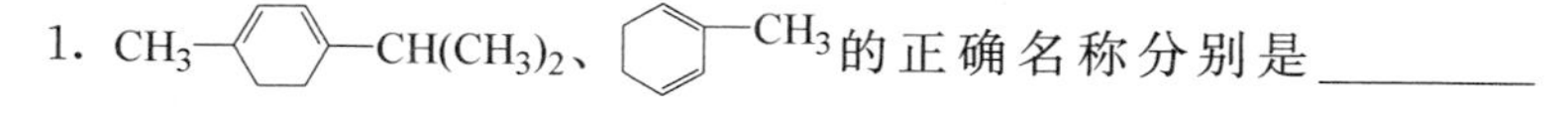

的正确名称分别是________

________、________________。

2. 分别写出下列化合物的构造式。

(1) 1-甲基-2-乙基环丁烷________________

（2）3-甲基环己烯________________

3. 环丙烷、环丁烷、环戊烷发生开环反应的活性顺序是________________。

4. 分别写出下列各反应的主要有机产物的构造式。

（1）环己烷在 300℃下与溴作用________________

（2）1-甲基-2-丙烯基环丁烷与热的高锰酸钾溶液作用________________

（3）环己叉=$CHCH_3$在硫酸催化下与水相互作用________________

二、选择题

1. 分子式为 C_4H_8 和 C_6H_{12} 的两种烃属于（　）。

A. 同系列　　B. 不一定是同系物

C. 同分异构体　　D. 既不是同系列，也不是同分异构体

2. 下列物质的化学活泼顺序是（　）。

①丙烯　②环丙烷　③环丁烷　④丁烷

A. ①＞②＞③＞④　　B. ②＞①＞③＞④

C. ①＞②＞④＞③　　D. ①＞②＞③＝④

3. 室温下，能使溴水褪色，但不能使高锰酸钾溶液褪色的是（　）。

A. 环戊烯　　B. 环戊烷

C. $CH_3(CH_2)_3CH_3$　　D. CH_3—环丙烷—CH_3

4. 下列试剂中环己基—$CH=CH_2$与环己基—$C\equiv CH$最适当的鉴别试剂是（　）。

A. 稀 $KMnO_4$ 溶液　　B. 稀溴水

C. 硝酸银的氨溶液　　D. 1,3-丁二烯

三、是非题（下列叙述中，对的在括号中打"√"，错的打"×"）

1. C_4H_{10} 和 C_5H_{12} 一定是同系物；C_4H_{10} 和 C_5H_{12} 不一定是同系物。（　）

2. $CH_2=CH_2$ 和 环丙烷（CH_2—CH_2—CH_2 成环）都是由碳氢两种元素组成的，两者相差一个 CH_2，所以它们互为同系物。 （ ）

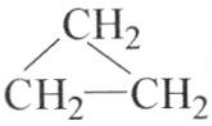

3. 环丙烷和环己烷都是环烷烃，两者相差 3 个 CH_2，它们互为同系物。 （ ）

4. 环丙烷含有丙烯杂质，可加入硫酸洗涤后分离。 （ ）

四、命名下列化合物。

1. 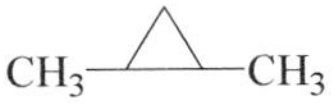 CH_3—△—CH_3 2. CH_3—⬡—$CH_2CH=CH_2$

五、完成下列反应式。

1. 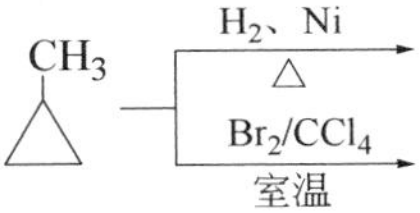 甲基环丙烷（△—CH_3） $\xrightarrow[\triangle]{H_2、Ni}$

   甲基环丙烷（△—CH_3） $\xrightarrow[\text{室温}]{Br_2/CCl_4}$

2. △—$CH=C(CH_3)—CH_3$ $\xrightarrow{\text{冷、稀}KMnO_4}$

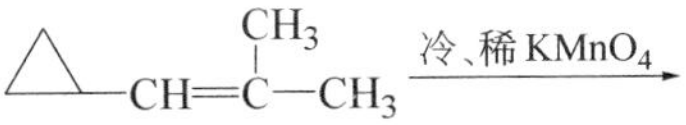

六、试用简便的化学方法区别 C_5H_{10} 的下列四种同分异构体。

1. 1-戊烯
2. 2-戊烯
3. 1,2-二甲基环丙烷
4. 环戊烷

第四章 芳 香 烃

【学习目标】

1. 了解芳香烃的含义、分类和来源。
2. 掌握单环芳香烃的结构和命名方法。
3. 掌握单环芳香烃的物理及其化学性质。
4. 了解重要的单环芳烃和稠环芳烃的用途。

芳香烃是芳香族碳氢化合物的简称，也可简称为芳烃。芳烃及其衍生物总称为芳香族化合物。实验证明芳香族化合物大多含有苯环结构，具有独特的化学性质，如不易发生加成反应和氧化反应，而容易进行取代反应。本章重点介绍芳香烃，其中以单环芳烃为主。

芳香烃可按分子中所含苯环的数目和结构分为三大类。

(1) 单环芳烃　分子只含一个苯环结构的芳烃，例如：

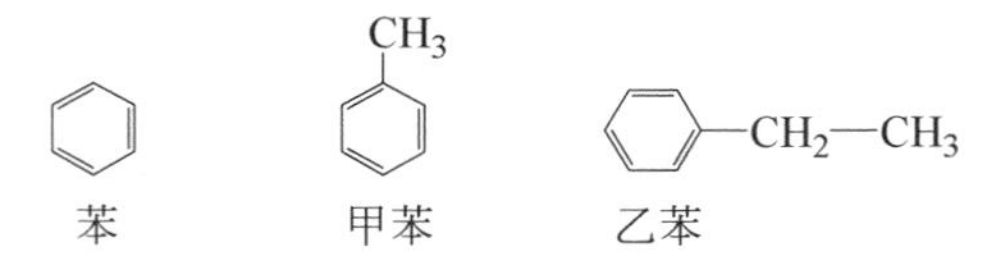

苯　　甲苯　　乙苯

(2) 多环芳烃　分子含有两个或两个以上独立苯环的芳烃，例如：

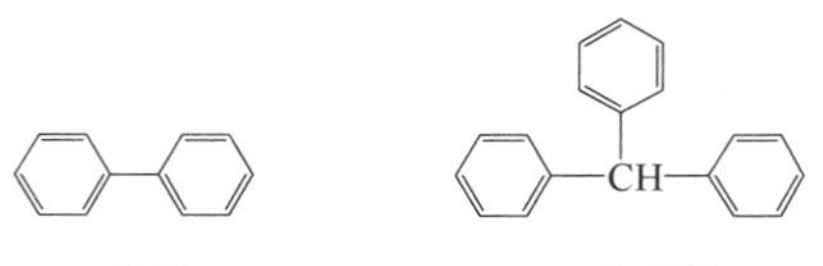

联苯　　三苯甲烷

(3) 稠环芳烃　分子中含有两个或两个以上苯环，彼此共用相邻的两个碳原子稠合而成的芳烃，例如：

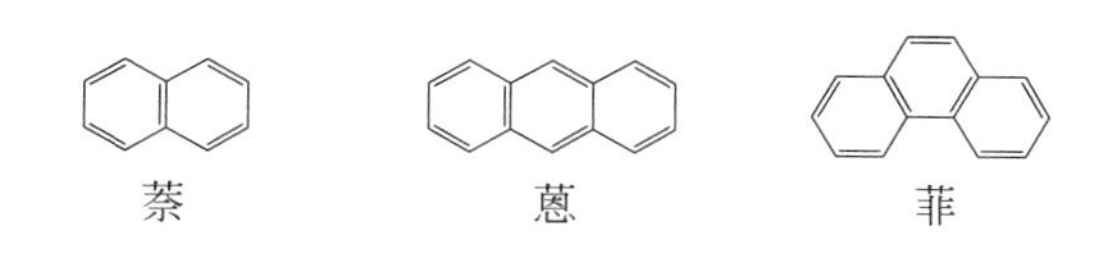

第一节　苯分子的结构

苯是芳香烃中最简单和最重要的化合物，要掌握芳烃的特性，首先要从认识苯的结构开始。

近代物理方法证明，苯（C_6H_6）分子中的6个碳原子和6个氢原子处在同一平面内，6个碳原子构成平面正六边形，碳碳键键长都是0.140nm，比碳碳单键（0.154nm）短，比碳碳双键（0.134nm）长，碳氢键键长都为0.108nm，所有键角都是120°。为了表示苯分子中的环状结构，有些书刊上采用了 来表示苯分子的结构，而有的书刊上则习惯采用 或 ，对于苯的这种特殊的结构，在没有更好的表达方式之前，采用两种表示方法均可。苯分子的形状如图4-1。

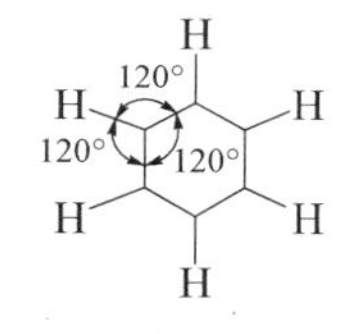

图 4-1　苯分子形状

苯分子的结构（在此不做过多介绍）比较复杂，特殊的结构使苯分子能量降低，分子更稳定。

苯环上去掉了一个氢原子后剩余的部分称为苯基，写作 或 C_6H_5—。常用Ph—表示。由甲苯支链上去掉了一个氢原子后剩余的部分称为苯甲基或苄基。写作 —CH_2— 或 C_6H_5—CH_2—。

第二节　单环芳烃的同分异构和命名

一、单环芳烃的同分异构

单环芳烃包括苯、苯的同系物和苯基取代的不饱和烃。

苯的同系物即苯的烷基衍生物，指苯环上的氢原子被烷基取代。

苯是最简单的单环芳烃，没有同分异构现象。由于苯环上 6 个碳原子相同，当环上任意一个碳原子连上甲基时，得到同样的化合物甲苯，所以甲苯也没有同分异构现象。当支链上含有两个碳原子时，即出现同分异构现象。

苯同系物产生同分异构现象的原因有两个。

① 因支链结构不同而产生的同分异构，例如：

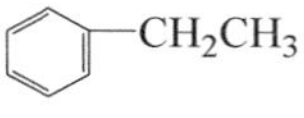

$C_6H_5-CH_2CH_3$ 乙苯　　CH_3、CH_3（邻位）邻二甲苯　　$C_6H_5-CH_2CH_2CH_3$ 正丙苯　　$C_6H_5-CH(CH_3)_2$ 异丙苯

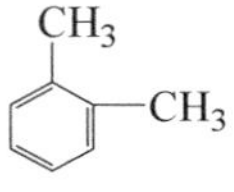

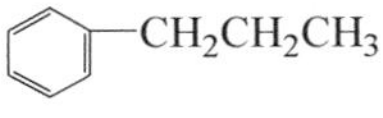

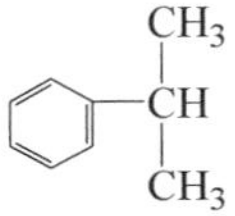

② 因支链在环上的相对位置不同而产生的同分异构，例如：

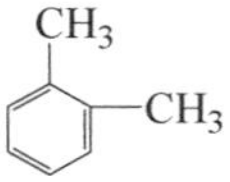

CH_3、CH_3 邻二甲苯　　CH_3、CH_3 间二甲苯　　CH_3、CH_3 对二甲苯

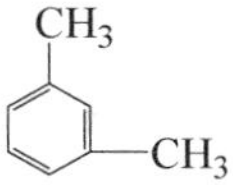

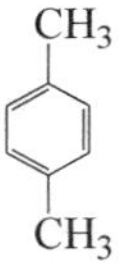

二、单环芳烃的命名

单环芳烃的命名，一般是以苯为母体，把烷基当作取代基，称为某烷基苯，对于小于等于 10 个碳的烷基，常省略苯基的“基”字；对于大于 10 个碳的烷基，一般不省略“基”字，例如：

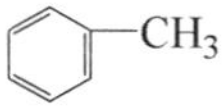

$C_6H_5-CH_3$ 甲(基)苯　　$C_6H_5-CH(CH_3)_2$ 异丙(基)苯　　$C_6H_5-CH_2(CH_2)_{10}CH_3$ 十二烷基苯

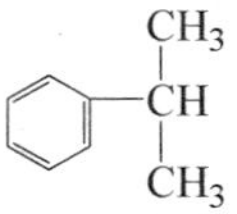

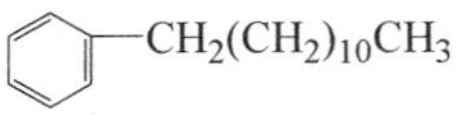

如果苯环上连有两个或两个以上的取代基，可用阿拉伯数字标明取代基的相对位置。但二元取代物也可用“邻”、“间”、“对”，三元取代物也可用“连”、“偏”、“均”等字头，来表示取代基的相对位置。苯环编号的原则一般选择含碳原子最少的取代基为 1 位，

使其余取代基号数尽可能小，例如：

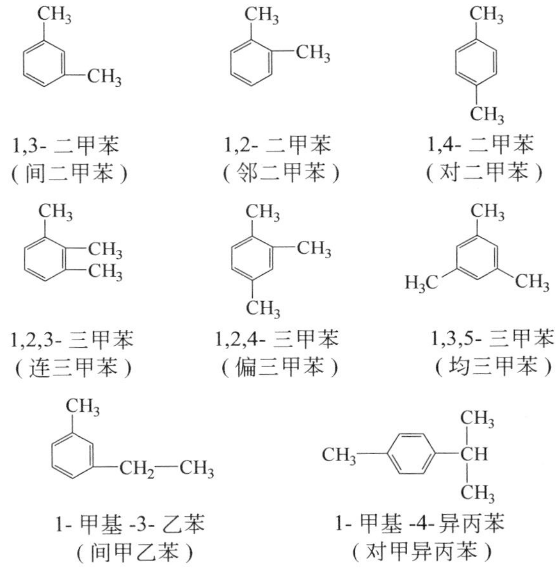

当苯环上连接的脂肪烃基比较复杂，或连接的是不饱和烃基，或烃链上有多个苯环时，则以脂肪烃作为母体，苯环作为取代基来命名。

$CH_3CHCHCH_3$（CH_3） 2- 甲基 -3- 苯基丁烷

$CH{=}CH_2$ 苯乙烯

第三节　单环芳烃的物理性质

一、物态和颜色

在常温下，苯和苯的同系物大多是无色具有芳香气味的液体。其蒸气有毒，其中苯的毒性较大，长期吸入它们的蒸气有害于健康。

二、沸点和熔点

苯及其同系物的沸点随相对分子质量的增加而升高。它们的熔点与相对分子质量和分子形状有关。分子对称性越高，熔点也高。一般来说，熔点越高，异构体的溶解度也就越小，易结晶，利用这一性质，通过重结晶可以从二甲苯的三种异构体中分离出对位异构体。

三、相对密度

单环芳烃的相对密度小于1，比水轻。

四、溶解性

单环芳烃不溶于水，溶于汽油、乙醇、乙醚、四氯化碳等有机溶剂中。与脂肪烃不同的是，芳烃易溶于二甘醇、环丁砜、*N*，*N*-二甲基甲酰胺等特殊溶剂中。因此常利用这些特殊溶剂萃取芳烃。一些单环芳烃的物理性质见表4-1。

表4-1　单环芳烃的物理性质

名称	熔点/℃	沸点/℃	相对密度	折射率(n_D^{20})
苯	5.5	80.0	0.879	1.5011
甲苯	−95.0	110.6	0.867	1.4961
邻二甲苯	−25.2	144.4	0.880	1.5055
间二甲苯	−47.9	139.1	0.864	1.4972
对二甲苯	13.3	138.4	0.861	1.4958
乙苯	−95.0	136.2	0.867	1.4959
正丙苯	−99.5	159.2	0.862	1.4920
异丙苯	−96.0	152.4	0.862	1.4915
苯乙烯	−30.6	145.0	0.906	1.5668

第四节　单环芳烃的化学性质

苯具有环状的共轭π键，它有特殊的稳定性，没有典型的

C═C 双键的性质，不易发生加成反应和氧化反应。而容易发生氢原子被取代的反应，苯这种特殊的性质称为芳香性。对于苯来说，反应只发生在环上。但苯的同系物除环上发生反应外，侧链上也能发生反应。

一、氧化反应

1. 苯环氧化

苯环很稳定，一般不易氧化，只有在较高的温度和催化剂存在时，被空气氧化，苯环破裂，生成顺丁烯二酸酐（简称顺酐）。

$$2\,C_6H_6 + 9O_2 \xrightarrow[400\sim500℃]{V_2O_5} 2\ \begin{matrix} CH—CO \\ \| \quad\quad\ \ O \\ CH—CO \end{matrix} + 4CO_2 + 4H_2O$$

顺丁烯二酸酐

顺酐为白色结晶，熔点 60℃，沸点 200℃，相对密度 1.480。主要用于制造聚酯树脂和玻璃钢，也用于增塑剂、医药、农药等的生产。工业上采用此法来生产顺丁烯二酸酐。

2. 侧链氧化

苯环侧链上含有 α-氢时，侧链较易被氧化成羧酸。而且侧链上只要含有 α-氢，不论侧链的长短，反应的最终产物都是苯甲酸，例如：

$$C_6H_5—CH_3 + [O] \xrightarrow[加热]{KMnO_4} C_6H_5—COOH$$

苯甲酸

$$C_6H_5—CH_2R + [O] \xrightarrow[加热]{KMnO_4} C_6H_5—COOH$$

当苯环上对位含有烷基时，两个烷基均被氧化成羧基，生成对苯二甲酸，例如：

$$CH_3—C_6H_4—CH_3 + [O] \xrightarrow[加热]{KMnO_4} HOOC—C_6H_4—COOH$$

对苯二甲酸

当苯环上邻位含有烷基时，气相高温催化氧化的产物是酸酐，例如：

$$\text{C}_6\text{H}_4(\text{CH}_3)_2 + 3O_2 \xrightarrow[350\sim400℃]{V_2O_5\text{-}TiO_2} \text{C}_6\text{H}_4(\text{CO})_2\text{O} + 3H_2O$$

邻苯二甲酸酐

邻苯二甲酸酐为无色鳞片状晶体，熔点 131℃，沸点 284℃，易升华，难溶于冷水，可溶于热水也可溶于有机溶剂，是重要的有机化工原料，主要用于制备邻苯二甲酸二丁酯、邻苯二甲酸二辛酯等。此法是工业合成邻苯二甲酸酐的方法之一。

侧链上若无 α-氢原子，如叔丁苯，一般不能被氧化。

二、取代反应

1. 硝化

苯及其同系物与浓硝酸和浓硫酸的混合物（通常称作混酸）在一定温度下发生反应，苯环上的氢原子被硝基（—NO_2）取代，生成硝基化合物，这类反应称为硝化反应，例如：

$$\text{C}_6\text{H}_6 + HNO_3 \xrightarrow[50\sim60℃]{H_2SO_4} \text{C}_6\text{H}_5\text{—}NO_2 + H_2O$$

硝基苯是无色或浅黄色油状液体，熔点 5.7℃，沸点 210.8℃，比水重，具有苦杏仁气味，有毒，不溶于水，工业上主要用来生产苯胺及制备染料和药物。

甲苯比苯容易硝化，硝化的主要产物是邻、对位硝基甲苯。

$$\text{C}_6\text{H}_5\text{—}CH_3 \xrightarrow[30℃]{HNO_3,\ H_2SO_4}$$

$$\underset{(63\%)}{o\text{-}CH_3\text{C}_6\text{H}_4NO_2} + \underset{(34\%)}{CH_3\text{—C}_6\text{H}_4\text{—}NO_2} + \underset{(3\%)}{m\text{-}CH_3\text{C}_6\text{H}_4NO_2}$$

硝化是不可逆反应，苯环上的硝化是制备芳香族硝基化合物的重要方法之一。

2. 卤化

卤化反应中最重要的是氯化和溴化反应。以铁粉或无水氯化铁为催化剂，苯与氯发生氯化反应生成氯苯。

$$\text{C}_6\text{H}_6 + Cl_2 \xrightarrow{Fe} \text{C}_6\text{H}_5\text{—}Cl + HCl$$

甲苯的氯化比苯容易，产物主要是邻氯甲苯和对氯甲苯。

$$\text{C}_6\text{H}_5\text{—}CH_3 \xrightarrow{Cl_2,\ Fe} o\text{-}CH_3\text{—C}_6\text{H}_4\text{—}Cl + CH_3\text{—C}_6\text{H}_4\text{—}Cl\ (p)$$

苯的溴化条件与氯化相似。在苯的氯化或溴化反应中，真正起催化作用的是氯化铁或溴化铁。当用铁粉作催化剂时，氯或溴先与铁粉反应生成氯化铁或溴化铁，生成的氯化铁或溴化铁作了催化剂。

苯环上的氯化或溴化是不可逆反应。氯化或溴化是制备芳香族氯化物或溴化物的重要方法之一。芳香族卤化物是制造农药、医药和合成高分子材料的重要原料。

3. 磺化反应

苯及其同系物与浓硫酸或发烟硫酸作用，在苯环上引入磺基（$—SO_3H$），生成芳磺酸。这种在有机化合物分子中引入磺基的反应，称为磺化反应，例如：

$$\text{C}_6\text{H}_6 + HO\text{—}SO_3H \xrightleftharpoons{70\sim80℃} \text{C}_6\text{H}_5\text{—}SO_3H + H_2O$$

苯磺酸

甲苯比苯容易磺化，主要得到邻、对位产物。

$$\text{C}_6\text{H}_5\text{—}CH_3 \xrightarrow[0℃]{H_2SO_4} o\text{-}CH_3\text{—C}_6\text{H}_4\text{—}SO_3H\ (43\%) + CH_3\text{—C}_6\text{H}_4\text{—}SO_3H\ (p)\ (53\%) + m\text{-}CH_3\text{—C}_6\text{H}_4\text{—}SO_3H\ (4\%)$$

磺化反应是可逆反应。磺化反应的逆过程称为脱磺基反应或水解反应。高温和稀酸对脱磺基反应有利。磺化反应的可逆性，在有机合成上具有重要的意义。用磺基占据苯环上的某些位置，使取代基进入指定位置，然后水解除去磺基，得到预期的产物。例如，由甲苯制取高产率的邻氯甲苯，可采用下列合成步骤：

$$CH_3\text{—C}_6\text{H}_5 \xrightarrow{H_2SO_4} CH_3\text{—C}_6\text{H}_4\text{—}SO_3H \xrightarrow{Fe,\ Cl_2}$$

$$CH_3-\langle\text{苯环}\rangle-SO_3H \xrightarrow[\text{约 150℃}]{H^+,\ H_2O} CH_3-\langle\text{苯环}\rangle$$

（两式中苯环上均有 Cl 取代基）

磺化反应是制备芳磺酸的重要方法。

4. 傅里德尔-克拉夫茨反应

傅里德尔-克拉夫茨（Friedel-Crafts）反应简称傅-克反应，一般分为烷基化反应和酰基化反应两类。

（1）烷基化反应　在无水氯化铝的催化作用下，芳烃与卤烷、醇和烯烃等试剂作用，环上的氢原子被烷基取代，生成烷基苯。这种反应称为烷基化反应，工业上也称烃化反应。其中卤烷、醇和烯等能提供烷基的试剂，统称为烷基化试剂。例如：

$$C_6H_6 + CH_3CH_2-Cl \xrightarrow{AlCl_3} C_6H_5-CH_2CH_3 + HCl$$

$$C_6H_6 + CH_3-CH=CH_2 \xrightarrow[70\sim100℃]{AlCl_3,\ HCl} C_6H_5-CH(CH_3)_2$$

在烷基化反应中，引入的烷基如含有三个或三个以上碳原子时，常常发生重排，生成少量重排产物。另外，烷基化反应一般不停止在一元取代物阶段，在生成一元烷基苯以后，可继续反应，最后得到各种多元取代苯的混合物。故为了使一元烷基苯为主要产物，制备时，往往苯是过量的。

值得注意的是，卤原子直接连在 C═C 双键上或苯环上时，如氯乙烯（CH_2═CHCl）、氯苯（C_6H_5-Cl），由于苯环和双键的影响，卤原子活性较小，不发生烷基化反应。另外，如果苯环上带有钝化的取代基，如$-NO_2$、$-SO_3H$ 等，由于钝化取代基的影响，一般也不发生烷基化反应。

烷基化反应是可逆的。在生成烷基苯的同时，也存在脱烷基的反应。

$$C_6H_6 + RX \underset{}{\overset{AlCl_3}{\rightleftharpoons}} C_6H_5-R + HX$$

傅-克烷基化反应在工业生产上具有重要的意义。例如，苯与乙烯或丙烯的烷基化反应，是工业上生产乙苯和异丙苯等的方法，像乙苯、异丙苯、十二烷基苯都是重要的化工原料。乙苯经催化脱氢后生成苯乙烯，后者是合成树脂和橡胶的重要单体；异丙苯是生产苯酚、丙酮的重要原料，十二烷基苯经磺化、中和后生成十二烷基苯磺酸钠是重要的合成洗涤剂。

（2）酰基化反应　在无水氯化铝的催化下，芳烃与酰氯、酸酐等酰基化试剂作用，生成芳酮的反应称为酰基化反应。例如：

$$C_6H_6 + \underset{\text{乙酰氯}}{CH_3\overset{\overset{O}{\|}}{C}Cl} \xrightarrow{AlCl_3} \underset{\text{苯乙酮}}{C_6H_5-\overset{\overset{O}{\|}}{C}-CH_3} + HCl$$

$$C_6H_6 + \underset{\text{乙酸酐}}{CH_3-\overset{\overset{O}{\|}}{C}-O-\overset{\overset{O}{\|}}{C}CH_3} \xrightarrow{AlCl_3} \underset{\text{苯乙酮}}{C_6H_5-\overset{\overset{O}{\|}}{C}-CH_3} + CH_3COOH$$

酰基化反应所需要的催化剂无水氯化铝的量比烷基化反应所需要的多得多。那是因为酰基化反应所生产的产物芳酮与氯化铝反应生成配合物，消耗了部分的氯化铝，故氯化铝的供给量多才能维持它的催化作用。

傅里德尔-克拉夫茨酰基化反应是制备芳酮的重要方法之一。

三、加成反应

苯及其同系物与烯烃或炔烃相比，不易进行加成反应，但在一定条件下，仍与氢、氯等加成，生成脂环烃或其衍生物。

1. 加氢

在镍作催化剂作用下，于150～250℃、2.5MPa压力下，苯与氢加成生产环己烷。

$$C_6H_6 + 3H_2 \xrightarrow[150\sim250^\circ C,\ 2.5MPa]{Ni} C_6H_{12}$$

工业上利用此法来制备环己烷。环己烷主要用于制造尼龙-66和尼龙-6的单体己二酸、己二胺及己内酰胺。

2. 加氯

在日光或紫外线照射下，苯与氯加成，生成六氯环已烷，也叫六氯化苯，简称六六六。

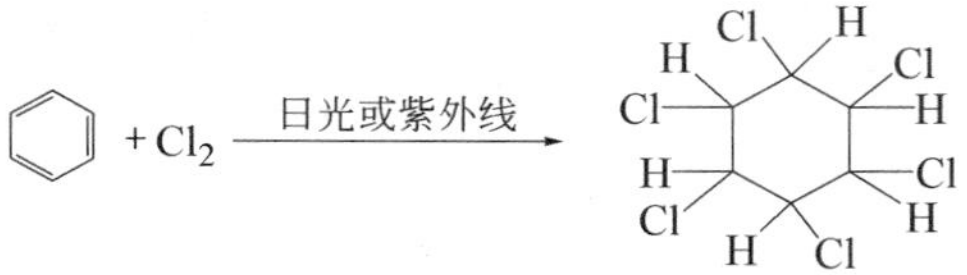

$$C_6H_6 + Cl_2 \xrightarrow{\text{日光或紫外线}} C_6H_6Cl_6$$

六六六曾作为农药大量使用，由于残毒很大，早已停止生产和使用。

*第五节 苯环上的取代定位规律

一、一元取代苯的定位规律

苯环在进行取代反应时，如果苯环上已有一个取代基团 A。第二个基团 B 可取代苯环上不同位置的氢原子，分别生成邻、间、对三种二元取代物。

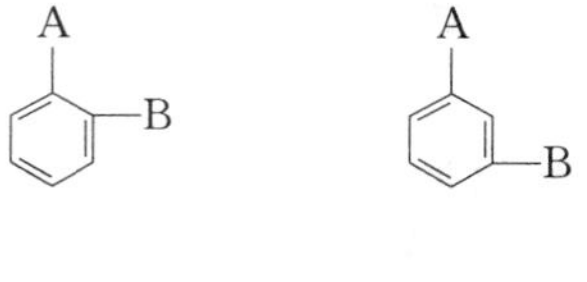

第一类定位基——邻对位定位基 苯环上原有取代基使新引入的取代基主要进入其邻位和对位（邻位和对位取代物之和＞60%），称为邻对位定位基，也称为第一类定位基。在邻对位定位基中，除卤原子和氯甲基等外，一般使苯环活化。

第二类定位基——间位定位基 苯环上原有取代基使新引入的取代基主要进入其间位（间位产物＞40%）称为间位定位基，也称第二类定位基。间位定位基使苯环钝化（见表 4-2）。

二、二元取代苯的定位规律

当苯环上已有两个取代基时，欲引入第三个取代基时，有以下

表 4-2　苯环上取代反应的两类取代基

邻对位定位基	间位定位基
强烈活化	强烈钝化
$-NR_2$，$-NHR$，$-NH_2$，$-OH$	$-NR_3$，$-NO_2$，$-CF_3$，$-CCl_3$
中间活化	中等钝化
$-OR$，$-NHCOR$，$-OCOR$	$-CN$，$-SO_3H$，$-CHO$，$-COR$
较弱活化	$-COOH$，$-CONH_2$
$-Ph$，$-R$	
较弱钝化	
$-F$，$-Cl$，$-Br$，$-I$，$-CH_2Cl$	

几种情况。

① 当苯环上原有的两个取代基对于引入第三个取代基的定位作用一致时，仍由上述定位规律来决定，取代基进入箭头所指的位置。

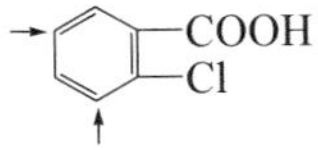

COOH
Cl

又如：

CH_3　NO_2　　CH_3　CH_3　（少）　HOOC　SO_3H

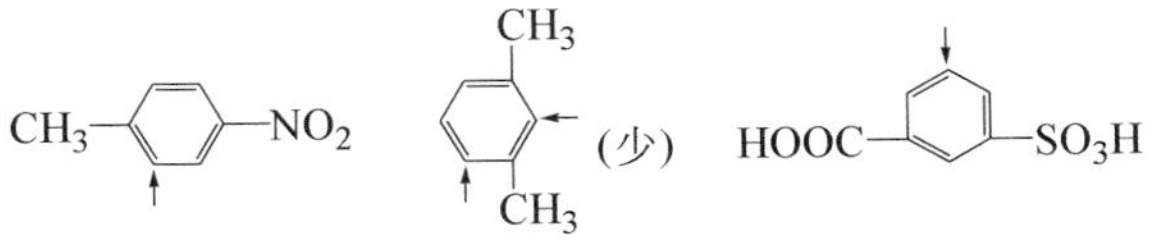

② 当苯环上原有的两个取代基对于引入第三个取代基的定位作用不一致时，有两种情况。

a. 两个取代基属于同一类时，第三个取代基进入苯环的位置，主要由较强的定位基决定。例如：

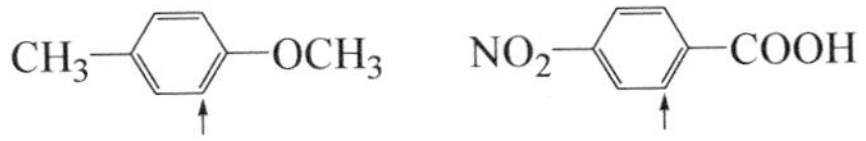

CH_3　OCH_3　　NO_2　COOH

b. 两个取代基属于不同类时，第三个取代基进入苯环的位置，主要决定于邻对位定位基。例如：

CH_3O　COOH　　$COCH_3$　OH

三、定位规律的应用

苯环上的定位规律对于预测反应主要产物，确定合理的合成路线，得到较高产量和容易分离的有机化合物具有重大的指导作用。例如，由苯合成对硝基氯苯，其合成过程为：

$$C_6H_6 \xrightarrow{\text{氯化}} C_6H_5\text{—}Cl \xrightarrow{\text{硝化}} o\text{-}Cl\text{—}C_6H_4\text{—}NO_2 + Cl\text{—}C_6H_4\text{—}NO_2$$

对于两种主要产物进行分离、精制，得到对硝基氯苯。

再如由甲苯合成邻氯甲苯，其合成过程为：

$$CH_3\text{—}C_6H_5 \xrightarrow[>100℃]{\text{磺化}} CH_3\text{—}C_6H_4\text{—}SO_3H \xrightarrow{\text{氯化}}$$

$$CH_3\text{—}C_6H_3(Cl)\text{—}SO_3H \xrightarrow{\text{脱磺基}} CH_3\text{—}C_6H_4\text{—}Cl$$

第六节 稠环芳烃

稠环芳烃分子中含有两个或两个以上的苯环，相邻的两个苯环之间有两个共用的碳原子，萘是最简单最重要的稠环芳烃。

一、萘

1. 萘分子的结构

萘（$C_{10}H_8$）由两个苯环稠合而成，结构简式为 [萘结构式]。测定表明，萘分子中的碳碳键键长并不是完全相同的。

0.1424nm　0.1365nm　0.1404nm　0.1393nm

为了区分不同的碳原子，通常按一定顺序对萘环进行编号，其编号如下：

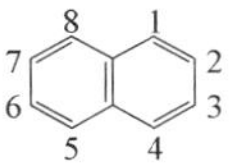

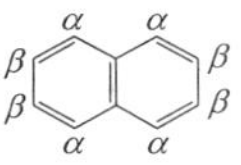

其中1、4、5、8位等同，称为α位；2、3、6、7位等同，称为β位，故一元取代萘有两种同分异构体。例如：

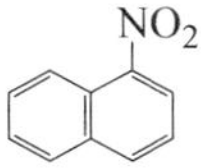

α-硝基萘
(1-硝基萘)

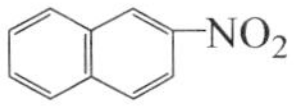

β-硝基萘
(2-硝基萘)

2. 萘的性质

萘是无色片状晶体，熔点80℃，沸点218℃，易升华。萘有特殊的气味，易溶于乙醇、乙醚及苯中。萘的很多衍生物是合成染料、农药的重要中间体。

萘的化学性质与苯相似，也容易发生取代反应，但萘环上的电子云不是平均分布的，α碳原子上的电子云密度较高，β位次之，α位比β位活泼，故取代反应较易发生在α位上。萘也能够发生加成和氧化反应，且比苯容易进行。

萘可做防虫剂。市售的避瘟球就是萘的球形制品。一般将其误称为樟脑丸，因为萘的气味与樟脑相似，故得此名。实际上两者并非同一物质。

二、蒽和菲

蒽和菲都是由三个苯环稠合而成的。三个苯环以直线稠合的为蒽，以角式稠合的为菲，两者互为同分异构体，并都是从煤焦油中提取的。蒽环和菲环的编号分别如下：

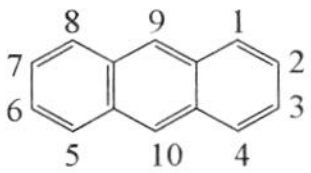

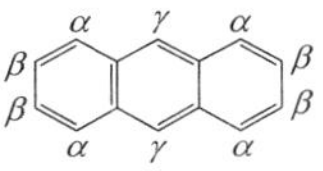

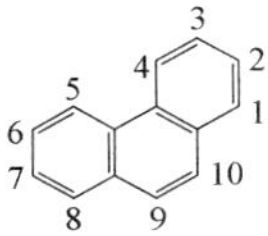

或

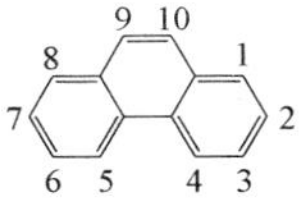

蒽分子中的碳原子不完全相同，其中 1、4、5、8 位是相同的为 α 位；2、3、6、7 位相同为 β 位；9、10 位为 γ 位。命名时可按给定的编号表示取代基的位次。菲环中有五对对应的位置，即 1 和 8，2 和 7，3 和 6，4 和 5，9 和 10。

蒽和菲都是片状晶体，溶液都有蓝色荧光。蒽的熔点 217℃，沸点 354℃，不溶于水，难溶于乙醇和乙醚，易溶于热苯中。菲的熔点 101℃，沸点 340℃，不溶于水，易溶于有机溶剂，两种物质均可从焦油中提取。

蒽和菲的化学性质相似，均可发生取代反应、加成反应和氧化反应。在反应中以 9、10 位的活性最大，故反应往往发生在 9、10 位。例如：

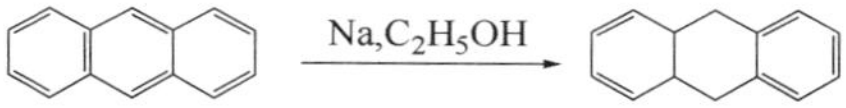

Na,C_2H_5OH

9,10- 二氢蒽

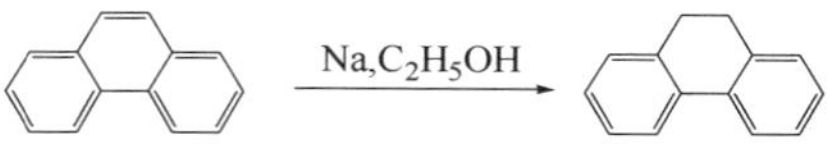

Na,C_2H_5OH

9,10- 二氢菲

蒽是一种化工原料，用于生产蒽醌，蒽醌的许多衍生物是染料的中间体，用于制造蒽醌染料。菲醌用于制造染料和药物，农业上用于拌种杀菌。

三、其他稠环芳烃

比较常见的稠环芳烃还有苊、芴、芘等，结构如下：

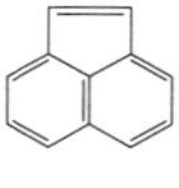

苊 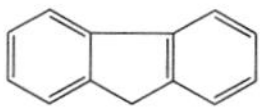　　芴 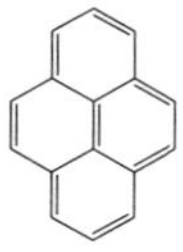　　芘

还有一些稠环芳烃具有致癌作用，称为致癌烃，如 3,4-苯并芘，其结构如下：

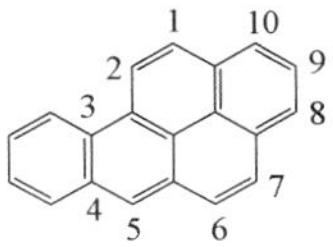

3,4-苯并芘是黄色或片状结晶，熔点179℃，是公认的强致癌物质，是含碳化合物的不完全燃烧产物和热解产物，主要存在于烟尘、废气和烟气中，是检测大气污染的重要指标之一。

第七节　重要的单环芳烃

一、苯

苯是无色易挥发和易燃的液体，有芳香味，熔点5.5℃，沸点80.1℃，相对密度0.879，爆炸极限1.5%～8%（体积分数）。不溶于水，溶于四氯化碳、乙醇、乙醚等有机溶剂。

苯是有机合成工业的重要原料之一，广泛应用在生产塑料、合成橡胶、合成纤维、染料、医药及合成洗涤剂等。

二、甲苯

甲苯是无色可燃液体，具有与苯相似的气味，熔点－95℃，沸点110.6℃，相对密度0.866，爆炸极限1.27%～7.0%（体积分数）。不溶于水，溶于乙醇、乙醚、氯仿等有机溶剂。

甲苯也是有机合成的重要原料之一，主要用于生产苯和二甲苯，制造TNT炸药，有时也作溶剂。

三、二甲苯

二甲苯具有邻、间、对三种异构体，一般为三种异构体的混合物，称为混合二甲苯。它们都是无色可燃液体，具有芳香气味，不溶于水，溶于乙醇、乙醚等有机溶剂。混合二甲苯经常也作溶剂。

二甲苯也是有机化工的重要原料，邻二甲苯用于生产邻苯二甲酸酐、染料、药物等。对二甲苯用于生产涤纶和对苯二甲酸等。间二甲苯用于染料工业。

四、苯乙烯

苯乙烯是无色或微黄色易燃液体，熔点 −30.6℃，沸点 145℃，相对密度 0.9095，爆炸极限 1.1%～6.1%（体积分数）。不溶于水，溶于乙醇、乙醚等有机溶剂。

苯乙烯是生产聚苯乙烯、ABS 树脂（丙烯腈、1,3-丁二烯和苯乙烯的共聚物）、丁苯橡胶（丁二烯和苯乙烯共聚物）及离子交换树脂等的原料。

第八节　芳烃的来源

芳烃是重要的有机化工原料，其中主要以苯、甲苯、二甲苯和萘为主。芳烃主要来自于石油加工和煤加工。特别是石油化工的发展，为芳烃提供了丰富的来源。近年来，苯及苯的同系物也主要由石油加工提供，但稠环的萘和蒽等仍来自于原始的煤焦油炼焦工业中。

一、从煤的干馏中提取芳烃

将煤隔绝空气加强热，煤便发生分解，这个过程称为煤的干馏。干馏后得到焦炭和焦炉煤气。焦炉煤气经过冷却、洗油吸收，最后得到煤气、氨、粗苯和煤焦油。

粗苯占原料煤用量的 1%～1.5%，它的主要成分是苯（50%～70%）、甲苯（12%～22%）、二甲苯（2%～6%）。粗苯经过精馏后可得到较纯的苯、甲苯和二甲苯。

煤焦油的产率占原料用量 3%～4%，其成分相当复杂，已被确定组成的约有 500 种，其中芳烃含量较多。煤焦油分馏后得到沸点不同的馏分，其主要产物如表 4-3 所示。

表 4-3 煤焦油分馏主要产品

馏　　分	沸点范围/℃	主要成分
轻油	＜180	苯、甲苯、二甲苯等
中油	180～230	萘、苯酚、甲苯酚等
重油	230～270	萘、甲苯酚、喹啉等
蒽油	270～360	蒽、菲等
沥青	＞360	残渣

从煤中得到芳烃，其产量有限，不能满足生产需要。目前芳烃的来源主要由煤转向石油化工。

二、从石油加工中得到芳烃

1. 从石油裂解的副产品中得到芳烃

石油化工最主要的产品是乙烯、丙烯、丁二烯，这些产品是通过石油裂解来实现的，在裂解的过程中能得到 C_5～C_9 副产品，这些馏分称为裂解汽油。裂解汽油中含有芳烃，其中苯、甲苯、二甲苯的含量大约为 40%～80%，是芳烃的主要来源。

随着石油工业的发展，低级烯烃的产量越来越高，副产品裂解汽油的量也越来越多，裂解汽油也成为芳烃的主要来源之一。

2. 石油的催化重整

以金属铂为催化剂，约 500℃、3MPa 下处理汽油的 C_6～C_8 馏分，该馏分中各组分发生一系列反应，最后生成 C_6～C_8 的芳烃，这个过程在石油工业中叫做石油的铂重整，也叫做芳构化。大致归纳为以下几种反应。

（1）环烷烃脱氢转变为芳烃，如：

$$\text{环己烷} \xrightarrow{-3H_2} \text{苯}$$

（2）环烷烃异构化，再脱氢转变为芳烃，例如：

$$\text{1,2-二甲基环戊烷} \underset{}{\overset{\text{异构化}}{\rightleftharpoons}} \text{C}_6\text{H}_{11}\text{—CH}_3 \xrightarrow{-3H_2} \text{C}_6\text{H}_5\text{—CH}_3$$

（3）烷烃脱氢环化，再脱氢转变为芳烃，例如：

$$CH_3(CH_2)_5CH_3 \xrightarrow{-H_2} \text{C}_6\text{H}_{11}\text{—CH}_3 \xrightarrow{-3H_2} \text{C}_6\text{H}_5\text{—CH}_3$$

铂重整后的产物经过萃取、分离、精馏等过程，即可得苯、甲苯及二甲苯等的混合物。

石油铂重整是 C_6～C_8 芳烃最重要的来源之一。

思考与练习

4-1 命名下列化合物：

(1) 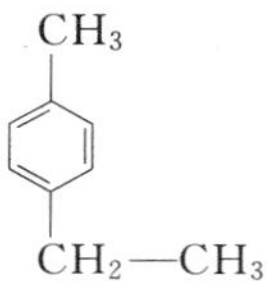 CH_3 / $CH_2—CH_3$　(2) CH_3 / $CH_3—$ / $—CH_3$ / CH_3　(3) $C(CH_3)_3$ / $—CH_3$ / CH_3

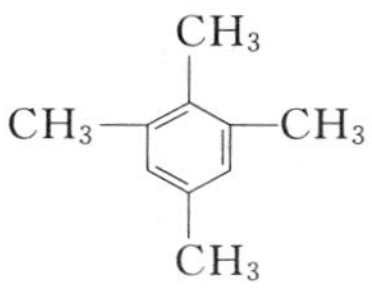

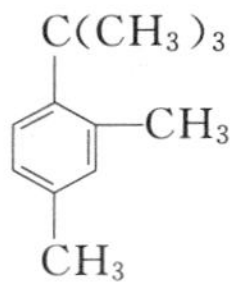

4-2 写出下列化合物的结构式：

(1) 间甲异丙苯　(2) 2-甲基-3-苯基戊烷

4-3 完成下列反应：

(1) 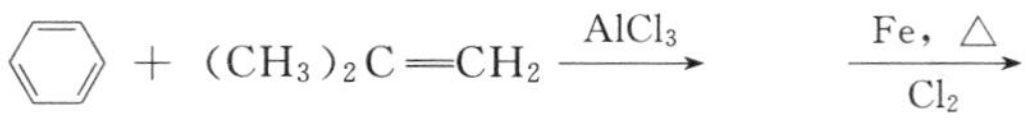 $+ (CH_3)_2C{=}CH_2 \xrightarrow{AlCl_3}$　$\xrightarrow[Cl_2]{Fe,\ \triangle}$

(2) $+$ $—CH_2Cl \xrightarrow{AlCl_3}$

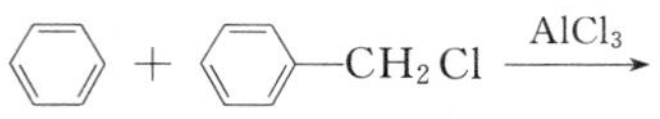

(3) $+CH_2Cl_2 \xrightarrow{AlCl_3}$　$\xrightarrow{AlCl_3}$

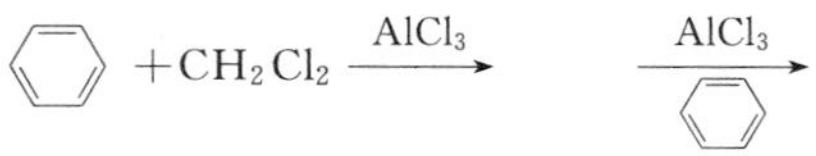

(4) 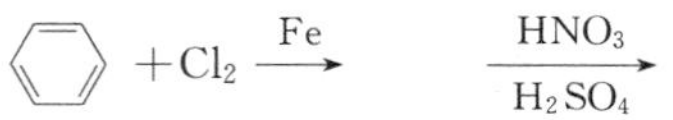 $+Cl_2 \xrightarrow{Fe}$　$\xrightarrow[H_2SO_4]{HNO_3}$

(5) 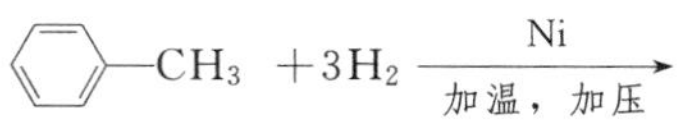 $—CH_3\ +3H_2 \xrightarrow[\text{加温，加压}]{Ni}$

自　测　题

一、填空题

1. 在烃类物质中，在室温下能使溴的四氯化碳溶液及稀的高锰酸钾溶液褪色的物质有__________；室温下能使溴的四氯化碳溶液褪色，但不能使稀的高锰酸钾溶液褪色的物质是低级的__________烃；室温下不能使溴褪色，但能使浓、热或酸性高锰酸钾溶液褪色的物质是________________。

2. 苯的磺化是可逆的平衡反应，为使磺化反应能顺利进行，一般采用________________；________________。要使苯磺酸脱去磺酸基，一般要采用________________。

3. 环己烷中有少量的苯（杂质），在室温下可用____________洗涤除去。

4. 甲、乙、丙三种三溴苯，经硝化后分别得到一种、两种、三种一硝基化合物。甲、乙、丙的构造式分别是________________、________________、________________。

5. 由苯制备间硝基苯磺酸，可采用苯先硝化后磺化、苯先磺化后硝化两条工艺路线，而最佳的工艺路线应该是____________。

二、选择题

1. 芳烃 C_9H_{10} 的同分异构体有（　）。

A. 3 种　　B. 6 种　　C. 7 种　　D. 8 种

2. 下列基团中，不属于烃基的是（　）。

A. $—CH(CH_3)_2$　　B. $—CH=CH_2$

C. $—OCH_3$　　D.  $C_6H_5—CH_2—$（苯环—CH_2—）

3. 下列各组物质中，属于同分异构体的是（　）。

A. 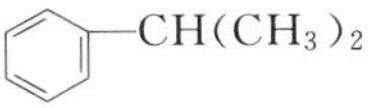 $C_6H_5—CH(CH_3)_2$ 和 1,3,5-三甲基苯（苯环上连有三个 CH_3）　　B. □ 和异丁烯

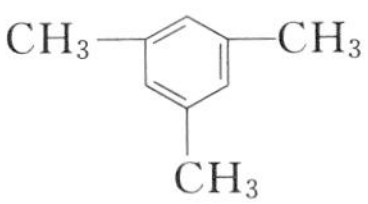

C. $CH_3CH_2C≡CH$ 和 $CH_2=C(CH_3)—CH=CH_2$（$CH=CH—CH=CH_2$，CH_3 连于第一个 CH）

D. $CH_3CH_2CH_2CH_2CH_3$ 和 □—CH_3

4. 在铁的催化作用下，苯与液溴反应，使溴的颜色逐渐变浅直至无色，属于（　）。

A. 取代反应　B. 加成反应　C. 氧化反应　D. 萃取反应

三、是非题

1. 甲苯和苯乙烯都是苯的同系物。（　）

2. 苯的构造式是 ⬡ 。因为它有三个碳碳双键和三个碳碳单键，因此，苯分子结构中所有碳碳键的键长是不相等的。（ ）

3. 邻对位定位基都能使苯环活化。（ ）

4. 含 α-氢的烷基苯，在高锰酸钾强氧化剂氧化下，无论烷基长短，都被氧化成羧基。（ ）

四、以苯为起始原料，选择适当的无机及有机试剂，合成下列化合物。

1. 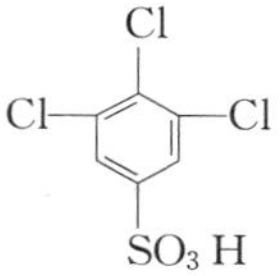 Cl、Cl、Cl、SO_3H

2. 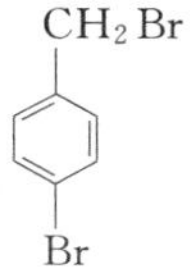 CH_2Br、Br

五、推断题

A、B、C 三种芳烃，分子式都是 C_9H_{12}，它们分别硝化时，都生成一硝基化合物，A 的产物主要有两种；B 和 C 的产物均有两种。上述芳烃经热的重铬酸钾酸性溶液氧化时，A 生成一元羧酸，B 生成二元羧酸，C 生成三元羧酸。试推测 A、B、C 三者的构造式。

第五章　卤代烃

【学习目标】

1. 了解卤代烷烃和卤代烯烃的结构，掌握它们的系统命名法。
2. 掌握卤代烷烃的主要物理、化学性质。
3. 熟悉卤代烯烃的特殊性质。
4. 了解重要卤代烃的特性和用途。

烃分子中的一个或几个氢原子被卤素原子取代生成的化合物，称为卤代烃，简称卤烃。卤素原子是卤烃的官能团，常用 R—X 表示。

在卤代烃中，氟代烃与其他卤代烃的制备和性质均有不同；又由于碘太贵，碘代烃在工业上没有意义，故本章重点讲述氯代烃，其次是溴代烃。

按照卤代烃分子中烃基种类的不同，卤代烃可分为饱和卤代烃（卤烷）、不饱和卤代烃和芳香族卤代烃，例如：

$CH_3CH_2CH_2Cl$	$CH_2{=}CH{-}Cl$	$C_6H_5{-}CH_2Cl$
饱和卤代烃	不饱和卤代烃	芳香族卤代烃

按照与卤素相连的碳原子类型不同，可分为伯卤代烃、仲卤代烃和叔卤代烃，例如：

$RCH_2{-}X$	$R_2CH{-}X$	$R_3C{-}X$
伯卤代烃	仲卤代烃	叔卤代烃

第一节 卤烷、卤烯的命名及同分异构

一、卤烷的命名及同分异构

1. 卤烷的命名

简单的卤代烷可根据与卤原子相连的烃基来命名，例如：

$CH_3—Cl$　　　$(CH_3)_2CH—Br$　　　$(CH_3)_3C—Cl$

甲基氯　　　异丙基溴　　　叔丁基氯

一般卤代烃命名时以相应的烃作母体，卤原子作取代基；选择连有卤原子的最长碳链做主链，根据主链上碳原子的数目称为某烷；从靠近卤原子的一端将主链上的碳原子依次编号；将卤原子和支链当作取代基，将它们的位次、数目和名称写在烷烃名称之前，例如：

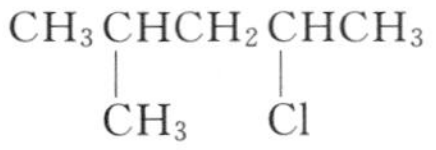

$CH_3CH(CH_3)CH_2CH(Cl)CH_3$　　　$(CH_3)_3C—Cl$

4-甲基-2-氯戊烷　　　2-甲基-2-氯丙烷

$CH_3CH_2CH(CH_2Br)CH_2CH_2CH_3$　　　$CH_3CH_2CH(Br)CH(Cl)CH_2CH_3$

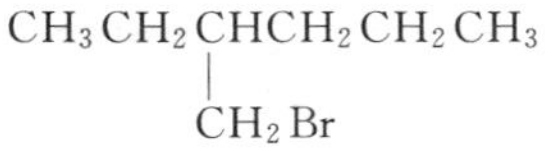

2-乙基-1-溴戊烷 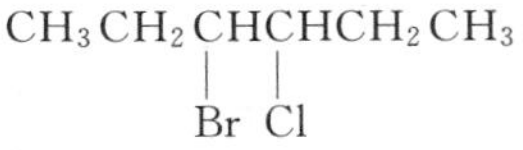　　　3-氯-4-溴己烷

2. 卤烷的同分异构

卤烷的同分异构是因碳链结构和卤原子连接的位置不同而产生的，其数目比相应的烃要多。例如，丁烷有两种异构体，而氯丁烷有四种异构体。

$CH_3CH_2CH_2CH_2—Cl$　　　$CH_3CH_2CH(Cl)CH_3$

1-氯丁烷　　　2-氯丁烷

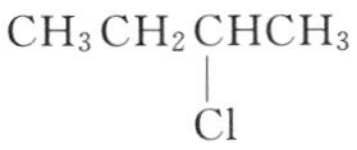

$(CH_3)_2CHCH_2—Cl$　　　$(CH_3)_3C—Cl$

2-甲基-1-氯丙烷　　　2-甲基-2-氯丙烷

二、卤烯的命名及同分异构

1. 卤烯的命名

选择连有碳碳不饱和键和卤原子的最长碳链作为主链，从靠近不饱和键的一端将主链编号，以烯为母体来命名，例如：

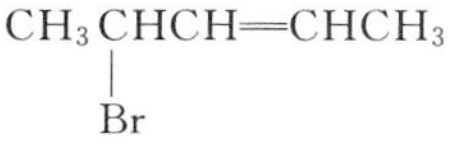

$$\begin{array}{l} CH_3\,CHCH{=}CHCH_3 \\ \qquad\ | \\ \qquad Br \end{array} \qquad \begin{array}{l} CH_2{=}CCH_2\,CH_2\,Cl \\ \qquad\quad | \\ \qquad\quad CH_2\,CH_3 \end{array} \qquad \begin{array}{l} CH_2{=}CCH{=}CH_2 \\ \qquad\quad | \\ \qquad\quad Cl \end{array}$$

4-溴-2-戊烯 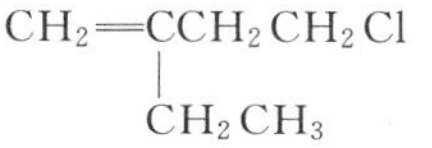　　2-乙基-4-氯-1-丁烯 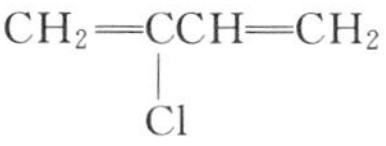　　2-氯-1,3-丁二烯

2. 卤烯的同分异构

除因碳链结构和卤原子位置不同能产生同分异构外，双键位置不同也能产生异构现象，故卤烯烃的同分异构体数目比同碳原子的卤烷多，例如：

$$CH_3\,CH{=}CH{-}Cl \qquad \begin{array}{l} CH_3\,C{=}CH_2 \\ \qquad\ | \\ \qquad Cl \end{array} \qquad \begin{array}{l} CH_2\,CH{=}CH_2 \\ | \\ Cl \end{array}$$

1-氯-1-丙烯　　2-氯-1-丙烯 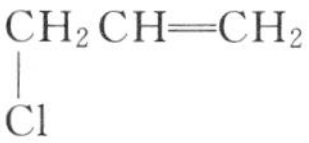　　3-氯-1-丙烯

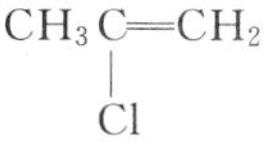

第二节　卤烷的物理性质

一、物态和颜色

在室温下，只有少数低级卤代烷是气体，例如氯甲烷、氯乙烷、溴甲烷等。其他常见的卤代烷大多是液体，C_{15}以上的卤代烷是固体。纯净的卤代烷是无色的。溴代烷和碘代烷对光较敏感，光照时缓慢分解游离出卤素而带棕黄色和紫色。它们的蒸气一般都有毒。

二、溶解性

卤代烷不溶于水，但彼此之间可互溶，也能溶于醇、醚、烃等其他溶剂，有些卤代烷本身就是良好的溶剂。

三、沸点

卤代烷的沸点随相对分子质量的增加而升高。当烃基相同而卤素不同时，其沸点的变化顺序是 RI>RBr>RCl>RF。直链卤代烷的沸点高于含相同碳原子数的带支链的卤代烷，且支链越多，沸点越低，这与烷烃类似。此外，氯代烷、溴代烷、碘代烷与相对分子质量相近的烷烃的沸点相近。

四、相对密度

一氯代烷的相对密度小于 1，比水轻。一溴代烷和一碘代烷的相对密度大于 1，比水重。在同系列中，卤代烷的相对密度随相对分子质量的增加而减小。

五、火焰颜色

卤代烷在铜丝上燃烧时能产生绿色火焰，这是鉴定卤代烃的简便方法。

一些卤代烷的物理性质见表 5-1。

表 5-1　一些卤代烷的物理常数

结构简式	沸点/℃	相对密度
CH_3Cl	−23.8	0.920
CH_3CH_2Cl	13.1	0.898
$CH_3CH_2CH_2Cl$	46.6	0.891
CH_3Br	3.5	1.730
CH_3CH_2Br	38.4	1.460
$CH_3CH_2CH_2Br$	70.8	1.354
CH_3I	42.5	2.279
CH_3CH_2I	72.0	1.936
$CH_3CH_2CH_2I$	102	1.749
CH_2Cl_2	40.0	1.335
$CHCl_3$	61.2	1.492
CCl_4	76.8	1.594

第三节　卤烷的化学性质

卤素原子是卤代烷的官能团。卤代烷的化学性质主要表现在卤素原子上，容易发生卤原子被取代的反应；卤代烷中的烃基也一般发生烃类所固有的反应；从卤代烷分子中消去卤化氢生成 C═C 双键——消除反应。

卤代烷的化学性质非常活泼，能发生多种反应而转变成其他类型的各种化合物，所以卤代烷在有机合成中起着桥梁的作用。

一、取代反应

1. 被羟基取代

卤代烷与稀的氢氧化钠水溶液反应，卤原子被羟基取代生成醇——**水解**，例如：

$$CH_3CH_2CH_2—Br + NaOH \xrightarrow[\text{回流}]{\text{电解}} CH_3CH_2CH_2—OH + NaBr$$

正丙醇

*2. 被氰基取代

伯卤代烷与氰化钠或氰化钾作用时，卤原子被氰基（—CN）取代生成腈——**氰解**，例如：

$$CH_3CH_2CH_2CH_2Br + NaCN \xrightarrow[\text{回流}]{H_2O\text{-}C_2H_5OH} CH_3CH_2CH_2CH_2—CN + NaBr$$

正戊腈

卤代烷转变成腈时，分子中增加了一个碳原子，这是有机合成上增长碳链的方法。

*3. 被氨基取代

伯卤代烷与氨溶液共热，卤原子被氨基（$—NH_2$）取代生成胺——**氨解**，例如：

$$CH_3CH_2CH_2CH_2—Br + 2NH_3 \longrightarrow CH_3CH_2CH_2CH_2—NH_2 + NH_4Br$$

正丁胺

此反应可用来制备伯胺。

*4. 被烷氧基取代

卤代烷与醇钠作用，卤原子被烷氧基（RO—）取代生成醚，这个反应称为威廉姆森（Williamson）合成反应，是制备混醚的方法之一。

$$RX + R'ONa \longrightarrow \underset{\text{醚}}{ROR'} + NaX$$

醇钠

式中，R 和 R′可以是烷基，也可以是其他烃基。

5. 与硝酸银作用

［**演示实验**］ 取 3 只 50mL 试管，各放入饱和硝酸银-乙醇溶液 30mL，然后分别加入 6～9 滴 1-溴丁烷、2-溴丁烷、2-甲基-2-溴丙烷，振荡后，可观察到 2-甲基-2-溴丙烷立即生成沉淀，前两者加热才出现沉淀，但 2-溴丁烷较快出现沉淀。

卤代烷与硝酸银的乙醇溶液反应生成卤化银的沉淀。

$$R—X + AgNO_3 \xrightarrow{\text{乙醇}} \underset{\text{硝酸烷基酯}}{R—O—NO_2} + AgX\downarrow$$

卤代烷的活性顺序为：叔卤代烷＞仲卤代烷＞伯卤代烷。

此反应在有机分析上常用来检验卤代烷。

二、消除反应

卤代烷在强碱的浓醇溶液中加热，分子中脱去一分子 HX 而生成烯烃。

$$CH_3CH_2Cl \xrightarrow[\triangle]{KOH\text{-}C_2H_5OH} CH_2=CH_2 + HCl$$

这种**在一定条件下，从分子中相邻两个碳原子上脱去一些小分子，如 HX、H_2O 等，同时形成不饱和烯烃的反应称为消除反应。**此法是制备烯烃的方法之一。

在仲卤代烷中，消除卤化氢可在碳链的两个不同方向进行，从而得到两种不同的产物，例如：

$$CH_3CH_2\underset{\underset{Br}{|}}{C}HCH_3 \xrightarrow{KOH\text{-}C_2H_5OH} \underset{\text{2-丁烯（81\%）}}{CH_3CH{=}CHCH_3} + \underset{\text{1-丁烯（19\%）}}{CH_3CH_2CH{=}CH_2}$$

$$CH_3CH_2\overset{\overset{CH_3}{|}}{\underset{\underset{Br}{|}}{C}}CH_3 \xrightarrow[\triangle]{KOH\text{-}C_2H_5OH} \underset{\text{2-甲基-2-丁烯（71\%）}}{CH_3CH{=}\overset{\overset{CH_3}{|}}{C}CH_3} + \underset{\text{2-甲基-1-丁烯（29\%）}}{CH_3CH_2\overset{\overset{CH_3}{|}}{C}{=}CH_2}$$

通过大量实验，扎依采夫（Saytzeff）总结出以下规律：**仲卤代烷和叔卤代烷脱卤化氢时，氢原子是从含氢较少的碳原子上脱去的，也就是说生成双键碳上连接较多烃基的烯烃。这就是扎依采夫规则。**

*三、卤代烷与金属镁的反应

卤代烷可以与某些金属（例如锂、钠、钾、镁等）反应，生成金属原子与碳原子直接相连的一类化合物，也就是有机金属化合物。本书中只介绍有机镁化合物。

室温下，卤代烷与金属镁在干醚（无水、无醇的乙醚）中作用生成有机镁化合物——烷基卤化镁。统称为**格利雅试剂，简称格氏试剂**，用 RMgX 表示。

$$R{-}X + Mg \xrightarrow[\text{回流}]{\text{干醚}} \underset{\text{烷基卤化镁}}{R{-}Mg{-}X}$$

制备格氏试剂时，卤代烷的活性顺序为 RI＞RBr＞RCl，由于碘代烷太贵，氯代烷活性较小，故一般用溴代烷制备格氏试剂，且产率很高。

$$CH_3CH_2{-}Br + Mg \xrightarrow[\text{回流}]{\text{干醚}} \underset{(97\%)}{CH_3CH_2MgBr}$$

格利雅试剂非常活泼，应用范围很广，是有机合成上常用的试剂。

格利雅试剂与含有活泼氢的化合物作用生成相应的烃，例如：

$$CH_3CH_2—MgX \begin{cases} \xrightarrow{HOH} CH_3CH_3+Mg\begin{matrix}OH\\X\end{matrix} \\ \xrightarrow{HOR} CH_3CH_3+Mg\begin{matrix}OR\\X\end{matrix} \\ \xrightarrow{HX} CH_3CH_3+MgX_2 \\ \xrightarrow{RNH_2} CH_3CH_3+Mg—NHR \end{cases}$$

由此可见，格氏试剂可用来制备烷烃。

在制备格氏试剂时，要在无水、无醇的干醚中进行。由于格氏试剂与氧气反应生成氧化产物，操作过程中还要隔绝空气，最好是在氮气保护下进行。

第四节　卤代烃的制法

一、烃的卤代

在光照或加热的条件下，烷烃可卤代生成卤代烷，但由于取代时不同位置均可反应生成复杂混合物，故只适合某些特定结构的烷烃卤代，例如：

$$\underset{(过量)}{CH_4+4Cl_2} \xrightarrow{350\sim400℃} \underset{(96\%)}{CCl_4}+4HCl$$

在高温下，α-氢原子可被卤素取代，例如：

$$CH_2{=}CHCH_3+Cl_2 \xrightarrow{500\sim530℃} CH_2{=}CHCH_2Cl+HCl$$

二、醇与卤代磷作用

$$ROH+\underset{(或\ P+X_2)}{PX_3} \longrightarrow RX+P(OH)_3$$

此法适合于溴代和碘代，用五氯化磷代替三氯化磷可制氯代烷。

三、醇与亚硫酰氯作用

$$ROH + SOCl_2 \xrightarrow[\text{回流}]{\text{吡啶}} RCl + SO_2\uparrow + HCl\uparrow$$

此法用于制备氯代烷，产率高。另 SO_2 和 HCl 是气体，易于产物提纯。

四、不饱和烃与卤素或卤化氢加成

不饱和烃与卤素或卤化氢加成可制得一卤代烃或多卤代烃，例如：

$$CH_2{=}CH_2 + Br_2 \longrightarrow CH_2Br{-}CH_2Br$$

$$CH{\equiv}CH + HCl \xrightarrow[150\sim160℃]{HgCl_2\text{-活性炭}} CH_2{=}CHCl$$

第五节　卤代烯烃的分类及特殊性质

烯烃分子中的氢原子被卤原子取代后生成的化合物，称为卤代烯烃，简称为卤代烯。根据卤代烯分子中卤原子与双键的相对位置不同，卤代烯烃体现出不同的性质。

1. 乙烯型卤代烯烃

卤原子直接与双键碳相连，如 $CH_2{=}CH{-}X$ 。这类化合物特点是卤原子的活性很小，不易发生取代反应，也不与硝酸银-乙醇溶液反应。

2. 烯丙型卤代烯烃

卤原子与双键相隔一个饱和碳原子的卤代烃，如 $CH_2{=}CH{-}CH_2{-}X$ 。这类化合物的特点是卤原子活性较大，可发生取代反应，与硝酸银-乙醇溶液反应立即生成卤化银沉淀。

3. 隔离型（孤立型）**卤代烯烃**

卤原子与双键相隔两个或两个以上碳原子，如 $CH_2{=}CHCH_2CH_2{-}Cl$ 。这类化合物卤原子离双键较远，与卤代烃相似，活性介于烯丙型和乙烯型之间。与硝酸银-乙醇溶液反应需加热才能生成卤化银沉淀。

不同类型的卤代烯烃与硝酸银-乙醇溶液反应的活性顺序为烯丙型＞隔离型＞乙烯型，由此可鉴别不同类型的卤代烯烃。

第六节　重要的卤代烃

一、三氯甲烷

三氯甲烷（俗称氯仿）是一种无色具有甜味的液体，有强烈麻醉作用（现已不再使用），沸点 61.2℃，相对密度 1.483，不溶于水，能溶于乙醇、乙醚、苯、石油醚等有机溶剂，氯仿也是一种良好的不燃性溶剂，能溶解油脂、蜡、有机玻璃和橡胶等。

光照下，氯仿能被空气氧化为毒性很强的光气，光气吸入肺中会引起肺水肿。

$$2CHCl_3 + O_2 \xrightarrow{\text{日光}} 2\ \begin{matrix} Cl \\ \diagdown \\ C=O \\ \diagup \\ Cl \end{matrix} + 2HCl$$

因此，**氯仿应保存在密封的棕色瓶中，通常加 1%**（体积分数）**的乙醇作为稳定剂来破坏光气。**

氯仿的生产方法一般采用甲烷氯化法。

二、四氯化碳

四氯化碳是无色液体，沸点 76.5℃，相对密度 1.5940，微溶于水，可与乙醇、乙醚混溶。能灼伤皮肤，损伤肝脏，使用时应注意安全。

由于四氯化碳的沸点低，易挥发，蒸气比空气重，且不导电，不能燃烧，常用作灭火剂，特别适宜于扑灭油类着火以及电器设备的火灾。

四氯化碳在 500℃以上高温时，能水解生成剧毒光气。

$$CCl_4 + H_2O \xrightarrow{500℃} COCl_2 + 2HCl$$

因此灭火时注意空气流通，以防止中毒。

四氯化碳主要用作溶剂、萃取剂和灭火剂，也用于干洗剂。目前主要生产方法是甲烷的完全氯化。

三、二氟二氯甲烷

二氟二氯甲烷是无色、无臭、不燃的气体，无毒，200℃以下对金属无腐蚀性。溶于乙醇和乙醚。化学性质稳定。沸点－30℃，易压缩成液体，当解除压力后立即挥发而吸收大量的热，因此是良好的制冷剂和气雾剂。

二氟二氯甲烷的商品名称为氟里昂，商品代号 F-12，目前该物质作为制冷剂已限制乃至禁止使用。

四、氯乙烯

氯乙烯是无色气体，具有微弱芳香气味，沸点－13.9℃，易溶于乙醇、丙酮等有机溶剂。氯乙烯容易燃烧，与空气能形成爆炸混合物，爆炸极限为 3.6%～26.4%（体积分数）。它主要用于生产聚氯乙烯，也用作冷冻剂等。

目前生产氯乙烯的方法主要是氧氯化法。乙烯、氯化氢和氧气在氯化铜的催化作用下，生成 1,2-二氯乙烷，再裂解得到氯乙烯。

$$CH_2{=}CH_2 + HCl + O_2 \xrightarrow[285℃]{CuCl_2} \underset{\displaystyle Cl}{\underset{|}{CH_2}}\underset{\displaystyle Cl}{\underset{|}{CH_2}} \xrightarrow[>300℃]{-HCl} CH_2{=}CH{-}Cl$$

氯乙烯聚合生成聚氯乙烯。氯乙烯无毒，而聚氯乙烯有毒。

$$nCH_2{=}CHCl \xrightarrow[40\sim80℃,\ 0.63\sim1.5MPa]{\text{偶氮二异丁腈}} {+}CH_2{-}\underset{\displaystyle Cl}{\underset{|}{CH}}{+}_n$$

五、四氟乙烯

四氟乙烯是无色气体，沸点－76.3℃，不溶于水，易溶于有机溶剂。在催化剂过硫酸铵作用下聚合成聚四氟乙烯。

$$nCF_2{=\!=}CF_2 \xrightarrow{\text{催化剂}} {-\!\!\!\!\{}CF_2{-}CF_2{\}\!\!\!\!-}_n$$

聚四氟乙烯是一种性能优异的工程塑料，素有“塑料王”之称。

六、氯苯

氯苯为无色液体，沸点131.6℃，不溶于水，易溶于乙醇、氯仿等有机溶剂。易燃，在空气中爆炸极限为1.3%～7.1%（体积分数）。

氯苯主要用于制造硝基氯苯、苦味酸、苯胺等，还可作涂料溶剂。

思考与练习

5-1 命名下列化合物：

(1) $(CH_3)_3CCH_2Br$　　(2) $CH_3CCl_2CH_2CH_2CH_3$

(3)

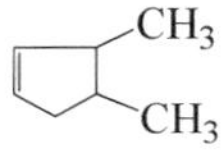

(4) 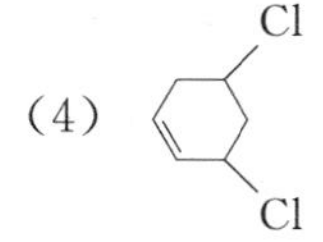

5-2 写出下列化合物的构造式：

(1) 1-苯基-4-溴-1-丁烯　　(2) 1-苯基-1-溴乙烷

(3) 1-对甲苯基-2-氯丁烷　　(4) 1,2-二氯-3-溴丙烯

(5) 2-甲基-3-氯-1-戊烯

5-3 写出下列卤代烷与浓 $KOH-CH_3CH_2OH$ 加热时的主要产物：

(1) $(CH_3)_2CHCH_2CH_2Br$

(2) $CH_3CH_2CHBrCH(CH_3)_2$

(3) $CH_3CHBrCH_2CH_2CHBrCH_3$（消除两分子HBr）

5-4 用化学方法区别下列各组化合物：

(1) 正丁基溴，叔丁基溴，烯丙基溴

(2) $CH_3CH=CHCl$，$CH_2=CHCH_2Cl$，$(CH_3)_2CHCl$，$CH_3(CH_2)_4CH_3$

自 测 题

一、填空题

1. 卤代烃中常用作灭火剂的是______；在外科手术中常用作麻醉剂的是纯净的______。

2. 卤代烷的沸点随着碳原子的增加而________；卤代烷同系列的密度，一般是随着碳原子数的增加而________。

3. 把 CCl_4、CH_3CH_2Cl、CH_3CH_2Br、CH_3CH_2I、苯（⌬）分别加入等物质的量的水中，能浮在水面上的是________；沉在水底的是________。

4. 在 $CH_2=CHCH_2Cl$、$CH_2=CHCl$、CCl_4、CH_3CH_2Cl、CH_3CH_2I 中，在室温下分别加入 $AgNO_3$/乙醇溶液，能立即产生沉淀的是________；在上述实验条件下，再加热，能产生沉淀的是________；加热也不产生沉淀的是________。

5. 有 A、B 两种溴代烷，它们分别与 NaOH 乙醇溶液反应时，A 生成 1-丁烯；B 生成异丁烯。根据上述事实可知，A 的可能构造式是________________；B 的可能构造式是________________。

二、选择题

1. 按照系统命名法，构造式 $CH_3CH(CH_3)C(CH_3)(Br)CH(Cl)CH_3$ 的正确名称是（　）。

A. 2,3-二甲基-3-溴-4-氯戊烷　B. 2,3-二甲基-4-氯-3-溴戊烷

C. 2-氯-3-溴-3,4-二甲基戊烷　D. 3,4-二甲基-2-氯-3-溴戊烷

2. 一氯丁烯的同分异构体有（　）。

A. 7 种　B. 8 种　C. 9 种　D. 10 种

3. 下列卤代烷中，沸点最高的是（　）。

A. $CH_3CH_2CH_2CH_2CH_2Cl$　　B. $CH_3CH_2CH_2CH_2CH_2I$

C. $CH_3CH(CH_3)CH_2CH_2Cl$　　D. $CH_3CH(CH_3)CH(I)CH_3$

4. 俗称“塑料王”的物质是指（　）。

A. 聚乙烯　B. 聚丙烯　C. 聚氯乙烯　D. 聚四氟乙烯

5. 下列化合物与 NaOH 水溶液的反应活性由大到小顺序是（　）。

① $CH_3CH(CH_3)CH_2CH_2Br$　② $CH_3CH_2CH(CH_3)CH_2Br$

③ $CH_3C(CH_3)_2CH_2Br$　④ $CH_3CH_2CH_2CH_2Br$

A. ①＞②＞③＞④　B. ②＞③＞④＞①

C. ③＞④＞①＞②　D. ④＞①＞②＞③

三、是非题（下列叙述中，对的在括号中打“√”，错的打“×”）

1. 氯代烷的密度都小于 1。（　）

2. 粗苯溴乙烷中含有乙醇杂质，可用食盐水洗涤后过滤除去。（　）

3. “氟里昂”是专指二氟二氯甲烷这种冷冻剂。（　）

4. 卤代烷与碱作用的反应是取代反应和消除反应同时进行的。卤烷与碱的水溶液作用时，是以取代反应为主；与碱的醇溶液作用时，是以消除反应为主。（　）

四、选取合适原料，仅经一步化学反应制取下列纯有机物。

1. CH_3CH_2Cl　2. 氯化苄　3. $CH_3C(CH_3)(Br)CH_3$

*五、推断题

化合物 A、B、C 的分子式均为 C_4H_9Br，当它们分别与 NaOH 水溶液作用时，A 生成分子式为 C_4H_8 的烯，B 生成分子式为 $C_4H_{10}O$ 的醇，C 则生成分子式为 C_4H_8 的烯烃和 $C_4H_{10}O$ 的醇组成的混合物。试写出 A、B、C 可能的结构式。

（**提示**：要从卤代烷在 NaOH 水溶液中能发生水解和脱卤化氢的竞争反应及各种卤烷脱卤化氢难易不同去思考。）

第六章　醇、酚和醚

【学习目标】

1. 了解醇、酚、醚的结构特点和分类，掌握其系统命名方法。

2. 掌握醇、酚、醚的主要物理、化学性质，掌握其在生活实际中的应用。

3. 了解几种重要的醇、酚、醚的物理性质及用途。

醇、酚和醚都是烃的含氧衍生物。脂肪烃或脂环烃分子中氢原子被羟基取代的衍生物称为醇；芳环上氢原子被羟基取代的衍生物称为酚；醇或酚羟基的氢原子被烃基取代后的产物称为醚。它们的通式分别为：

R—OH	Ar—OH	R—O—R′
醇	酚	醚

第一节　醇

一、醇的结构和分类

1. 醇的结构

醇分子中含有羟基（—OH）官能团（又称醇羟基）。醇也可以看作是烃分子中的氢原子被羟基取代后的生成物。饱和一元醇的通式是 $C_nH_{2n+1}OH$，或简写为 ROH。在醇分子中 C—O 键和 O—H 键都是极性较强的共价键，因此醇的化学活泼性较大。

2. 醇的分类

醇的种类比较多，可按照不同的方法加以分类。

（1）按羟基所连接的烃基不同分类　分为饱和醇、不饱和醇和芳香醇，例如：

① 饱和醇

C_2H_5OH　　　　$CH_3—CH(OH)—CH_3$

乙醇　　　　异丙醇

② 不饱和醇

$CH_2═CH—CH_2OH$

烯丙醇

③ 芳香醇

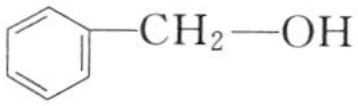

$C_6H_5—CH_2—OH$

苯甲醇（苄醇）

（2）根据分子中所含羟基数目分类　分为一元醇、二元醇、三元醇等。二元醇或二元以上的醇称为多元醇，例如：

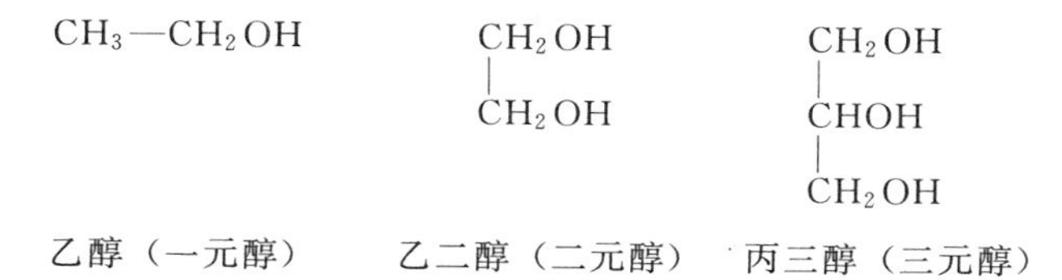

乙醇（一元醇）　乙二醇（二元醇）　丙三醇（三元醇）

（3）根据羟基连接的碳原子种类不同分类　可分为伯醇、仲醇和叔醇。羟基连接在伯（第一）碳原子上的称为伯醇（第一醇），连接在仲（第二）碳原子上的称为仲醇（第二醇），连接在叔（第三）碳原子上的称为叔醇（第三醇），例如：

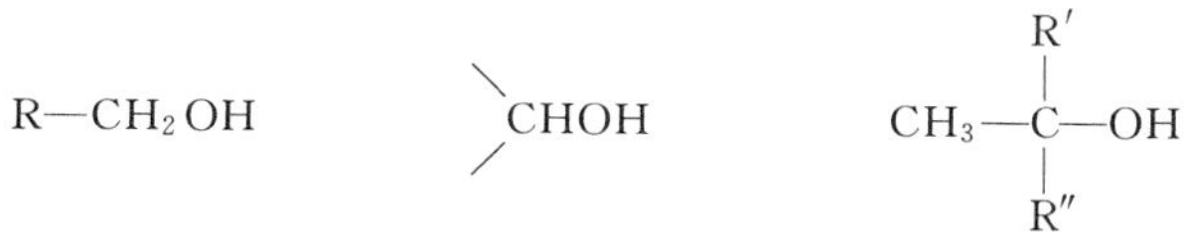

伯醇（第一醇）　仲醇（第二醇）　叔醇（第三醇）

在各类醇中，饱和一元醇在理论上和实际应用上都比较重要。本节主要讨论饱和一元醇。

二、醇的同分异构和命名

1. 醇的同分异构

醇的构造异构包括碳链异构和羟基位置不同的异构。

（1）碳链异构　如 $CH_3CH_2CH_2CH_2OH$ 和 $CH_3-\underset{\displaystyle CH_3}{\underset{|}{CH}}-CH_2OH$ 。

（2）羟基位置异构　如 $CH_3CH_2CH_2OH$ 和 $CH_3-\underset{\displaystyle OH}{\underset{|}{CH}}-CH_3$。

2. 醇的命名

饱和一元醇的命名可以采用以下三种方法。

（1）习惯命名法　低级一元醇可以按烃基的习惯名称在后面加一“醇”字来命名。

（2）衍生物命名法　对于结构不太复杂的醇，可以甲醇作为母体，把其他醇看作是甲醇的烷基衍生物来命名。

（3）系统命名法　选择连有羟基的最长碳链作为主链，而把支链看作取代基；主链中碳原子的编号从靠近羟基的一端开始，按照主链中所含碳原子数称为某醇；支链的位次、名称及羟基的位次用阿拉伯数字写在名称的前面，并分别用短横隔开。例如，丁醇有四种异构体，它们的构造式和命名如下：

构造式	习惯命名法	衍生物命名法	系统命名法
$CH_3-CH_2-CH_2-CH_2OH$	正丁醇	正丙基甲醇	1-丁醇
$CH_3-\underset{\displaystyle OH}{\underset{|}{CH}}-CH_2-CH_3$	仲丁醇	甲基乙基甲醇	2-丁醇
$CH_3-\underset{\displaystyle CH_3}{\underset{|}{CH}}-CH_2OH$	异丁醇	异丙基甲醇	2-甲基-1-丙醇
$\overset{3}{CH_3}-\underset{\displaystyle OH}{\underset{|}{\overset{\displaystyle CH_3}{\overset{|}{\overset{2}{C}}}}}-\overset{1}{CH_3}$	叔丁醇	三甲基甲醇	2-甲基-2-丙醇

含有两个以上羟基的多元醇，结构简单的常用俗名，结构复杂的，应尽可能选择包含多个羟基在内的碳链作为主链，并把羟基的数目（以二、三、四……表示）和位次（用1，2，3…表示）放在醇名之前表示出来，例如：

$$\begin{array}{ccc} CH_2 & — & CH_2 \\ | & & | \\ OH & & OH \end{array}$$

乙二醇（俗名甘醇）

$$\begin{array}{ccccc} CH_2 & — & CH & — & CH_2 \\ | & & | & & | \\ OH & & OH & & OH \end{array}$$

丙三醇（俗名甘油）

$$\begin{array}{ccccc} & & CH_2OH & & \\ & & | & & \\ HOH_2C & — & C & — & CH_2OH \\ & & | & & \\ & & CH_2OH & & \end{array}$$

2,2-二羟甲基-1,3-丙二醇（俗名季戊四醇）

*不饱和醇的系统命名，应选择连有羟基同时含有重键（双键、三键）碳原子在内的碳链作为主链，编号时尽可能使羟基的位次最小，例如：

$$\begin{array}{ccccccccccccc} & & & & & & 4 & & 3 & & 2 & & 1 \\ CH_3 & — & CH_2 & — & CH_2 & — & CH & — & CH_2 & — & CH_2 & — & CH_2OH \\ & & & & & & | & & & & & & \\ & & & & & & CH & = & CH_2 & & & & \\ & & & & & & 5 & & 6 & & & & \end{array}$$

4-(正)丙基-5-己烯-1-醇

*脂环醇的命名，若羟基直接与脂环烃相连，称为环某醇，若羟基在侧链上，则把脂环基作为取代基，例如：

$—OH$

环己醇

$—CH_2—CH_3OH$

2-环己(基)乙醇

*芳香醇的命名，可把芳基作为取代基，例如：

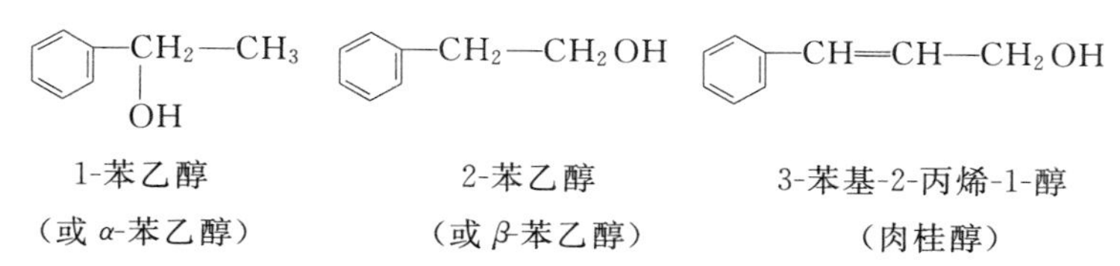

1-苯乙醇（或 α-苯乙醇）　　2-苯乙醇（或 β-苯乙醇）　　3-苯基-2-丙烯-1-醇（肉桂醇）

三、醇的物理性质

1. 物态

直链饱和一元醇中含 C_4 以下的是具有酒精味的流动液体，含 C_5～C_{11} 的为具有不愉快气味的油状液体，含 C_{12} 以上的醇为无臭无味的蜡状固体。二元醇、三元醇等多元醇为具有甜味的无色液体或固体。某些醇的物理常数见表 6-1。

表 6-1　某些醇的物理常数

名称	熔点/℃	沸点/℃	溶解度/(g/100gH_2O)	相对密度
甲醇	−98	65	∞	0.792
乙醇	−114	78.3	∞	0.789
正丙醇	−126	97.2	∞	0.804
异丙醇	−89	82.3	∞	0.781
正丁醇	−90	118	7.9	0.810
异丁醇	−108	108	9.5	0.798
仲丁醇	−115	100	12.5	0.808
叔丁醇	26	83	∞	0.789
正戊醇	−79	138	2.7	0.809
正己醇	−51.6	155.8	0.59	0.820
环己醇	25	161	3.6	0.962
烯丙醇	−129	97	∞	0.855
苄醇	−15	205	4	1.046
乙二醇	−12.6	197	∞	1.113
丙三醇	18	290(分解)	∞	1.261

2. 沸点

从表 6-1 中可看到，与烷烃相似，直链饱和一元醇的沸点也是随着碳原子数的增加而上升，每增加一个碳原子，沸点升高约18～20℃。碳原子数目相同的醇含支链愈多者，沸点就愈低。低级醇的沸点比和它相对分子质量相近的烷烃要高得多，随着碳链的增长，醇与烷烃的沸点差逐渐缩小。

化合物	甲醇	乙烷	乙醇	丙烷	正十二醇	正十三烷
相对分子质量	32	30	46	44	186	184
沸点/℃	65	−88.6	78.5	−42.2	259	234
沸点差/℃	153.6		120.7		25	

3. 溶解性

甲醇、乙醇、丙醇能以任何比例与水混溶。从正丁醇起，在水中的溶解度显著降低，到癸醇以上则不溶于水而溶于有机溶剂中。

多元醇分子中含有两个以上的羟基，所含的羟基越多，在水中的溶解度也越大。

4. 生成结晶醇

低级醇与水相似，能和一些无机盐类（$MgCl_2$、$CaCl_2$、$CuSO_4$等）形成结晶状的分子化合物，称为结晶醇，亦称醇化物，如 $MgCl_2 \cdot 6CH_3OH$、$CaCl_2 \cdot 4C_2H_5OH$、$CuSO_4 \cdot 2C_2H_5OH$ 等。结晶醇不溶于有机溶剂而溶于水，在实际工作中常利用这一性质使醇与其他化合物分开或从反应物中除去醇类。

5. 相对密度

饱和一元醇的相对密度小于 1，比水轻。芳香醇和多元醇的相对密度大于 1，比水重。

四、醇的化学性质

醇（ROH）的化学性质主要由羟基官能团所决定，同时，也受烃基的一定影响。从化学键来看，C—O 键或 O—H 键是醇易于发生反应的两个部位；另外，与羟基相连的碳原子上的氢（即 α-氢原子）也具有一定的活泼性。

1. 与活泼金属的反应

醇和水都含有羟基，它们都是极性化合物，且具有相似的化学性质。例如，水和金属钠作用，生成氢氧化钠和氢。醇和金属钠作用则生成醇钠和氢气，但反应比水慢。

$$HO—H + Na \longrightarrow NaOH + \frac{1}{2}H_2\uparrow$$

$$C_2H_5O—H + Na \longrightarrow C_2H_5ONa + \frac{1}{2}H_2\uparrow$$

这个反应随着醇的相对分子质量的增大而反应速率减慢。醇的反应活性，以甲醇最活泼，其次为一般伯醇，再次为仲醇，而以叔醇最差：

$$CH_3OH > \text{伯醇} > \text{仲醇} > \text{叔醇}$$

醇钠遇水就分解成原来的醇和氢氧化钠。醇钠的水解是一个可逆反应，平衡偏向于生成醇的一边。

$$\underset{\text{较强的碱}}{RO^- Na^+} + \underset{\text{较强的酸}}{H—OH} \rightleftharpoons \underset{\text{较弱的碱}}{Na^+ OH^-} + \underset{\text{较弱的酸}}{RO—H}$$

工业上生产醇钠，为了避免使用昂贵的金属钠，就利用上述反应的原理，在氢氧化钠和醇的反应过程中，加苯进行共沸蒸馏，使苯、醇和水的三元共沸物不断蒸出，使反应混合物中的水分不断除去，以破坏平衡而使反应有利于生成醇钠。

醇钠是白色固体，它的化学性质相当活泼，常在有机合成中作为碱性催化剂及缩合剂使用，并可用作引入烷氧基的试剂。

2. 与氢卤酸的反应

醇与氢卤酸反应生成卤代烷和水，这是制备卤代烃的一种重要方法，反应通式如下：

$$R—OH + H—X \rightleftharpoons R—X + H_2O \qquad (X = Cl, Br, I)$$

这个反应是可逆的，如果使反应物之一过量或使生成物之一从平衡混合物中移去，都可使反应向有利于生成卤代烃的方向进行，以提高产量。

$$CH_3CH_2CH_2CH_2OH + HI \xrightarrow{\triangle} CH_3CH_2CH_2CH_2I + H_2O$$

$$CH_3CH_2CH_2CH_2OH + HBr \xrightarrow[\triangle]{\text{浓 } H_2SO_4} CH_3CH_2CH_2CH_2Br + H_2O$$

$$CH_3CH_2CH_2CH_2OH + HCl \xrightarrow[\triangle]{ZnCl_2} CH_3CH_2CH_2CH_2Cl + H_2O$$

醇与卤代酸反应速率与氢卤酸的类型及醇的结构有关。**氢卤酸的活性次序是 HI＞HBr＞HCl。醇的活性次序是烯丙型醇＞叔醇＞仲醇＞伯醇＞甲醇。**

由醇制备氯代烷时一般采用浓盐酸与无水氯化锌（作脱水剂和催化剂）为试剂，使反应有利于生成氯代烷。

浓盐酸与无水氯化锌所配制的溶液称为卢卡斯（LucAs）试剂。卢卡斯试剂与叔醇反应速率很快，立即生成不溶于酸的氯代烷而使溶液浑浊；仲醇则较慢，放置片刻才变浑浊；伯醇在常温下不发生反应（烯丙型醇的伯醇除外，它可以很快发生反应）。因此，可以利用卢卡斯试剂与醇反应由生成卤代烃（溶液出现浑浊）的速率来区别伯、仲、叔醇，例如：

$$CH_3-\underset{\underset{CH_3}{|}}{\overset{\overset{CH_3}{|}}{C}}-OH + HCl \xrightarrow[20℃]{ZnCl_2} CH_3-\underset{\underset{CH_3}{|}}{\overset{\overset{CH_3}{|}}{C}}-Cl + H_2O$$

（1min 内变浑浊，随后分层）

$$CH_3-\underset{\underset{OH}{|}}{CH}-CH_2-CH_3 + HCl \xrightarrow[20℃]{ZnCl_2} CH_3-\underset{\underset{Cl}{|}}{CH}-CH_2-CH_3 + H_2O$$

（10min 内开始浑浊，并分层）

卢卡斯试剂不适用于 6 个碳原子以上醇的鉴别，因为这样的醇不溶于试剂，很难辨别反应是否发生。应注意异丙醇虽属相对分子质量低的醇，但是生成的 2-氯丙烷沸点只有 36.5℃，在未分层以前就挥发逸去，故此反应也不适用。

3. 与含氧无机酸的反应

醇除与氢卤酸作用外，与含氧无机酸如硫酸、硝酸、磷酸也可作用，反应时分子之间脱水，生成相应的无机酸酯。这种反应称为**酯化反应**。醇与浓硝酸作用可得硝酸酯。

$$R-\boxed{OH+H}-ONO_2 \longrightarrow R-ONO_2+H_2O$$

低级硝酸酯是具有香味的液体，不溶于水。多元醇的硝酸酯受热或受振动后会发生爆炸。如乙二醇的二硝酸酯和甘油的三硝酸酯都是猛烈的炸药。

醇不但与无机酸反应，而且也与羧酸反应生成羧酸酯（见第八章）。

4. 脱水反应

醇脱水有两种形式，一种是分子内脱水生成烯烃；另一种是分子间脱水生成醚。具体按哪一种方式脱水则要看醇的结构和反应条件。通常，在较高温度下发生分子内的脱水(消除反应)；在较低温度下发生分子间脱水。

分子内脱水：

$$\underset{\displaystyle H}{\overset{}{CH_2}}-\underset{\displaystyle OH}{CH_2}\xrightarrow[\text{或 }Al_2O_3\text{，}360℃]{\text{浓 }H_2SO_4\text{，}170℃}CH_2=CH_2+H_2O$$

分子间脱水：

$$CH_3-CH_2\boxed{OH+H}OCH_2-CH_3\xrightarrow[\text{或 }Al_2O_3,260℃]{\text{浓 }H_2SO_4,140℃}\underset{\text{乙醚}}{CH_3CH_2OCH_2CH_3}+H_2O$$

醇的消除反应速率快慢为：叔醇>仲醇>伯醇，例如：

$$CH_3-CH_2OH\xrightarrow[170℃]{90\%\text{（质量分数）浓 }H_2SO_4}CH_2=CH_2+H_2O$$

$$CH_3-CH_2-\underset{\displaystyle OH}{CH}-CH_3\xrightarrow[100℃]{60\%\text{（质量分数）浓 }H_2SO_4}$$

$$CH_3-CH=CH-CH_3+H_2O$$

$$CH_3-\underset{\displaystyle CH_3}{\overset{\displaystyle CH_3}{C}}-OH\xrightarrow[85\sim90℃]{20\%\text{（质量分数）浓 }H_2SO_4}\underset{\text{异丁烯（100\%）}}{CH_3-\overset{\displaystyle CH_3}{C}=CH_2}$$

醇脱水的消除反应取向和卤代烷消除卤化氢的规律一样，符合扎依采夫规则，脱去的是羟基和含氢较少的 β-碳原子上的氢原子，这样形成的烯烃比较稳定。

$$CH_3-CH_2-\underset{\displaystyle OH}{CH}-CH_3\xrightarrow[85\sim90℃]{65\%\text{（质量分数）浓 }H_2SO_4}$$

$$\underset{\substack{\text{2-丁烯}\\(65\%\sim80\%)}}{CH_3-CH=CH-CH_3}+\underset{\substack{\text{1-丁烯}\\\text{（少量）}}}{CH_3-CH_2-CH=CH_2}$$

5. 氧化和脱氢

醇分子中由于羟基的影响，烃基α-碳原子上的氢原子较活泼而易被氧化。不同结构的醇氧化所得产物也不同。常用的氧化剂是重铬酸钠（钾）和硫酸、氧化铬和冰醋酸或热的高锰酸钾水溶液。

伯醇分子中α-碳原子上有两个氢原子，可相继被氧化。首先第一个氢原子被氧化而生成相同碳原子数目的醛，醛继续氧化而生成含相同碳原子数目的羧酸。

$$R-CH_2-OH \xrightarrow{[O]} \underset{\text{醛}}{R-\overset{\overset{\displaystyle O}{\|}}{C}-H} \xrightarrow{[O]} \underset{\text{羧酸}}{R-\overset{\overset{\displaystyle O}{\|}}{C}-OH}$$

$$3CH_3-CH_2OH+\underset{\text{(橙红色)}}{2Na_2Cr_2O_7}+8H_2SO_4 \xrightarrow{25℃}$$

$$3CH_3-\overset{\overset{\displaystyle O}{\|}}{C}-OH+2Na_2SO_4+\underset{\text{(绿色)}}{2Cr_2(SO_4)_3}+11H_2O$$

仲醇分子中α-碳原子上只有一个氢原子，被氧化成羟基后，失水生成相同碳原子数目的酮。

$$R-\underset{\underset{\displaystyle OH}{|}}{CH}-R \xrightarrow{[O]} R-\underset{\underset{\displaystyle OH}{|}}{\overset{\overset{\displaystyle OH}{|}}{C}}-R \xrightarrow{-H_2O} \underset{\text{酮}}{R-\overset{\overset{\displaystyle O}{\|}}{C}-R}$$

$$3CH_3-\underset{\underset{\displaystyle OH}{|}}{CH}-CH_3+\underset{\text{(橙红色)}}{2CrO_3}+6CH_3COOH \xrightarrow{25℃}$$

$$3CH_3-\overset{\overset{\displaystyle O}{\|}}{C}-CH_3+\underset{\text{(绿色)}}{2Cr(OOCCH_3)_3}+6H_2O$$

叔醇分子中α-碳原子上没有氢原子，所以在上述同样的氧化条件下不被氧化，但在强烈的氧化条件下（如在热的重铬酸钠和硫酸溶液中或酸性高锰酸钾溶液中）碳碳键断裂，生成含碳原子数较少的氧化产物。

醇的氧化反应是制备醛和酮以及羧酸的一个重要途径。实验室中常用重铬酸盐氧化的方法来区别伯、仲、叔醇。伯、仲醇则根据氧化产物的不同来鉴别。热的高锰酸钾水溶液氧化醇的方式与重铬酸钾相同，只不过反应后溶液紫色消失而有棕褐色沉淀生成。

检查司机是否酒后驾车的呼吸分析仪就是利用乙醇与重铬酸的氧化反应。在 100mL 血液中如含有超过 80mg 乙醇（最大允许量），这时呼出的气体中所含乙醇量即可使呼吸分析仪中的溶液颜色由橙红色变为绿色。

五、醇的制法

1. 烯烃水合法

烯烃与水蒸气在加热、加压和催化剂存在下，可直接化合生成醇。例如，纯度 98%的乙烯与水蒸气在 280～300℃和 8kPa 下，以 85%～90% H_3PO_4 吸附在硅藻土上作为催化剂，可直接水合生成乙醇（单程转化率 4%～5%，总收率 97%）。

$$CH_2=CH_2+HOH\xrightarrow[280\sim300^\circ C,8kPa]{H_3PO_4/\text{硅藻土}}CH_3CH_2OH$$

同法，丙烯可生产异丙醇：

$$CH_3-CH=CH_2+H_2O\xrightarrow[195^\circ C,2kPa]{H_3PO_4/\text{硅藻土}}CH_3-\overset{OH}{\overset{|}{C}H}-CH_3$$

2. 羰基化合物还原

醛、酮、酯、羧酸等分子中均含有羰基，利用还原剂（如 $NaBH_4$、$LiAlH_4$）或催化加氢的方法，则醛还原为伯醇，酮还原为仲醇，酯和羧酸均被还原为伯醇。这些反应将在第七章及第八章中介绍。

3. 格利雅试剂合成醇

格利雅试剂与醛、酮、酯、环氧乙烷等反应可制得醇。这些反应将分别在第七章、第八章中介绍。

六、重要的醇

1. 甲醇

甲醇最初由木材干馏（隔绝空气加强热）得到，所以又俗称木精。近代工业上是用一氧化碳和氢气在高温、高压和催化剂存在的条件下合成的。

$$CO+2H_2 \xrightarrow[350\sim400℃,20\sim30MPa]{ZnO\text{-}Cr_2O_3} CH_3OH$$

若改用其他催化剂，如用 Cu-Zn-Cr 催化剂，则可在较低的压力（5MPa）下进行。

甲醇也可通过甲烷的部分催化氧化直接制取：

$$CH_4+\frac{1}{2}O_2 \xrightarrow[10MPa,200℃]{\text{通过铜管}} CH_3OH$$

纯粹的甲醇是无色易燃的液体，沸点 64.7℃。爆炸极限为 6.0%～36.5%（体积分数）。能与水及大多数有机溶剂混溶。**甲醇的毒性很强，少量饮用（10mL）或长期与它的蒸气接触会使眼睛失明，严重时致死。**

甲醇不仅是优良的溶剂，而且也是重要的化工原料，大量用于生产甲醛。此外，甲醇还是合成氯甲烷、甲胺、有机玻璃、合成纤维（涤纶）等产品的原料，甲醇还可用作无公害燃料。

2. 乙醇

乙醇俗称酒精。我国古代就知道谷类用曲发酵酿酒。随着近代石油化工的飞速发展，目前工业上用乙烯为原料来大量生产乙醇，但用发酵法仍是工业生产乙醇的方法之一。发酵过程较复杂，大致步骤如下：

$$\underset{\text{淀粉}}{(C_6H_{12}O_6)_n} \xrightarrow{\text{淀粉酶}} \underset{\text{麦芽糖}}{C_{12}H_{22}O_{11}} \xrightarrow{\text{麦芽糖酶}} \underset{\text{葡萄糖}}{C_6H_{12}O_6} \xrightarrow{\text{酒化酶}} \underset{\text{酒精}}{C_2H_5OH}+CO_2$$

发酵法每生产 1t 酒精，要消耗 3t 以上的粮食或 5t 甘薯，故成本较高。在发酵液中乙醇的含量约为10%～15%（质量分数），再经分馏，所得乙醇的最高质量分数为95.6%。质量分数为95.6%的乙醇还含有4.4%水分，因两者形成共沸混合物，不能用分馏法将含有的水除去。实验室中要制备无水乙醇（或称绝对乙醇），可将体积分数为95.6%乙醇先与生石灰（CaO）共热、蒸馏得到体积分数为99.5%的乙醇，再用镁处理微量的水，生成乙醇镁，乙醇镁与水作用生成氢氧化镁及乙醇，再经蒸馏，即得无水乙醇。工业上常利用加苯形成三元共沸物（质量分数为74.1%苯、18.5%乙醇、7.4%水），再经蒸馏得到无水乙醇。

工业上还可用离子交换树脂吸收其中少量水来制取无水乙醇。所用的离子交换树脂必须经干燥处理。

检验乙醇中是否含有水分，可加入少量无水硫酸铜，如呈现蓝色（生成 $CuSO_4 \cdot 5H_2O$）就表明有水存在。

为了防止用工业用乙醇配制饮料酒类，常在乙醇中加入各种变性剂（有毒性、有臭味或有颜色的物质，如甲醇、吡啶、染料等），这种乙醇叫变性酒精。

乙醇是无色易燃的液体，具有酒的气味，沸点是78.5℃，相对密度为0.7893，能与水混溶，在工业中常用乙醇和水的容量关系来表示它的浓度（体积分数）。

乙醇的用途很广，它既是重要的有机溶剂，又是有机合成原料，可用来制备乙醛、乙醚、氯仿、酯类等。医药上用作消毒剂、防腐剂。乙醇还可以与汽油配合作为发动机的燃料。

3. 乙二醇（俗名甘醇）

乙二醇是最简单和最重要的二元醇，工业上生产乙二醇是以乙烯为原料，有氯乙醇水解法和环氧乙烷水合法。目前工业上普遍采用环氧乙烷加压水合法制造乙二醇。氯乙醇水解法由于产率不高，未被广泛应用。

$$CH_2{=\!=}CH_2 \xrightarrow[220\sim280℃]{O_2,\ Ag} \underset{\diagdown O \diagup}{CH_2{-}CH_2} \xrightarrow[190\sim220℃,2MPa]{H_2O} \underset{OH\quad OH}{CH_2{-}CH_2}$$

乙二醇是黏稠而有甜味的液体，故又称甘醇，一般地讲，多羟基化合物都具有甜味。乙二醇的沸点197℃，相对密度1.109，均比同碳数的一元醇高（见表6-1），这是因为分子中有两个羟基，分子间以氢键缔合的缘故。乙二醇可与水混溶，但不溶于乙醚，也是因为分子内增加了一个羟基而产生的影响。

乙二醇是合成涤纶、炸药的原料。它的50%的水溶液凝固点为－34℃，因此乙二醇是很好的防冻剂，用于汽车、飞机发动机的抗冻剂。

4. 丙三醇

丙三醇俗称甘油，它最早是从油脂水解得到。近代工业以石油热裂气中的丙烯为原料制备。目前我国广泛采用丙烯氯化法，将丙烯在高温下与氯气作用，生成3-氯丙烯。再与氯水作用生成二氯丙醇，然后在碱作用下经环化水解而得丙三醇。

丙三醇是无色而有甜味的黏稠液体，因它的分子中含有3个羟基，极性很强，易溶于水，不溶于有机溶剂。甘油水溶液的冰点很低（例如66.7%的甘油水溶液的冰点为－46.5℃），同时具有很大的吸湿性能，能吸收空气中的水分。

多元醇具有较大的酸性，这种酸性虽然不能用通常的酸碱指示剂来检验，但是它们能与金属氢氧化物发生类似的中和作用，生成类似于盐的产物。例如，甘油与氢氧化铜作用生成甘油铜。

$$\begin{array}{l}CH_2OH\\|\\CHOH\\|\\CH_2OH\end{array} + \begin{array}{c}HO\\|\\Cu\\|\\HO\end{array} \longrightarrow \begin{array}{l}CH_2O\diagdown\\|\qquad\quad Cu\\CHO\diagup\\|\\CH_2OH\end{array} + 2H_2O$$

甘油铜溶于水，水溶液呈鲜艳的蓝色。利用这一特性可用来鉴定具有1,2-二醇结构的多元醇。一元醇无此类反应，所以也可用来区别一元醇和多元醇。

甘油的用途很广泛。它的最大用途是与浓硝酸（在浓硫酸存在的条件下）作用，制造三硝酸甘油酯，俗称硝化甘油。

$$
\begin{array}{l} CH_2OH \\ | \\ CHOH \\ | \\ CH_2OH \end{array} + 3HNO_3 \xrightarrow{\text{浓 } H_2SO_4} \begin{array}{l} CH_2ONO_2 \\ | \\ CHONO_2 \\ | \\ CH_2ONO_2 \end{array} + 3H_2O
$$

三硝酸甘油酯

三硝酸甘油酯是一种无色透明的液体，它是很猛烈的炸药，用在爆破工程和国防上。三硝酸甘油酯还有扩张冠状动脉的作用，在医药上用来治疗心绞痛。

此外，甘油还用于印刷、化妆品、皮革、烟草、食品以及纺织工业，作为甜味添加剂、防燥剂等，还可用作抗冻剂及合成树脂的原料。

5. 苯甲醇

苯甲醇也称苄醇，它是一个最重要的最简单的芳醇，存在于茉莉等香精油中。工业上可从氯化苄（苯氯甲烷）水解制备。

$$
C_6H_5\text{—}CH_2Cl + NaOH \xrightarrow{H_2O} C_6H_5\text{—}CH_3OH + NaCl
$$

苯甲醇是无色液体，有轻微而愉快的香气，沸点 206℃，微溶于水，溶于乙醇、甲醇等有机溶剂。它与脂肪族伯醇性质相似，可被氧化生成苯甲醛，最后氧化成苯甲酸。苯甲醇也能生成酯，它的许多酯可用作香料，如素馨精油内含有它。它与钠作用生成苯甲酸钠。

苯甲醇除有上述反应外，由于分子内具有苯环，故也能进行硝化和磺化等取代反应。

第二节　酚

一、酚的结构、分类和命名

羟基直接连在芳环上的化合物称为酚。按酚类分子中所含羟基的数目多少，可分为一元酚、二元酚和多元酚。酚类的命名，一般以酚作为母体。也就是在“酚”字前面加上其他取代基的位次、数目和名称及芳环的名称。

一元酚：

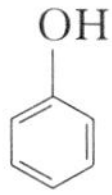

OH　　OH　　OH

CH_3　　Cl

苯酚 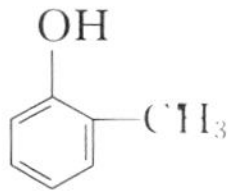　　邻甲苯酚 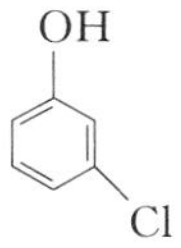　　间氯苯酚

二元酚：

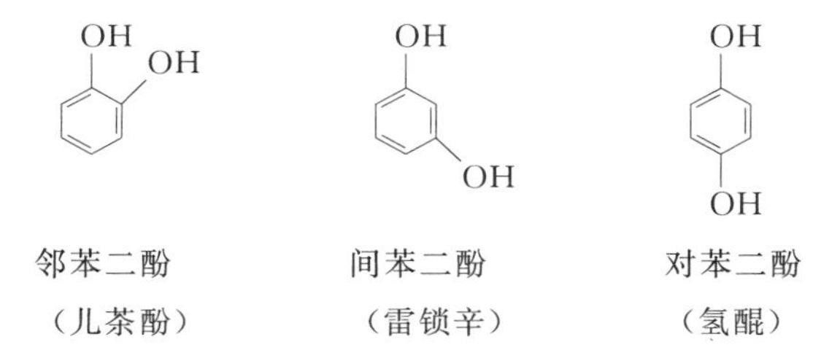

邻苯二酚（儿茶酚）　　间苯二酚（雷锁辛）　　对苯二酚（氢醌）

多元酚：

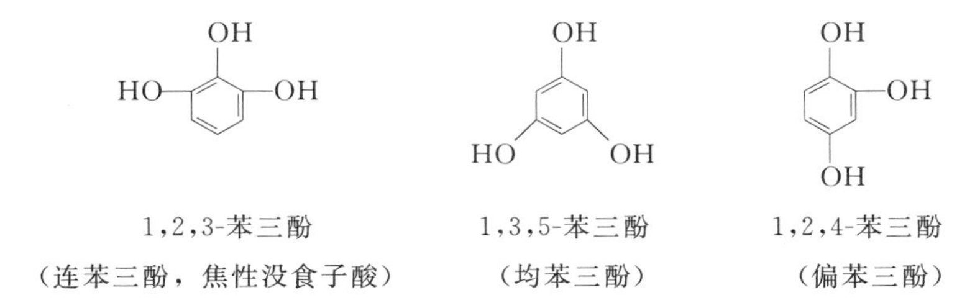

1,2,3-苯三酚（连苯三酚，焦性没食子酸）　　1,3,5-苯三酚（均苯三酚）　　1,2,4-苯三酚（偏苯三酚）

二、酚的物理性质

除少数烷基酚（如甲苯酚）是高沸点液体外，多数酚均是固体。它们的熔点和沸点都比相对分子质量相近的烃高。苯酚在室温下微溶于水，其余的一元酚不溶于水，而溶于乙醇、乙醚等有机溶剂。多元酚随着羟基数目的增多在水中溶解度增大。如表 6-2 所示。

表 6-2　部分酚的物理常数

名称	熔点/℃	沸点/℃	溶解度 /(g/100gH_2O)	pK_a(20℃)
苯酚	40.8	181.8	8	10.0
邻甲苯酚	30.5	191	2.5	10.29
间甲苯酚	11.9	202.2	2.6	10.09
对甲苯酚	34.5	201.8	2.3	10.26
邻硝基苯酚	44.5	214.5	0.2	7.22
间硝基苯酚	96	194	1.4	8.39
对硝基苯酚	114	295	1.7	7.15
邻苯二酚	105	245	45	9.85
间苯二酚	110	281	123	9.81
对苯二酚	170	285.2	8	10.35
1,2,3-苯三酚	133	309	62	7.0

酚类具有腐蚀性和一定的毒性，在使用时应注意。

三、酚的化学性质

酚羟基的性质在某些方面与醇羟基相似，但由于酚羟基和苯环直接相连，受苯环的影响，所以在性质上与醇羟基又有一定的差别。酚的芳环由于受羟基的影响也比芳烃更容易发生取代反应。

1. 酚羟基的反应

(1) 酸性　酚能与氢氧化钠水溶液作用，生成可溶于水的酚钠。

$$C_6H_5\text{—}OH + NaOH \longrightarrow C_6H_5\text{—}Na + H_2O$$

苯酚的酸性（$pK_a=10$）比醇强，但比碳酸（$pK_{a1}=6.38$）弱，故不与碳酸氢钠溶液反应（即不溶于该溶液），苯酚也不能使石蕊变色，若在苯酚钠溶液中通入二氧化碳或加入其他无机酸，则可游离出苯酚。

$$C_6H_5\text{—}ONa + CO_2 + H_2O \longrightarrow C_6H_5\text{—}OH + NaHCO_3$$

根据酚能溶解于碱，而又可用酸将它从碱溶液中游离出来的性质，工业上常被用来回收和处理含酚的污水。

（2）醚的生成　酚与醇相似，能够生成醚，酚醚一般用威廉姆森合成法，即由酚钠和卤代烃作用生成，例如：

$$C_6H_5-ONa + CH_3I \xrightarrow{\triangle} C_6H_5-OCH_3 + NaI$$

苯甲醚（大茴香醚）

$$C_6H_5-ONa + C_6H_5Br \xrightarrow[\triangle]{Cu\ 粉} C_6H_5-O-C_6H_5 + NaBr$$

二苯醚

（3）酯的生成　酚与酸进行酯化反应时，与醇不同，它是轻微的吸热反应，对平衡不利，故通常采用酸酐或酰氯与酚或酚盐作用制备酚酯，例如：

$$C_6H_5-OH + (CH_3-\overset{O}{\overset{\|}{C}}-)_2O \xrightarrow{NaOH\ 液} C_6H_5-O-\overset{O}{\overset{\|}{C}}-CH_3 + CH_3COONa$$

乙酸苯酯

$$C_6H_5-OH + Cl-\overset{O}{\overset{\|}{C}}-CH_3 \xrightarrow{NaOH\ 液} C_6H_5-O-\overset{O}{\overset{\|}{C}}-CH_3 + HCl$$

2. 芳环上的反应

羟基是较强的邻对位定位基，可使苯环活化，酚易在邻、对位发生卤化、硝化、磺化、烷基化等亲电取代反应。

（1）卤化　苯酚与溴水在常温下即可作用，生成2,4,6-三溴苯酚的白色沉淀。

$$C_6H_5OH + 3Br_2 \xrightarrow{H_2O} 2,4,6\text{-}Br_3C_6H_2OH \downarrow + 3HBr$$

（白色）

三溴苯酚的溶解度很小，10×10^{-6}的苯酚溶液与溴水作用也能生成三溴苯酚沉淀，因而这个反应可用作酚的定性检验和定量分析。

（2）硝化反应　稀硝酸在室温即可使酚硝化，生成邻硝基苯酚和对硝基苯酚的混合物。因酚易被硝酸氧化而有较多副产物，故产率较低。

$$C_6H_5OH + \underset{(20\%)}{HNO_3} \xrightarrow{25℃} \underset{(30\%\sim40\%)}{o\text{-}HOC_6H_4NO_2} + \underset{(15\%)}{p\text{-}HOC_6H_4NO_2}$$

（3）磺化　酚的磺化反应，随着反应温度不同，可得到不同的产物，继续磺化可得二磺酸。二磺酸再硝化，可得 2,4,6-三硝基苯酚（俗称苦味酸），这是工业上制备苦味酸常用的方法。

$$C_6H_5OH \xrightarrow{98\%H_2SO_4} \left[\begin{matrix} o\text{-}HOC_6H_4SO_3H & 20℃\ 49\% & 100℃\ 10\% \\ p\text{-}HOC_6H_4SO_3H & 51\% & 90\% \end{matrix}\right] \xrightarrow{98\%H_2SO_4}$$

$$HOC_6H_3(SO_3H)_2 \xrightarrow{浓HNO_3} \underset{苦味酸}{HOC_6H_2(NO_2)_3}$$

（4）缩合反应　酚羟基邻、对位的氢还可以和羰基化合物发生缩合反应。例如，在稀碱存在下，苯酚和甲醛作用，生成邻羟基苯甲醇和对羟基苯甲醇，进一步生成酚醛树脂。又如在酸催化作用下，两分子苯酚可在羟基的对位与丙酮缩合，生成双酚 A，双酚 A 与环氧氯丙烷在氢氧化钠存在下，经一系列缩合反应，生成环氧树脂。

3. 氧化反应

酚类容易氧化，如苯酚能逐渐被空气中氧氧化，颜色逐渐变深，氧化产物很复杂，这种氧化称为自动氧化。食品、石油、橡胶和塑料工业常利用某些酚的自动氧化性质，加进少量酚作抗氧化剂。苯酚被氧化剂（$K_2Cr_2O_7+H_2SO_4$）氧化得对苯醌，多元酚则更易氧化。

4. 与三氯化铁的显色反应

大多数酚与三氯化铁溶液作用能生成带颜色的络离子。不同的酚所产生的颜色不同，见表 6-3。这种特殊颜色反应，可用作酚的定性分析。

表 6-3 不同酚与三氯化铁反应所显的颜色

化合物	所显颜色	化合物	所显颜色
苯酚	蓝紫色	对甲苯酚	蓝色
邻苯二酚	深绿色	1,2,4-苯三酚	蓝绿色
对苯二酚	暗绿色结晶	1,2,3-苯三酚	淡棕红色

四、酚的制法

从煤焦油分馏所得的酚油（180～210℃）、萘油（210～230℃）馏分中含有苯酚和甲苯酚约 28%～40%，可先经碱、酸处理，再减压蒸馏而分离，但产量有限，已远远不能满足工业的需要，现在多采用合成方法大量生产苯酚。

1. 由异丙苯制备

目前工业上大量生产苯酚的方法是异丙苯在过氧化物或紫外线的催化下，使叔碳上氢原子被空气氧化为氢过氧化异丙苯，再用稀硫酸使它分解生成苯酚和丙酮。

$$C_6H_6 + CH_3CH{=}CH_2 \xrightarrow[\text{或 } AlCl_3]{H_2SO_4} C_6H_5CH(CH_3)_2$$

$$C_6H_5CH(CH_3)_2 \xrightarrow[\text{过氧化物}]{O_2,\,110\sim120℃} \underset{\text{氢过氧化异丙苯}}{C_6H_5C(CH_3)_2{-}O{-}O{-}CH_3} \xrightarrow{\text{稀 } H_2SO_4} \underset{\text{苯酚}}{C_6H_5OH} + \underset{\text{丙酮}}{CH_3{-}\overset{\displaystyle O}{\overset{\|}{C}}{-}CH_3}$$

氧化反应一般在碱性条件下（pH 为 8.5～10.5）和 1%乳化剂（硬脂酸钠）存在下进行。生产 1t 苯酚可同时获得 0.6t 丙酮。此法生产苯酚占世界上合成苯酚总产量的 1/2 以上。

2. 由芳磺酸制备

以苯为原料，经过磺化、成盐、碱熔、酸化即得苯酚。

磺化：

$$C_6H_6 + \text{浓 } H_2SO_4 \xrightarrow{140\sim180℃} C_6H_5SO_3H + H_2O$$

成盐：

$$2C_6H_5SO_3H + Na_2SO_3 \longrightarrow 2C_6H_5SO_3Na + SO_2 + H_2O$$

碱熔：

$$C_6H_5SO_3Na + 2NaOH \xrightarrow[300℃]{\text{熔融}} C_6H_5ONa + Na_2SO_3 + H_2O$$

酸化：

$$2C_6H_5ONa + SO_2 + H_2O \longrightarrow 2C_6H_5OH + Na_2SO_3$$

工业上把苯磺酸钠的生产和酸化操作结合起来，碱熔时的副产物 Na_2SO_3 可用来使苯磺酸转化成盐，同时放出的 SO_2 就用来酸化苯酚钠。

碱熔法是古老的苯酚合成法，操作工序繁多，生产不易连续化，同时耗用大量的硫酸和烧碱，目前已逐渐被较经济的异丙苯氧化法所代替。但此法设备简单，生产技术易掌握，产率较高，故目前尚未失去工业生产价值。

五、重要的酚

1. 苯酚

苯酚俗称石炭酸，为具有特殊气味的无色结晶，熔点 40.8℃，沸点 181.8℃。因暴露于光和空气中易被氧化变为粉红色乃至深褐色。苯酚微溶于冷水，在 65℃以上时，可与水混溶，易溶于乙醇、乙醚等有机溶剂。苯酚有毒性，在医药上可作防腐剂和消毒剂。

苯酚主要来源于煤焦油，苯酚是重要的化工原料，大量用于制造酚醛树脂及其他高分子材料、药物、染料、炸药、尼龙-66 等。

2. 甲苯酚

甲苯酚简称甲酚。它有邻、间、对三种异构体，都存在于煤焦油中，由于沸点相近不易分离。工业上应用的往往是三种异构体未分离的粗甲酚。邻甲苯酚、对甲苯酚均为无色晶体，间甲苯酚为无色或淡黄色液体，有苯酚气味，是制备染料、炸药、农药、电木的原料。甲酚的杀菌力比苯酚大，可作木材、铁路枕木的防腐剂。医药上用作消毒剂，商品“来苏尔”（Lysol）消毒药水就是粗甲酚的肥皂溶液。

3. 对苯二酚

工业上制备对苯二酚是由苯胺氧化成对苯醌后，再经缓和还原剂还原而得。

$$C_6H_5NH_2 \xrightarrow{MnO_2,H_2SO_4} O{=}C_6H_4{=}O \xrightarrow{Fe+H_2O} HO{-}C_6H_4{-}OH$$

对苯醌　　对苯二酚

苯酚氧化亦可得对苯二酚。

$$C_6H_5OH \xrightarrow{Na_2Cr_2O_7,\ H_2SO_4} O{=}C_6H_4{=}O \xrightarrow{SO_2,H_2O} HO{-}C_6H_4{-}OH$$

对苯二酚又称氢醌。它是无色固体，熔点 170℃，溶于水、乙醇、乙醚。对苯二酚极易氧化成醌。它是一种强还原剂，因而可用作显影剂，使照相底片上感光后的溴化银还原为金属银，也可用作防止高分子单体聚合的阻聚剂。

$$HO{-}C_6H_4{-}OH + 2AgBr + 2OH^- \longrightarrow O{=}C_6H_4{=}O + 2Ag + 2Br^- + H^+ + 2H_2O$$

氢醌　　对苯醌

对苯醌为黄色针状结晶，熔点 115.7℃，有特殊气味，微溶于水，可进行水蒸气蒸馏。受热易升华。对苯醌分子中既有羰基又有不饱和键，能与羰基试剂作用，也能进行加成和还原反应。

第三节 醚

一、醚的构造、分类和命名

1. 醚的构造

醚是两个烃基通过氧原子连接起来所形成的化合物。醚也可看成是水分子中的两个氢原子都被烃基取代的产物。醚的通式为 R—O—R′、Ar—O—R 或 Ar—O—Ar′。醚分子中的氧基—O—也叫做醚键。

2. 醚的分类

醚一般按照醚键所连接的烃基的结构及连接方式的不同，进行分类。

在醚分子中，两个烃基相同的称为单醚，两个烃基不同的称为混合醚。单醚如：

$CH_3—O—CH_3$ 甲醚

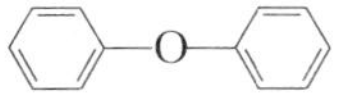

$C_6H_5—O—C_6H_5$ 二苯醚

混醚如：

$CH_3—O—C_2H_5$ 甲乙醚

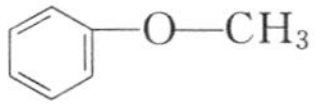

$C_6H_5—O—CH_3$ 苯甲醚

按醚分子中的烃基是脂肪烃基或芳香烃基，分为脂肪醚和芳香醚。两个都是脂肪烃基的称为脂肪醚。脂肪醚又有饱和醚和不饱和醚之分，例如：

$CH_3—O—CH_3$ 甲醚（饱和醚）

$CH_3—O—CH{=}CH_2$ 甲乙烯醚（不饱和醚）

如有一个芳香烃基或两个都是芳香烃基称为芳香醚，例如：

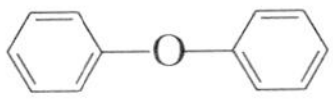

$$C_6H_5—O—C_6H_5$$

二苯醚

$$C_6H_5—O—CH_3$$

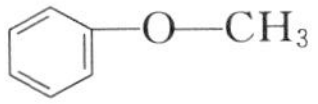

苯甲醚

醚键若与碳链形成环状结构称为环醚，例如：

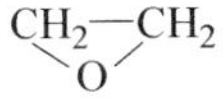

$$\underset{\diagdown O \diagup}{CH_2—CH_2}$$

环氧乙烷

3. 醚的命名

较简单的醚，一般都用习惯命名法，只需将氧原子所连接的两个烃基的名称，按小的在前，大的在后，写在“醚”字前。芳醚则将芳烃基放在烷基之前来命名。单醚可在相同烃基名称之前加“二”字（“二”字可以省略，但不饱和烃基醚习惯保留“二”字），例如：

$C_2H_5—O—C_2H_5$　二乙醚（简称乙醚）

$CH_2=CH—O—CH=CH_2$　二乙烯基醚

$CH_3—O—C_2H_5$　甲乙醚

比较复杂的醚用系统命名法命名，取碳链最长的烃基作为母体，以烷氧基（RO—）作为取代基，称为“某”烷氧基（代）“某”烷，例如：

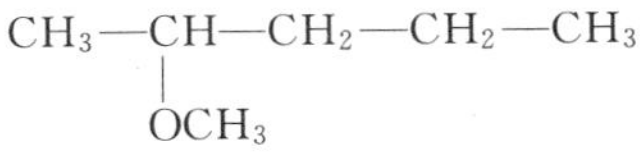

$$\underset{\underset{OCH_3}{|}}{CH_3—CH}—CH_2—CH_2—CH_3$$

2-甲氧基戊烷

二、醚的物理性质

除甲醚和甲乙醚为气体外，一般醚在常温下是无色液体，有特殊气味。低级醚类的沸点比相同数目碳原子醇类的沸点要低。多数醚不溶解于水，而易溶于有机溶剂。由于醚不活泼，因此常用它来萃取有机物或作有机反应的溶剂。

醚的一些物理性质见表 6-4。

表 6-4　醚的物理性质

名　称	熔点/℃	沸点/℃	水中溶解性	相对密度
甲醚	−140	−24	混溶	0.661
乙醚	−116	34.5	可溶	0.713
正丙醚	−122	91	微溶	0.736
正丁醚	−95	142	不溶	0.773
正戊醚	−69	188	微溶	0.774
乙烯醚	−30	28.4	溶于水	0.773
苯甲醚	−37.3	155.5	不溶	0.996
二苯醚	28	259	不溶	1.075

*三、醚的化学性质

醚的氧原子与两个烷基相连，化学性质比较不活泼，在常温下，不与金属钠作用，对于碱、氧化剂、还原剂都十分稳定。由于醚在常温下和金属钠不起反应，所以常用金属钠来干燥醚。但是，稳定性只是相对的，醚在一定条件下也能发生某些化学反应。

1. 鉾盐的生成

醚能溶于冷、浓的强无机酸中。因为醚分子中氧原子上的未共用电子对能接受强酸中的质子，形成类似铵盐的鉾盐。

由于醚分子中的氧原子结合质子的能力不及氨分子中的氮原子强，醚生成的鉾盐只能在低温下存在于浓酸中，当用冰水稀释时，鉾盐分解，醚从酸液中分离出来而分层。**利用醚形成鉾盐而溶于浓酸的特性，可以区别醚与烷烃或卤代烃，或从它们的混合物中把醚分离出来（因烷烃或卤代烃均不溶于冷浓硫酸中，有两个明显液层）。**

2. 醚键的断裂

在酸性试剂的作用下醚键会断裂。使醚键断裂的最有效的试剂是浓的氢卤酸（一般用 HI 或 HBr）。浓的氢碘酸的作用最强，在常温下醚键就可断裂生成碘代烷和醇。

3. 过氧化物的生成

乙醚在放置过程中，因与空气接触会慢慢地被氧化成过氧化物。

乙醚的过氧化物是具有臭味的油状液体，沸点比乙醚高，不挥发，蒸馏乙醚时残留在瓶底。若再继续加热，则迅速分解并发生猛烈爆炸。因此，**醚类化合物应放在棕色玻璃瓶内保存，并在蒸馏醚之前，检验是否有过氧化物，以防意外**。

检验方法有如下几种：

① 用 KI-淀粉过滤纸检验，如有过氧化物存在，KI 被氧化成 I_2，而使含淀粉的试纸变成蓝紫色；

② 加入 $FeSO_4$ 和 KCNS 溶液，如有红色的 $[Fe(CNS)_6]^{3-}$ 配离子生成，则证明有过氧化物存在。

除去过氧化物的方法：

① 加入还原剂（如 Na_2SO_3 或 $FeSO_4$）后摇荡，以破坏所生成的过氧化物，另外蒸馏乙醚时，不要完全蒸干，以免因过氧化物的存在而引起爆炸；

② 贮存时，在醚中加入少许金属钠或铁屑，以避免过氧化物形成。

四、醚的制法

1. 醇分子间脱水

在酸性催化剂存在下，两分子醇可以脱去一分子水而成醚：

$$ROH + HOR' \xrightarrow[\triangle]{H_2SO_4} ROR' + H_2O$$

为了减少副产物烯烃的生成，应注意控制反应温度。例如乙醇制乙醚在 130～140℃时主要产物是乙醚；170℃以上时主要产物为乙烯。

此法主要用于由低级伯醇制备简单醚，用叔醇时只得到烯烃。

工业上也可将醇的蒸气通过加热的氧化铝催化剂来制取醚，例如：

$$2CH_3CH_2OH \xrightarrow[260℃]{Al_2O_3} CH_3CH_2OCH_2CH_3 + H_2O$$

2. 卤烷与醇钠作用（威廉姆森合成法）

威廉姆森（Williamson）合成法可用来合成混合醚和芳醚，例如：

$$RX + NaOR' \longrightarrow ROR' + NaX$$

$$CH_3I + C_2H_5ONa \longrightarrow CH_3OC_2H_5 + NaI$$

制备具有苯基的混醚时，应采用酚钠，例如茴香醚只能用酚钠与伯卤烷作用而得到：

$$C_6H_5{-}ONa + CH_3{-}Cl \longrightarrow C_6H_5{-}OCH_3 + NaCl$$

五、重要的醚

1. 乙醚

乙醚是最常见和最重要的醚。在工业上，乙醚是以硫酸和氧化铝为脱水剂，将乙醇脱水而制得。普通实验用的乙醚常含有微量的水和乙醇，在有机合成中所用的无水乙醚可由普通乙醚用氯化钙处理后，再用金属钠处理，以除去所含微量的水和乙醇。这样处理后的乙醚通常称为绝对乙醚。

乙醚为易挥发的无色液体，比水轻（见表 6-4），易燃，爆炸极限为 1.85%～36.5%（体积分数），操作时必须注意安全。乙醚蒸气比空气重 2.5 倍，实验时反应中透出的乙醚应引入水沟排出户外。乙醚的极性小，较稳定，乙醚能溶解许多有机物质，是一种良好的常用有机溶剂和萃取剂。它具有麻醉作用，在医药上可作麻醉剂。

2. 环氧乙烷

环氧乙烷在常温下是无色气体，有毒。它的沸点为 13.5℃，熔点为−110.0℃，易液化，可与水以任意比例混合，溶于乙醇和乙醚等有机溶剂。环氧乙烷与空气混合形成爆炸混合物，爆炸极限是 3.6%～78%（体积分数），使用时应注意安全。工业上用它作原料时，常用氮气预先清洗反应釜及管线，以排除空气，做到安全操作。

环氧乙烷的化学性质特别活泼，它容易与含活泼氢的化合物反应，氧环破裂，生成一系列重要的化工产品。

思考与练习

6-1 命名下列各物质：

(1) $(CH_3)_3CCH_2CH_2OH$

(2) $(CH_3)_2CH\underset{\displaystyle CH_3}{\underset{|}{C}}H-\underset{\displaystyle OH}{\underset{|}{C}}HCH_2CH_2CH_3$

(3) $CH_3-\underset{\displaystyle CH_3}{\underset{|}{C}}H-\underset{\displaystyle CH_2CH_3}{\underset{|}{C}}HCH_2OH$

(4) $CH_3CH_2-O-C(CH_3)_3$

(5) $CH_3-O-CH_2CH_2CH_2-O-CH_2CH_3$

6-2 用化学方法鉴别下列化合物：

(1) 1-丁醇和 1-氯丁烷

(2) 2-甲基-1-丙醇和叔丁醇

(3) 甲苯和苯酚

(4) 环己醇和苯酚

6-3 完成下列反应式：

(1) 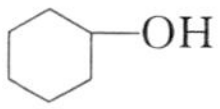 ⬡—OH $+ Na \longrightarrow$

(2) $CH_3CH_2OH \xrightarrow{KBr+H_2SO_4}$

(3) $CH_3-\overset{\displaystyle CH_3}{\overset{|}{\underset{\displaystyle CH_3}{\underset{|}{C}}}}-CH_2OH \xrightarrow{HCl}$

(4) $CH_3CH_2\overset{\displaystyle CH_3}{\overset{|}{\underset{\displaystyle OH}{\underset{|}{C}}}}CH_3 \xrightarrow[\triangle]{H_2SO_4}$

(5) $(CH_3)_2CHCH_2\underset{\displaystyle OH}{\underset{|}{C}}HCH_3 \xrightarrow[\triangle]{Al_2O_3}$

(6) $CH_3CH_2CH_2OCH_2CH_2CH_3 + HI \longrightarrow$

(7) $C_2H_5OC_2H_5 + AlCl_3 \longrightarrow$

(8) (2-萘基)$-OCH_3 + HI \longrightarrow$

(9) $H_3C-C_6H_4-OH + BrCH_2-C_6H_4-NO_2 \xrightarrow[H_2O,\ \triangle]{NaOH}$

6-4 如何除去下列各组化合物中的少量杂质？

(1) 乙烷中含有少量乙醚

(2) 乙醚中含有少量水和乙醇

6-5 化合物A，分子式为C_7H_8O，不溶于水、稀盐酸及碳酸氢钠水溶液，但溶于氢氧化钠水溶液。A用溴水处理迅速转化为$C_7H_5OBr_3$，试推测A的构造式。

自 测 题

一、填空题

1. 直链饱和一元醇的沸点规律是随着碳原子数的增加而_______。在同碳数异构体中，支链愈多的醇沸点愈________。在同碳数的醇中，羟基愈多，沸点愈______。

2. 在醇类中，剧毒的醇是____；在化妆品、皮革、烟草工业中常用的醇是____；乙醇和丙三醇的鉴别试剂是新制的______试剂。

3. 伯、仲、叔醇与金属钠作用时，其反应速率顺序是_________________；与卢卡斯试剂作用时，其反应速率顺序是________。

4. 醇类物质中，常用作汽车水箱防冻剂的物质是___________。

5. ____醇，性剧毒，误服少量时眼睛会失明；误服25g以上，如不及时抢救，即会致死。

6. 检验醚中是否有过氧化物存在的常用方法是用________试纸试验，若试纸出现______色，表示有过氧化物存在；或用__________溶液检验，若溶液变为________色，表示有过氧化物存在。

7. 外科手术中常用的“麻醉剂”学名____醚。它易燃易爆，其蒸气具有麻醉性，且比空气______。因此，实验室制备该醚时，要把接收瓶中的排气管通到室外或下水道，以避免意外事故发生。

8. 写出下列化合物的俗名：苯酚________；1，2，3-苯三酚________。

9. 水杨醇的分子式为 $C_7H_8O_2$，该物质与 $FeCl_3$ 溶液反应显颜色，说明水杨醇的分子含有__________式结构。若与卢卡斯试剂作用，很快出现浑浊，说明含有________基。

二、选择题

1. 要清除“无水乙醇”中的微量水，最适宜加入的下列物质是（　）。

A. 无水氯化钙　B. 无水硫酸镁　C. 金属钠　D. 金属镁

2. 工业上把一定量的苯（约 8%）加入到普通乙醇中蒸馏来制取“无水乙醇”时，最先蒸出的物质是（　）。

A. 乙醇　B. 苯-水　C. 乙醇-水　D. 苯-水-乙醇

3. 下列醇中，最稳定的是（　）。

A. $CH_3CH(OH)CH{=}CH_2$　　B. $CH_3CH_2C(OH){=}CH_2$

C. $CH_3CH_2CH(OH)OH$　　D. $C_6H_5C(OH)_3$

4. 下列各组液体混合物能用分液漏斗分开的是（　）。

A. 乙醇和水　　B. 四氯化碳和水

C. 乙醇和苯　　D. 四氯化碳和苯

5. 禁止用工业酒精配制饮用酒，是因为工业酒精中含有下列物质中的（　）。

A. 甲醇　B. 乙二醇　C. 丙三醇　D. 异戊醇

6. 能与三氯化铁溶液发生显色反应的是（　）。

A. 乙醇　B. 甘油　C. 苯酚　D. 乙醚

7. 下列溶液中，通入过量的 CO_2 后，溶液变浑浊的是（ ）。

A. 苯酚钠　　B. C_2H_5OH　　C. NaOH　　D. $NaHCO_3$

三、是非题（下列叙述中，对的在括号中打“√”，错的打“×”）

1. 凡是由烃基和羰基组成的有机物就是醇类。　（ ）

2. 纯的液体有机物都有恒定的沸点，反过来说，沸点恒定的有机物一定是纯的液体有机物。　（ ）

3. $\begin{array}{l} CH_2OH \\ | \\ CH_2OH \end{array}$ 和 CH_3CH_2OH 都是含两个碳原子的醇，但前者比后者多含一个—OH，所以，前者比后者水溶性大。　（ ）

4. 丙三醇是乙二醇的同系物。　（ ）

5. 在甲醇、乙二醇和丙三醇中，能用新制的 $Cu(OH)_2$ 溶液鉴别的物质是丙三醇。　（ ）

6. 金属钠可用来去除苯中所含的微量水，但要除去乙醇中的微量水，使用金属镁比金属钠更合适。　（ ）

7. 分子中含有苯环和羟基的化合物一定是酚。　（ ）

8. 环己烷中有乙醇杂质，可用水洗涤把乙醇除去。　（ ）

***四、推断题**

化合物 A 分子式为 $C_6H_{14}O$，能与金属钠反应放出氢气；A 氧化后生成一种酮 B；A 在酸性条件下加热，则生成分子式为 C_6H_{12} 的两种异构体 C 和 D。C 经臭氧氧化再还原水解可得到两种醛；而 D 经同样反应则只得到一种醛。试写出 A 至 D 的构造式。

第七章　醛　和　酮

【学习目标】

1. 了解醛和酮的结构、分类和命名。
2. 掌握饱和一元醛、酮的化学性质和鉴别方法。
3. 了解重要的醛和酮的性质及其在有机合成上的应用。

醛和酮都是含有羰基（ $\gt C{=}O$ ）官能团的化合物，因此又统称为羰基化合物。醛和酮虽然都含有羰基，但两者的羰基在碳链中的位置是不同的。醛的羰基总是位于碳链的链端，而酮的羰基必然在碳链中间。

第一节　醛、酮的结构、分类和命名

一、醛、酮的结构

羰基是碳与氧以双键结合的官能团，在醛（ $R-\overset{\overset{\displaystyle O}{\|}}{C}-H$ ）分子中，羰基与一个烃基和一个氢原子相连接（甲醛例外，羰基与两个氢原子相连接）。 $-\overset{\overset{\displaystyle O}{\|}}{C}-H$ 叫做醛基，可简写成 $-CHO$ 。醛基是醛的官能团。

在酮（ $R-\overset{\overset{\displaystyle O}{\|}}{C}-R'$ ）分子中，羰基不在碳链的一端，而是与两个烃基相连接。酮分子中的羰基也叫做酮基，是酮的官能团。羰基

是不饱和键。羰基的这种结构对于醛、酮的性质有着显著的影响。

二、醛、酮的分类

醛和酮都是由烃基和羰基两部分组成的，因此可根据羰基和烃基进行分类。根据分子中烃基的不同，可分为脂肪族醛（酮）、脂环族醛（酮）和芳香族醛（酮）。其中脂肪族醛（酮）又有饱和醛（酮）和不饱和醛（酮）之分，例如：

CH_3CH_2CHO

丙醛（饱和脂肪醛）

$CH_2{=}CH{-}CHO$

丙烯醛（不饱和脂肪醛）

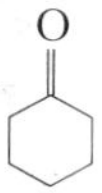

环己酮（脂环酮）

$CH_3{-}\overset{\overset{\displaystyle O}{\|}}{C}{-}CH_3$

丙酮（饱和脂肪酮）

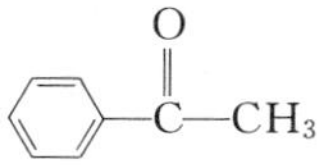

$C_6H_5{-}\overset{\overset{\displaystyle O}{\|}}{C}{-}CH_3$

苯乙酮（芳香酮）

根据分子中所含羰基的数目，可分为一元醛（酮）和二元醛（酮）等。

一元醛、酮：CH_3CH_2CHO 丙醛　$CH_3{-}\overset{\overset{\displaystyle O}{\|}}{C}{-}C_2H_5$ 2-丁酮

二元醛、酮：$OHC{-}CHO$ 乙二醛　$CH_3{-}\overset{\overset{\displaystyle O}{\|}}{C}{-}\overset{\overset{\displaystyle O}{\|}}{C}{-}CH_3$ 丁二酮

一元酮中与羰基相连接的两个烃基相同时称为单酮，如丙酮（$CH_3{-}\overset{\overset{\displaystyle O}{\|}}{C}{-}CH_3$）；不同时称为混酮，如2-丁酮（$CH_3{-}\overset{\overset{\displaystyle O}{\|}}{C}{-}C_2H_5$）。

本章主要讨论饱和一元醛、酮。其中最简单的醛为甲醛，最简单的酮为丙酮。

三、醛、酮的同分异构

除甲、乙醛外，醛、酮分子都有构造异构体。由于醛基总是位

于碳链的一端，所以醛只有碳链异构体；而酮分子除碳链异构外，还有羰基的位置异构。例如戊醛有四种同分异构体，它们均为碳链异构体。

$CH_3—CH_2—CH_2—CH_2—CHO$　　$CH_3—\underset{\displaystyle CH_3}{\underset{|}{CH}}—CH_2—CHO$

$CH_3—\underset{\displaystyle CH_3}{\underset{|}{\overset{\displaystyle CH_3}{\overset{|}{C}}}}—CHO$　　$CH_3—CH_2—\underset{\displaystyle CH_3}{\underset{|}{CH}}—CHO$

戊酮有三个构造异构体：

$CH_3—CH_2—CH_2—\overset{\displaystyle O}{\overset{\|}{C}}—CH_3$
（Ⅰ）

$CH_3—CH_2—\overset{\displaystyle O}{\overset{\|}{C}}—CH_2—CH_3$
（Ⅱ）

$CH_3—\overset{\displaystyle CH_3}{\overset{|}{CH}}—\overset{\displaystyle O}{\overset{\|}{C}}—CH_3$
（Ⅲ）

其中，（Ⅰ）和（Ⅲ）互为碳链异构体，（Ⅰ）和（Ⅱ）互为位置异构体。

含有相同碳原子数的饱和一元醛、酮，具有共同的分子式 $C_nH_{2n}O$，它们互为同分异构体。这种异构体属于官能团不同的构造异构体。例如丙醛和丙酮互为构造异构体。

四、醛、酮的命名

简单的醛、酮采用习惯命名法，复杂的醛、酮则采用系统命名法。

1. 习惯命名法

醛的习惯命名法与伯醇相似，只需将醇字改为醛字即可，例如：

$CH_3—CH_2—CH_2—CH_2OH$
正丁醇

$CH_3—CH_2—CH_2—CHO$
正丁醛

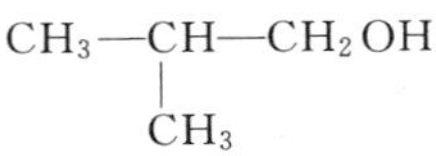

$$CH_3-\underset{\displaystyle CH_3}{\underset{|}{CH}}-CH_2OH$$

异丁醇

$$CH_3-\underset{\displaystyle CH_3}{\underset{|}{CH}}-CHO$$

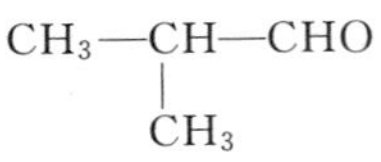

异丁醛

酮的习惯命名法是按照羰基所连接的两个烃基的名称来命名的，例如：

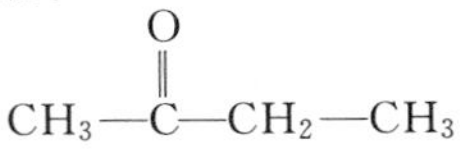

$$CH_3-\overset{\displaystyle O}{\overset{\|}{C}}-CH_2-CH_3$$

甲基乙基甲酮（简称甲乙酮）

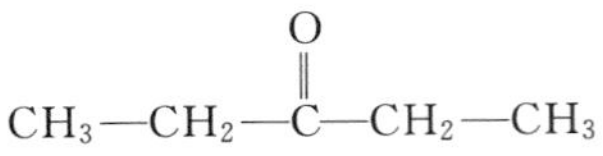

$$CH_3-CH_2-\overset{\displaystyle O}{\overset{\|}{C}}-CH_2-CH_3$$

二乙基甲酮（简称二乙酮）

2. 系统命名法

选择含有羰基的最长碳链为主链，主链的编号从靠近羰基一端开始。醛基总是在链的一端，可不标明位次。酮基位于碳链之中，必须标明它的位次（当酮基的位次只有一种可能性时，位次号数可省略）。如有支链时，将支链的位次及名称写在某醛（酮）的前面。例如：

$$CH_3-CHO$$

乙醛

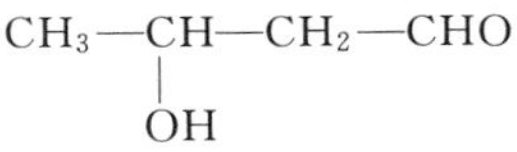

$$CH_3-\underset{\displaystyle OH}{\underset{|}{CH}}-CH_2-CHO$$

3-羟基丁醛

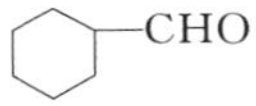

$$C_6H_{11}-CHO$$

环己基甲醛

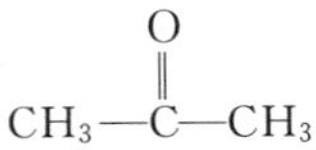

$$CH_3-\overset{\displaystyle O}{\overset{\|}{C}}-CH_3$$

丙酮

$$CH_3-\underset{\displaystyle CH_3}{\underset{|}{CH}}-\overset{\displaystyle O}{\overset{\|}{C}}-CH_3$$

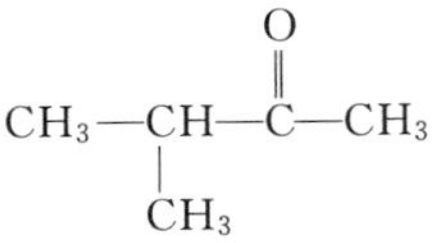

3-甲基丁酮

第二节　醛、酮的物理性质

一、物态

室温下除甲醛是气体外，十二个碳原子以下的醛、酮都是液体，高级醛、酮是固体。低级醛带刺鼻气味，中级醛（$C_8 \sim C_{13}$）具有果香味，常用于香料工业。中级酮有花香气味。

二、沸点

醛、酮的沸点比相对分子质量相近的醇低，而比相对分子质量相近的烃类高。相对分子质量相近的烷、醚、醛、酮、醇的沸点见表 7-1。

表 7-1　相对分子质量相近的烷、醚、醛、酮、醇的沸点

化合物	正丁烷	甲乙醚	丙醛	丙酮	正丙醇
相对分子质量	58	60	58	58	60
沸点/℃	−0.5	10.8	49	56.1	91.2

三、溶解性

低级的醛、酮易溶于水，甲醛、乙醛、丙酮都能与水混溶，这是由于醛、酮可以与水形成氢键。其他醛、酮在水中的溶解度随碳原子数增加而递减，C_6 以上的醛、酮基本上不溶于水。醛、酮都溶于苯、醚、四氯化碳等有机溶剂中。

四、相对密度

脂肪醛和脂肪酮的相对密度小于 1，比水轻；芳醛和芳酮的相对密度大于 1，比水重。某些常见醛、酮的物理常数见表 7-2。

表 7-2　某些常见醛、酮的物理常数

名　称	熔点/℃	沸点/℃	相对密度	溶解度/(g/100gH_2O)
甲醛	−92	−19.5	0.815	55
乙醛	−123	21	0.781	溶
丙醛	−81	48.8	0.807	20
丁醛	−99	74.7	0.817	4
乙二醛	15	50.4	1.14	溶
丙烯醛	−87.5	53	0.841	溶
苯甲醛	−26	179	1.046	0.33
丙酮	−95	56	0.792	溶
丁酮	−86	79.6	0.805	35.3
环己酮	−16.4	156	0.942	微溶
苯乙酮	19.7	202	1.026	微溶

第三节　醛、酮的化学性质

醛和酮分子中都含有活泼的羰基，因此它们具有许多相似的化

学性质。但醛的羰基上连接一个烃基和一个氢原子，而酮的羰基上连接两个烃基，故两者在性质也存在一定的差异。一般反应中，醛比酮更活泼。酮类中又以甲基酮比较活泼。某些反应醛能发生，而酮则不能发生。

一、羰基的加成反应

醛、酮羰基上的碳氧双键与烯烃的碳碳双键相似，具有不饱和性，能够发生一系列的加成反应。但是，羰基的加成与烯烃的加成又有明显的区别。

不同结构的醛、酮进行加成反应的难易程度也不同，对于饱和一元醛、酮来说，反应由易而难的次序如下：

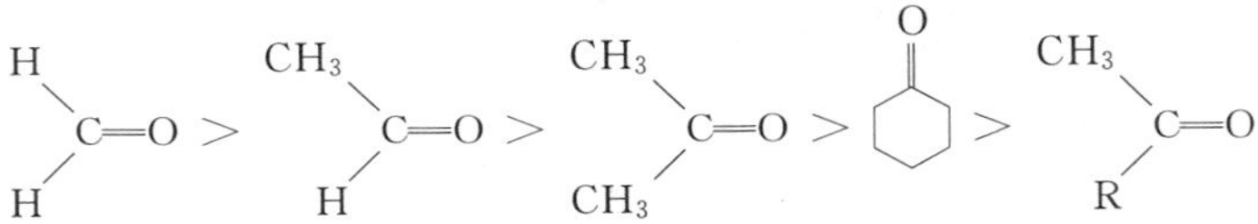

$$\mathrm{H_2C{=}O} > \mathrm{CH_3(H)C{=}O} > \mathrm{(CH_3)_2C{=}O} > \text{环己酮} > \mathrm{CH_3(R)C{=}O}$$

即**甲醛最活泼，乙醛次之，丙酮又次之，随着烷基的增大，活泼性减弱。**芳醛和芳酮也能进行羰基加成，但反应比较困难。

1. 与氢氰酸加成

在微碱性条件下，氢氰酸与醛、甲基酮加成，氰基加到羰基碳原子上，氢原子加到氧原子上，生成 α-羟基腈（或称 α-氰醇）。

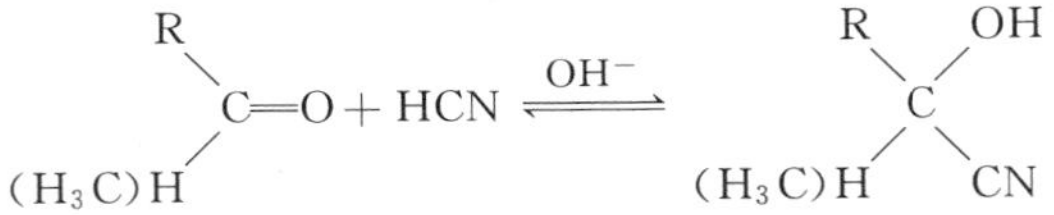

$$\mathrm{R(H_3C)(H)C{=}O + HCN \overset{OH^-}{\rightleftharpoons} R(H_3C)(H)C(OH)CN}$$

氰醇（羟基腈）

这个反应在有机合成上很有用，是增长碳链的一个方法。而且羟基腈又是一类活泼化合物，便于转化为其他化合物。如 α-羟基腈可以水解为 α-羟基酸。

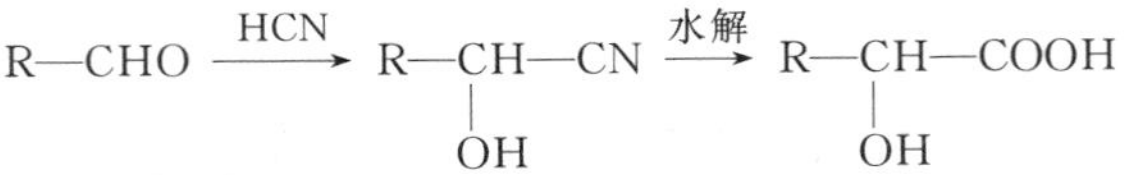

$$\mathrm{R{-}CHO \xrightarrow{HCN} R{-}\underset{\displaystyle OH}{\underset{|}{C}H}{-}CN \xrightarrow{\text{水解}} R{-}\underset{\displaystyle OH}{\underset{|}{C}H}{-}COOH}$$

2. 与亚硫酸氢钠加成

醛、脂肪族甲基酮和 8 个碳原子以下的环酮容易与饱和亚硫酸氢钠的水溶液（40%）发生加成反应，生成无色结晶的α-羟基磺酸钠。

$$\underset{(H_3C)H}{\overset{R}{>}}C{=}O + HO{-}\underset{\underset{O}{\|}}{S}{-}O^- Na^+ \rightleftharpoons \underset{(H_3C)H\quad SO_3H}{\overset{R\quad ONa}{>C<}} \rightleftharpoons \underset{(H_3C)H\quad SO_3Na}{\overset{R\quad OH}{>C<}}$$

α-羟基磺酸钠

此产物易溶于水，但不溶于饱和的亚硫酸氢钠溶液中，因而析出结晶。利用此反应可鉴定醛和甲基酮。又由于这个加成反应是可逆的，α-羟基磺酸钠在稀酸或稀碱存在下，使反应体系中的亚硫酸氢钠不断分解而除去，促使加成产物也不断分解转化为原来的醛和酮。因此。可利用这些性质来分离和提纯醛和甲基酮。

3. 与醇加成

在干燥氯化氢或其他无水强酸作用下，醛与无水的醇发生加成反应，生成半缩醛。半缩醛不稳定，一般很难分离出来。它可以与另一分子醇进一步缩合，生成缩醛。这种反应称为缩醛化反应。

$$\underset{R}{\overset{H}{>}}C{=}O + HOR' \xrightleftharpoons{HCl} R{-}\underset{OR'}{\overset{H}{\underset{|}{\overset{|}{C}}}}{-}OH$$

半缩醛

$$R{-}\underset{OR'}{\overset{H}{\underset{|}{\overset{|}{C}}}}{-}\boxed{OH + H}OR' \rightleftharpoons R{-}\underset{OR'}{\overset{H}{\underset{|}{\overset{|}{C}}}}{-}OR' + H_2O$$

缩醛

例如，将乙醛溶解在无水乙醇中，然后通入1%的干燥氯化氢，乙醛与两分子乙醇作用，生成乙醛缩二乙醇。

$$\underset{CH_3}{\overset{H}{>}}C{=}O + 2C_2H_5OH \xrightleftharpoons{HCl} CH_3{-}\underset{OC_2H_5}{\overset{H}{\underset{|}{\overset{|}{C}}}}{-}OC_2H_5 + H_2O$$

乙醛缩二乙醇

醛基是相当活泼的基团，缩醛是稳定的化合物，在有机合成中，常常用生成缩醛的方法来保护醛基，使活泼的醛基在反应中不被破坏，待反应完成后，再水解成原来的醛基。例如，要完成下列转变：

$$CH_2{=}CHCH_2CHO \longrightarrow CH_3CH_2CH_2CHO$$

就必须把醛基保护起来，即：

$$CH_2{=}CHCH_2CHO + 2ROH \xrightarrow{\text{干燥 HCl}} CH_2{=}CHCH_2\underset{\displaystyle OR}{\overset{\displaystyle OR}{\overset{|}{\underset{|}{C}}}}H \xrightarrow[Ni]{H_2}$$

$$CH_3CH_2CH_2\underset{\displaystyle OR}{\overset{\displaystyle OR}{\overset{|}{\underset{|}{C}}}}H \xrightarrow[H^+]{H_2O} CH_3CH_2CH_2CHO$$

酮也可以与醇作用生成半缩酮和缩酮，但反应缓慢。在有机合成上常用这种方法保护酮基。

4. 与格利雅试剂加成

醛、酮与格利雅试剂发生加成反应，加成物经水解生成醇。甲醛与格利雅试剂加成水解得到伯醇，其他醛则得到仲醇，酮则得到叔醇。这是制备各种醇的重要方法，例如：

$$H\overset{\overset{\displaystyle O}{\|}}{C}H + C_6H_{11}MgCl \xrightarrow{\text{干醚}} H-\underset{\displaystyle H}{\overset{\displaystyle OMgCl}{\overset{|}{\underset{|}{C}}}}-C_6H_{11} \xrightarrow{H_3O^+} C_6H_{11}CH_2OH$$

伯醇

$$CH_3CH_2\overset{\overset{\displaystyle O}{\|}}{C}H + CH_3\underset{\displaystyle MgBr}{\underset{|}{C}}HCH_2CH_2CH_3 \xrightarrow{\text{干醚}}$$

$$CH_3CH_2\overset{\displaystyle OMgBr}{\overset{|}{C}}H\underset{\displaystyle CH_3}{\underset{|}{C}}HCH_2CH_2CH_3 \xrightarrow{H_3O^+} CH_3CH_2\overset{\displaystyle OH}{\overset{|}{C}}H\underset{\displaystyle CH_3}{\underset{|}{C}}HCH_2CH_2CH_3$$

仲醇

二、与氨的衍生物的加成——缩合反应

氨的衍生物是氨分子中的一个氢原子被其他基团取代后的产物，如羟氨（$H_2N—OH$）、肼（$H_2N—NH_2$）、苯肼（$H_2N—NH—C_6H_5$）及2,4-二硝基苯肼（$H_2N—NH—C_6H_3(NO_2)_2$）等，它们都能与羰基化合物发生加成反应，产物分子内继续脱水得到含有碳氮双键的化合物。氨的衍生物可用 $H_2N—Y$ 表示，—Y 代表—OH、$—NH_2$、$—NH—C_6H_5$、$—NH—C_6H_3(NO_2)_2$（2,4-二硝基苯基）。

它们与羰基化合物的反应实际上相当于分子之间脱去一分子水：

$$>C=O + H_2N—Y \longrightarrow >C=N—Y + H_2O$$

缩合反应是指两个或多个有机化合物分子相互结合，脱出水、氨、氯化氢等简单分子生成一个较大分子的反应。羰基化合物与氨的衍生物的缩合产物分别为：

$$R(R')HC=O + H_2N—OH \longrightarrow R(R')HC=N—OH \quad \text{肟}$$

$$R(R')HC=O + H_2N—NH_2 \longrightarrow R(R')HC=N—NH_2 \quad \text{腙}$$

$$R(R')HC=O + H_2N—NH—C_6H_5 \longrightarrow R(R')HC=N—NH—C_6H_5 \quad \text{苯腙}$$

$$R(R')HC=O + H_2N—NH—C_6H_3(NO_2)_2 \longrightarrow R(R')HC=N—NH—C_6H_3(NO_2)_2 \quad \text{2,4-二硝基苯腙}$$

醛、酮与氨衍生物的缩合产物一般都是结晶固体，并具有一定的熔点，在稀酸的作用下，能水解为原来的醛、酮，所以这类反应常被用来分离、提纯和鉴别醛、酮。在实验室，常用 2,4-二硝基苯肼作为鉴别羰基化合物的试剂，因生成的 2,4-二硝基苯腙是橙黄色或红色结晶，便于观察。上述氨的衍生物又称为羰基试剂。

三、α-氢原子的反应

醛、酮分子中与羰基相连的 α-碳原子上的氢原子叫做 α-氢原子。它因受羰基的影响而具有较大的活泼性。

1. 羟醛缩合反应

在稀碱的作用下，一分子醛的 α-氢原子加到另一分子醛的羰基氧原子上，其余部分加到羰基的碳原子上，生成 β-羟基醛，分子中既含有羟基，又含有醛基，所以这个反应称羟醛缩合反应或醇醛缩合反应，例如：

$$\underset{H}{\overset{CH_3}{}}\!\!>C{=}O + H{-}CH_2{-}\overset{\overset{\displaystyle O}{\|}}{C}{-}H \xrightarrow{\text{稀 } OH^-} CH_3{-}\overset{\overset{\displaystyle OH}{|}}{CH}{-}CH_2{-}\overset{\overset{\displaystyle O}{\|}}{C}{-}H$$

β-羟基丁醛

β-羟基醛的 α-氢原子同时受两个官能团的影响，性质很活泼，加热即发生分子内脱水，生成 α,β-不饱和醛。

$$CH_3{-}\overset{\overset{\displaystyle OH}{|}}{CH}{-}\overset{\overset{\displaystyle H}{|}}{CH}{-}\overset{\overset{\displaystyle O}{\|}}{C}{-}H \xrightarrow[\triangle]{-H_2O} CH_3{-}CH{=}CH{-}\overset{\overset{\displaystyle O}{\|}}{C}{-}H$$

2-丁烯醛（巴豆醛）

不饱和醛经催化加氢，可得到醇。

$$CH_3{-}CH{=}CH{-}\overset{\overset{\displaystyle O}{\|}}{C}{-}H \xrightarrow[Ni]{2H_2} CH_3CH_2CH_2CH_2OH$$

正丁醇

产物的碳原子数比原来的醛增加一倍。所以羟醛缩合反应是有机合成上增长碳链的方法之一。

具有 α-氢原子的两种不同醛，经羟醛缩合后得到的是四种产物的混合物。这些产物彼此不易分离，在合成上无实际意义。

含有 α-氢原子的酮在稀碱作用下，也能发生类似的缩合反应。但酮的加成能力比醛弱，在同样条件下，只能得到少量的 β-羟基酮。

【例 7-1】 以丙醇为原料合成 2-甲基-2-戊烯醛。

此题可用倒推法来解，首先写出合成产物的构造式

$$CH_3-CH_2-CH=\underset{\displaystyle CH_3}{\underset{|}{C}}-CHO$$

从构造式中得知产物含有 6 个碳原子，恰好比原料的碳原子数增加一倍，可推测利用丙醛的羟醛缩合反应来完成。

$$CH_3CH_2CH_2OH \xrightarrow[KMnO_4+H_2SO_4]{[O]} CH_3CH_2CHO$$

$$CH_3-CH_2-\overset{\displaystyle H}{\overset{|}{C}}=O + H-\underset{\displaystyle CH_3}{\underset{|}{CH}}-CHO \xrightleftharpoons{\text{稀 } OH^-}$$

$$CH_3-CH_2-\overset{\displaystyle OH}{\overset{|}{CH}}-\overset{\displaystyle H}{\overset{|}{\underset{\displaystyle CH_3}{\underset{|}{C}}}}-CHO \xrightarrow[\triangle]{-H_2O} CH_3-CH_2-CH=\underset{\displaystyle CH_3}{\underset{|}{C}}-CHO$$

2. 卤代反应与卤仿反应

醛、酮分子中的 α-氢原子容易被卤素取代，生成 α-卤代醛、酮，例如：

$$CH_3-\overset{\displaystyle O}{\overset{\|}{C}}-CH_3 + Br_2 \xrightarrow{H^+} \underset{\text{α-溴代丙酮}}{CH_3-\overset{\displaystyle O}{\overset{\|}{C}}-CH_2Br}$$

α-溴代丙酮是一种催泪性很强的化合物。

反应在酸催化时，可以通过控制反应条件（如酸和卤素的用量，反应温度等），使反应产物主要是一卤代物或二卤代物。在碱催化时，卤代反应速率很快，一般不能控制在一卤代物阶段，而得到多卤衍生物。

乙醛和甲基酮与次卤酸钠或卤素的碱溶液作用时，甲基的三个

α-氢原子都被卤素取代，生成 α-三卤化物。

在碱作用下，取代物发生分解，生成卤仿和羧酸盐，这个反应称为卤仿反应。

$$CH_3-\overset{\overset{\displaystyle O}{\|}}{C}-H(R)+3NaOX \longrightarrow \underset{\text{卤仿}}{CHX_3}+\underset{\text{羧酸钠}}{(R)H-\overset{\overset{\displaystyle O}{\|}}{C}-ONa}+2NaOH$$

若用次碘酸钠（碘加氢氧化钠溶液）作反应试剂，则生成一种具有特殊气味的黄色固体——碘仿。

次碘酸钠也是一种氧化剂，它能使乙醇和构造为 $CH_3-\overset{\overset{\displaystyle OH}{|}}{C}H-R$ 的醇分别氧化为乙醛和甲基酮，所以这一类醇也能发生碘仿反应，例如：

$$CH_3-\overset{\overset{\displaystyle OH}{|}}{C}H-R+NaOI \longrightarrow CH_3-\overset{\overset{\displaystyle O}{\|}}{C}-R+H_2O+NaI$$

$$CH_3-\overset{\overset{\displaystyle O}{\|}}{C}-R+3NaOI \longrightarrow \underset{\text{（黄色）}}{CHI_3\downarrow}+R-\overset{\overset{\displaystyle O}{\|}}{C}-ONa+2NaOH$$

碘仿反应可用来鉴别乙醛、甲基酮以及具有 $CH_3-\overset{\overset{\displaystyle OH}{|}}{C}H-$ 构造的醇类。因为碘仿是不溶于水的黄色晶体，并且具有特殊的气味，很容易观察。而氯仿和溴仿均为液体，不适用于鉴别反应。

四、氧化反应及醛、酮的鉴别

醛比酮容易被氧化。一些弱氧化剂，甚至空气中的氧就能使醛氧化，生成含碳原子数相同的羧酸。酮在强氧化剂（如重铬酸钾加浓硫酸）作用下才能发生氧化反应。利用醛、酮氧化性能的不同，在实验室可以选择适当的氧化剂来鉴别醛、酮。常用来鉴别醛、酮的弱氧化剂是多伦（Tollens）试剂（硝酸银的氨溶液）和斐林（Fehling）试剂（以酒石酸盐作为配合剂的碱性氢氧化铜溶液）。

1. 银镜反应

在硝酸银溶液中滴入氨水，开始生成氧化银沉淀，继续滴加氨水直到沉淀消失为止，生成银氨配合物，呈现的无色透明溶液称为多伦试剂。它可使醛氧化，本身被还原而析出金属银。反应如下：

$$RCHO + Ag(NH_3)_2OH \xrightarrow[\triangle]{(\text{水浴})} R-\overset{\overset{\displaystyle O}{\|}}{C}-ONH_4 + NH_3 + Ag\downarrow$$

羧酸铵

如果反应器壁非常干净，当银析出时，就能很均匀地附在器壁上形成光亮的银镜。因此这个反应称银镜反应。工业上，常利用葡萄糖代替乙醛进行银镜反应，在玻璃制品上镀银，如热水瓶胆、镜子等。

2. 与斐林试剂反应

斐林试剂是由硫酸铜与酒石酸钾钠的碱溶液等体积混合而成的蓝色溶液。其中酒石酸钾钠的作用是使铜离子形成络合物而不致在碱性溶液中生成氢氧化铜沉淀。起氧化作用的是二价铜离子。斐林试剂与醛作用时，醛分子被氧化成羧酸（在碱性溶液中得到的是羧酸盐），二价铜离子则被还原成红色的氧化亚铜沉淀。反应如下：

$$RCHO + 2Cu^{2+} + NaOH + H_2O \xrightarrow{\triangle} R-C-OONa + Cu_2O\downarrow + 4H^+$$

甲醛的还原能力较强，在反应时间较长时，可将二价铜离子还原成紫红色的金属铜，如果反应器是干净的，析出的铜附着在容器的内壁，形成铜镜，所以又称铜镜反应，常利用此反应鉴别甲醛和其他醛。

$$H-\overset{\overset{\displaystyle O}{\|}}{C}-H + Cu^{2+} + NaOH \xrightarrow{\triangle} H-\overset{\overset{\displaystyle O}{\|}}{C}-ONa + Cu\downarrow + 2H^+$$

酮与上述两种弱氧化剂不发生反应，因此，在实验室里，常用多伦试剂和斐林试剂来鉴别醛和酮。这两种试剂也不能氧化 $\rangle C=C\langle$ 双键和 $-C\equiv C-$ 三键，可用作 —CHO 基的选择性氧化剂。例如要从 α,β-不饱和醛氧化成 α,β-不饱和羧酸时，为了避免碳碳双键被氧化破裂，即可用多伦试剂作为氧化剂。

$$R—CH═CH—CHO \xrightarrow{Ag(NH_3)_2OH} R—CH═CH—COOH$$

酮虽不被上述两种氧化剂氧化，但可被强氧化剂（如高锰酸钾、硝酸等）氧化，而且在羰基与 α-碳原子之间发生碳碳键的断裂，生成多种低级羧酸的混合物，因此没有制备意义。

3. 与品红试剂的反应

品红是一种红色染料，将品红的盐酸盐溶于水，呈粉红色，通入二氧化硫气体，使溶液的颜色退去，这种无色的溶液叫做品红试剂，亦称希夫（Shiff）试剂。醛与希夫试剂发生加成反应，使溶液呈现紫红色，这个反应非常灵敏。酮在同样条件下则无此现象。因此，这个反应是鉴别醛和酮较为简便的方法。

在甲醛与希夫试剂生成的紫红色溶液中，若加几滴浓硫酸，紫红色仍不消失，而其他醛在相同的情况下，紫红色则消失，可借此性质鉴别甲醛与其他醛类。

*五、还原反应

醛、酮可以被还原，在不同条件下，用不同的试剂，可以得到不同的产物。

1. 还原成醇

醛、酮在金属催化剂 Pt、Pd、Ni 等存在下，与氢气作用可以在羰基上加一分子氢。醛加氢生成伯醇，酮加氢得到仲醇，例如：

$$R—CHO + H_2 \xrightarrow{Ni} RCH_2OH$$

$$\begin{matrix} R \\ \quad\diagdown \\ \qquad C═O \\ \quad\diagup \\ R' \end{matrix} + H_2 \xrightarrow{Ni} \begin{matrix} R \\ \quad\diagdown \\ \qquad CHOH \\ \quad\diagup \\ R' \end{matrix}$$

催化加氢的方法选择性不强，如果分子中间含有碳碳双键时，则同时被还原，例如：

$$CH_3CH═CHCHO + 2H_2 \xrightarrow{Ni} CH_3CH_2CH_2CH_2OH$$

硼氢化钠（$NaBH_4$）、氢化铝锂（$LiAlH_4$）等是一类选择性还原碳和非碳原子之间的双键和三键（$\rangle C{=}O$ 和 $-C{\equiv}N$）的还原剂，并且还原效果好，例如：

$$CH_3CH{=}CHCHO \xrightarrow[\text{②}H_2O]{\text{①}NaBH_4} CH_3CH{=}CHCH_2OH$$

2-丁烯-1-醇（85%）

2. 还原成烃

醛、酮的羰基也可以直接还原成亚甲基，这就是由羰基化合物直接还原成烃。下面介绍两种在不同介质中进行还原的方法。

（1）克莱门森（Clemmensen）反应　用锌汞齐（Zn-Hg）和浓盐酸作还原剂，可将醛、酮的羰基还原为亚甲基，这种方法叫克莱门森还原法。

$$\rangle C{=}O \xrightarrow[HCl]{Zn\text{-}Hg} \rangle CH_2$$

此反应在浓盐酸介质中进行，分子中不能带有对酸敏感的其他基团，如醇羟基、碳碳双键等。例如 $CH_2{=}CH{-}CH_2{-}\overset{\overset{\displaystyle O}{\|}}{C}{-}CH_3$ 中的羰基不能用此方法还原，因为浓盐酸将与分子中的碳碳双键发生加成反应。

（2）伍尔夫-凯惜纳（Wolff-Kishner）反应　将羰基化合物与无水肼作用生成腙，然后将腙和乙醇钠及无水乙醇在封闭管或高压釜中加热到 180℃左右，失去氮，结果羰基被还原成亚甲基。此法称为伍尔夫-凯惜纳还原法。

$$\underset{(R')H}{\overset{R}{\rangle}}C{=}O \xrightarrow{H_2N{-}NH_2} \underset{(R')H}{\overset{R}{\rangle}}C{=}N{-}NH_2 \xrightarrow{C_2H_5ONa} \underset{(R')H}{\overset{R}{\rangle}}CH_2 + N_2\uparrow$$

这个反应广泛用于天然有机物的研究中。由于原料要求无水，设备要求耐高压，而且反应时间长（回流 100h 以上），产率不高（50%）。我国化学家黄鸣龙教授在 1946 年通过实验改进了这种方法，他采用水合肼、氢氧化钠和一种高沸点溶剂（如一缩二乙二醇 $HOCH_2CH_2OCH_2CH_2OH$）与羰基化合物一起加热，生成腙后，将水及过量的肼蒸出，然后使温度升至200℃，再回流3～4h使腙分解，产率达90%以上，而且在常压下操作，此法称为黄鸣龙改进法。这种方法在碱性条件下进行，可以用于还原对酸敏感的醛、酮，因此可以和克莱门森还原法互相补充。

*六、坎尼扎罗反应

不含α-氢原子的醛在浓碱作用下，能发生分子间的氧化还原反应。反应的结果，一分子的醛被氧化成相应的羧酸（在碱溶液中以羧酸盐形式存在），另一分子的醛被还原为相应的醇。这种反应称为坎尼扎罗（Cannizzaro）反应，又称歧化反应，例如：

$$\underset{\text{甲醛}}{2HCHO} \xrightarrow[\triangle]{\text{浓 NaOH}} \underset{\text{甲酸钠}}{HCOONa} + \underset{\text{甲醇}}{CH_3OH}$$

两种不同的醛分子间进行的坎尼扎罗反应叫做交叉坎尼扎罗反应，产物一般较为复杂。如果两种醛中有甲醛，由于甲醛有较强的还原性，在反应过程中它总是被氧化为甲酸（甲酸盐），而另一种醛则被还原为醇，例如：

$$CH_3-\underset{CH_3}{\overset{CH_3}{\underset{|}{\overset{|}{C}}}}-CHO + HCHO \xrightarrow{\text{浓 NaOH}} HCOONa + CH_3-\underset{CH_3}{\overset{CH_3}{\underset{|}{\overset{|}{C}}}}-CH_2OH$$

歧化反应常用在有机合成中，如目前工业上生产季戊四醇是用甲醛和乙醛在氢氧化钙溶液中反应而制得的。这个反应是一分子乙醛和三分子甲醛首先发生交叉羟醛缩合反应，生成三羟甲基乙醛，三羟甲基乙醛和甲醛在碱作用下，发生交叉坎尼扎罗反应得到季戊四醇和甲酸钠。

季戊四醇也是一种重要的化工原料，多用于高分子工业，它的硝酸酯是个心血管扩张药物。

第四节　醛、酮的制法

醛、酮的制法很多，下面介绍几种常用的方法。

一、醇的氧化和脱氢

伯醇、仲醇氧化或脱氢可分别得到醛、酮，例如：

$$CH_3CH_2CH_2OH \xrightarrow[60℃]{K_2Cr_2O_7,\ H_2SO_4} CH_3CH_2CHO$$

$$(CH_3)_2CHOH \xrightarrow[40℃]{K_2Cr_2O_7,\ H_2SO_4} CH_3-\overset{\overset{\displaystyle O}{\|}}{C}-CH_3$$

实验室中常用的氧化剂为重铬酸钾和硫酸。由于醛比醇更易氧化，因此醛生成后必须尽快与氧化剂分离。低级醛的沸点比相应的醇低得多，控制适当的温度，可以使生成的醛蒸出，常用此法由低级醇制备相应的醛。酮不易继续被氧化，不需要立即分离，因此更适合用此法制备。

工业上将醇的蒸气通过加热的催化剂（铜或银等）使它们脱氢而生成醛或酮，例如：

$$CH_3CH_2OH \xrightleftharpoons{Cu,\ 300℃} CH_3CHO + H_2$$

$$\text{环己醇} \xrightleftharpoons{Cu,\ 250℃} \text{环己酮} + H_2$$

必须把氢气分离出来使平衡向右移动，工业上常用此法制备低级醛、酮。

二、烯烃的羰基化

烯烃与一氧化碳和氢在催化剂作用下，可生成比原烯烃多一个碳原子的醛。这种合成法叫做烯烃的醛化，也叫做羰基合成。常用的催化剂是八羰基二钴 $[Co(CO)_4]_2$，反应在加热（10～200℃）加压（10～25MPa）下进行。乙烯通过羰基合成可制得丙醛，丙烯可制得直链和支链两种醛，但以直链醛为主，例如：

$$CH_3CH{=}CH_2 + CO + H_2 \xrightarrow[170℃,\ 25MPa]{[Co(CO)_4]_2}$$

$$\underset{\text{正丁醛}(75\%)}{CH_3CH_2CH_2CHO} + \underset{\text{异丁醛}(25\%)}{\underset{\displaystyle CH_3}{\underset{|}{CH_3CHCHO}}}$$

利用此合成方法得到的醛，可以进一步加氢得到伯醇，是工业上生产醛和伯醇的重要途径之一。此法需用耐高压设备，近年来正在开展低压羰基合成的研究，如用正丁基膦-羰基钴为催化剂，在5～6MPa、160℃的条件下，生成正丁醛与异丁醛，其比为3∶1。

在相近的条件下，其他α-烯烃与一氧化碳和氢也发生醛化反应，生成比原料α-烯烃多一个碳原子的醛。

$$RCH{=\!=}CH_2 + CO + H_2 \xrightarrow{\text{催化剂}} RCH_2CH_2CHO + \underset{\displaystyle CH_3}{\underset{|}{RCHCHO}}$$

在工业上，利用石蜡裂化所得到的C_{11}～C_{16}的α-烯烃为原料，经过羰基合成法得到高级醛，再经催化加氢，即可得到C_{12}～C_{17}的高级醇，这些高级混合醇可用来合成增塑剂、表面活性剂、合成润滑油及石油产品的添加剂等。

三、炔烃的水合

炔烃进行水合时，可得到相应的羰基化合物，如乙炔水合得乙醛，其他炔烃得酮类。

$$R{-}C{\equiv}C{-}R + H_2O \xrightarrow[H_2SO_4]{Hg^{2+}} R{-}\underset{\displaystyle O}{\underset{\|}{C}}{-}CH_2{-}R$$

第五节　重要的醛和酮

一、甲醛

甲醛又称蚁醛，是最简单和最重要的醛，目前工业上制备甲醛主要采用甲醇氧化法。将甲醇蒸气和空气混合后，在较高的温度下，通过银或铜催化剂，甲醇被氧化成甲醛。

$$2CH_3OH + O_2 \xrightarrow[450\sim600℃]{Ag} 2HCHO + 2H_2O$$

此法的工业产品是37%～40%（质量分数）的甲醛水溶液，

并含有5%～7%的甲醇。

近年来，我国用天然气中的甲烷为原料，一氧化氮作催化剂，在600℃和常压下，用空气控制氧气，制得甲醛。

$$CH_4 + O_2 \xrightarrow[600℃]{NO} HCHO + H_2O$$

此方法原料便宜易得，有发展前途，但目前操作复杂，产率甚低，有待进一步改进。

常温时，甲醛为无色、具有强烈刺激气味的气体，沸点－21℃，蒸气与空气能形成爆炸性混合物，爆炸极限7%～73%(体积分数)，易溶于水。含质量分数为37%～40%的甲醛、8%甲醇的水溶液（做稳定剂）叫做“福尔马林”，常用作杀菌剂和生物标本的防腐剂。甲醛容易氧化，极易聚合，其浓溶液（质量分数为60%左右）在室温下长期放置就能自动聚合成三分子的环状聚合物。

$$3HCHO \overset{H^+}{\rightleftharpoons} \text{(ring: } -CH_2-O-CH_2-O-CH_2-O- \text{)}$$

三聚甲醛

三聚甲醛为白色晶体，熔点62℃，沸点112℃。在酸性介质中加热，三聚甲醛可以解聚再生成甲醛。可以应用聚合、分解反应来保存或精制甲醛。

甲醛在水中与水加成，生成甲醛的水合物甲二醇。甲醛与甲二醇成平衡状态存在。

$$HCHO + H_2O \rightleftharpoons HOCH_2OH$$

甲醛水溶液贮存较久会生成白色固体，此白色固体是多聚甲醛，浓缩甲醛水溶液也可得多聚甲醛。这是甲二醇分子间脱水而成的链状聚合物。

多聚甲醛分子中的聚合度约为8～100，小于12的产物能溶于水、丙酮及乙醚，大于12的产物则不溶于水。多聚甲醛加热到180～200℃时，又重新分解出甲醛，它是气态甲醛。由于这种性质多聚甲醛可以用作仓库熏蒸剂，进行消毒杀菌。

以纯度很高的甲醛为原料，用三氟化硼乙醚配合物为催化剂，在石油醚中进行聚合，可得到聚合度约为500～5000高相对分子质量的聚甲醛。它是20世纪60年代出现的性能优异的工程塑料，具有较高的机械强度和化学稳定性，可以代替某些金属，用于制造轴承、齿轮、滑轮等。

甲醛与氨作用生成（环）六亚甲基四胺［$(CH_2)_6N_4$］，商品名为乌洛托品。

$$6HCHO + 4NH_3 \rightleftharpoons (CH_2)_6N_4$$

乌洛托品为无色晶体，熔点263℃，易溶于水，具有甜味，在医药上用作利尿剂及尿道消毒剂，还用作橡胶硫化的促进剂，又是制造烈性炸药三亚甲基三硝胺的原料。

甲醛在工业上有广泛用途，大量的甲醛用于制造酚醛树脂、脲醛树脂、合成纤维（维尼纶）及季戊四醇等。

二、乙醛

工业上用乙炔水合法、乙醇氧化法和乙烯直接氧化法生产乙醛。

将乙炔通入含硫酸汞的稀硫酸溶液中，可得到乙醛。

$$CH{\equiv}CH + H_2O \xrightarrow[95\sim105^\circ C]{HgSO_4,\ H_2SO_4} CH_3CHO$$

此法工艺成熟，乙醛的产率和纯度都较高，是目前我国生产乙醛的主要方法，缺点是汞盐催化剂毒性较大，设备腐蚀严重。较新的方法是在气相下反应，将乙炔和水蒸气按一定比例，在250～350℃，通过磷酸锌一类催化剂，即可制备乙醛。

将乙醇蒸气和空气混合，在500℃下，通过银催化剂，乙醇被空气氧化得到乙醛。

$$CH_3CH_2OH + \frac{1}{2}O_2 \xrightarrow[500℃]{Ag} CH_3CHO + H_2O$$

随着石油化学工业的发展，乙烯已成为合成乙醛的主要原料，将乙烯和空气（或氧气）通过氯化钯和氯化铜的水溶液，乙烯被氧化生成乙醛。

$$CH_2{=}CH_2 + \frac{1}{2}O_2 \xrightarrow[100℃]{PdCl_2\text{-}CuCl_2} CH_3CHO$$

此反应原料易得，最大缺点是钯催化剂较贵及设备的腐蚀，目前国内外正在研究非钯催化剂，设法改进。

乙醛是无色、有刺激性气味、极易挥发的液体，沸点 20.8℃，可溶于水、乙醇和乙醚中。易燃烧，蒸气与空气能形成爆炸性的混合物，爆炸极限 4%～57%（体积分数）。乙醛具有醛的各种典型性质，它也易于聚合。常温时，在少量硫酸存在下，乙醛即聚合成三聚乙醛。

乙醛在工业上大量用于合成乙酸、三氯乙醛、丁醇、季戊四醇等有机产品。

三、丙酮

丙酮的制备方法很多，我国目前除用玉米或蜂蜜发酵制备外，可通过异丙苯氧化法生产苯酚的同时可得到丙酮，还可以用丙烯催化氧化直接得到丙酮。反应如下：

$$CH_3{-}CH{=}CH_2 + \frac{1}{2}O_2 \xrightarrow[90\sim120℃]{PdCl_2\text{-}CuCl_2} CH_3{-}\overset{\overset{\displaystyle O}{\|}}{C}{-}CH_3$$

常温下，丙酮是无色易燃液体，沸点 56℃，有微香气味，可与水、乙醇、乙醚等混溶，易燃烧，蒸气与空气能形成爆炸性的混合物，爆炸极限 2.55%～12.8%（体积分数）。丙酮具有酮的典型性质。

丙酮是一种优良的溶剂，广泛用于涂料、电影胶片、化学纤维等生产中，它又是重要的有机合成原料，用来制备有机玻璃、卤仿、环氧树脂等。

四、环己酮

环己酮制法主要有下面两种方法。

1. 由苯酚催化加氢，再脱氢

$$\text{C}_6\text{H}_5\text{OH} \xrightarrow[\text{Ni}]{H_2} \text{C}_6\text{H}_{11}\text{OH} \xrightarrow[200℃]{CuCr_2O_4} \text{C}_6\text{H}_{10}\text{O}$$

2. 由环己烷氧化

$$\text{C}_6\text{H}_{12} + O_2 \xrightarrow[140\sim180℃]{\text{醋酸钴}} \text{C}_6\text{H}_{10}\text{O} + \text{C}_6\text{H}_{11}\text{OH} \xrightarrow[200℃]{CuCr_2O_4} \text{C}_6\text{H}_{10}\text{O} + H_2$$

环己酮是无色油状液体，沸点 155.7℃，具有薄荷气味。微溶于水，易溶于乙醇和乙醚。环己酮是合成尼龙-6 和尼龙-66 的重要原料，此外还用作溶剂和稀释剂等。

五、乙烯酮

乙烯酮（$CH_2=C=O$）是最简单的不饱和酮，为无色的气体，沸点－56℃，能溶于乙醚和丙酮，具有特殊的臭味和很强的毒性。

乙烯酮性质特别活泼，即使在低温下，与空气接触时也能生成爆炸性的过氧化物，所以只能密封保存于低温的环境中。

乙烯酮容易与含有活泼氢的试剂发生加成反应，生成乙酸或乙酸衍生物，例如：

$$CH_2=C=O + \begin{cases} H\text{—}OH \longrightarrow CH_3COOH & \text{乙酸} \\ H\text{—}NH_2 \longrightarrow CH_3CONH_2 & \text{乙酰胺} \\ H\text{—}OC_2H_5 \longrightarrow CH_3COOC_2H_5 & \text{乙酸乙酯} \\ H\text{—}OCOC_2H_5 \longrightarrow CH_3COOCOCH_3 & \text{乙酐} \\ H\text{—}Cl \longrightarrow CH_3COCl & \text{乙酰氯} \end{cases}$$

通过这些反应，在试剂分子中引入了乙酰基（$CH_3\text{—}\overset{\overset{O}{\|}}{C}\text{—}$），

所以乙烯酮是一种优良的乙酰化剂。工业上大量用于制备乙酸酐。

六、苯甲醛

苯甲醛是无色油状液体，有苦杏仁味，俗名杏仁油。沸点179℃，微溶于水，溶于乙醇、乙醚等有机溶剂。它是有机合成原料，用于制备染料、香料、药物等。

工业上苯甲醛可由苯二氯甲烷水解或甲苯控制氧化制得，反应如下：

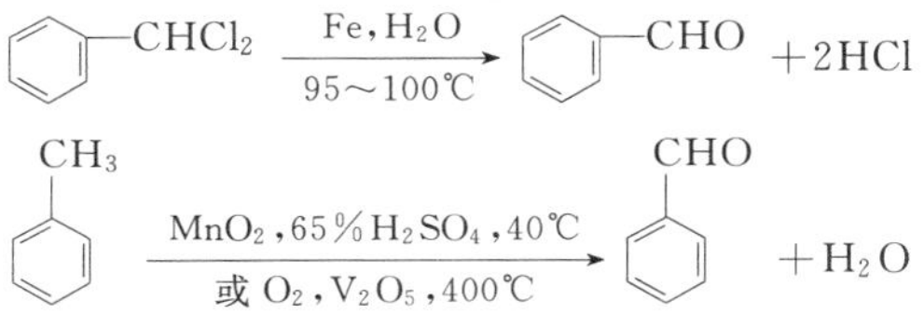

$$C_6H_5CHCl_2 \xrightarrow[95\sim100℃]{Fe, H_2O} C_6H_5CHO + 2HCl$$

$$C_6H_5CH_3 \xrightarrow[\text{或 } O_2, V_2O_5, 400℃]{MnO_2, 65\% H_2SO_4, 40℃} C_6H_5CHO + H_2O$$

思考与练习

7-1 命名下列各化合物：

(1) $CH_3CH_2CH(CH_3)—CH(CH_2CH_3)CHO$

(2) $(CH_3)_3C—C(=O)CH_2CH_3$

(3) $(CH_3)_2C═CHCH_2CH_2CHO$

(4) 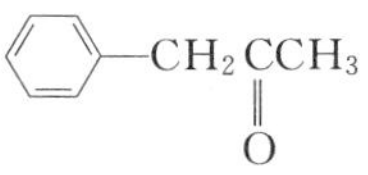 $C_6H_5—CH_2C(=O)CH_3$

7-2 写出下列化合物的构造式：

(1) 异戊醛

(2) 三氯乙醛

(3) α-苯基丙酮

7-3 不查表指出下列每对化合物中可能哪一个沸点高，哪一个沸点低？

(1) 戊醛与戊醇

（2）正戊烷与戊醛

（3）苯甲醛与苄醇

7-4 将下列化合物按羰基进行加成反应的活性由大到小排列成序：

（1）$(CH_3)_3C-\overset{O}{\overset{\|}{C}}-C(CH_3)_3$ （2）C_6H_5-CHO

（3）$CH_3-\overset{O}{\overset{\|}{C}}-CH_2CH_3$ （4）$CH_3-\overset{O}{\overset{\|}{C}}-H$

7-5 试用化学方法分离下列混合物：

（1）环己醇和己酮 （2）苯酚和苯甲醛

7-6 用化学方法鉴别下列各组化合物：

（1）1-丙醇、丙醛、丙酮 （2）苯乙酮、苯甲醛、苄醇

7-7 写出下列反应产物A、B、C的构造式：

$$CH_3CH_2OH \xrightarrow[\text{Mg，乙醚}]{NaBr+H_2SO_4} A \xrightarrow[H_2O，H^+]{CH_3CHO} B \xrightarrow[HO-CH_2-CH_2-OH]{K_2Cr_2O_7，H^+} C$$

7-8 采取各种途径搜集甲醛、乙醛、丙酮在化工行业的重要用途。

自 测 题

一、填空题

1. 醛和酮都是含____官能团的化合物，____中碳原子和氧原子以________相连。

2. 甲醛又名____，是无色，有强烈__________体。____溶于水，其水溶液的浓度为40%时称为________。甲醛溶液长期放置易发生________，生成白色固体的不溶物称____________。

3. 最简单的脂肪醛是________，最简单的脂肪酮是________，最简单的芳香醛是________，最简单的芳香酮是____________。

4. 醛、酮的沸点比相对分子质量相近的醇要低，这是因为醛、酮本身分子间不能形成________，又没有____________的缘故。

5. 丙醛与亚硫酸氢钠的加成物在________或________条件下，可分解为丙醛。

二、选择题

1. 下列化合物按羰基的活性由强到弱排列的顺序是（　）。

① $(C_6H_5)_2CO$　　② $C_6H_5COCH_3$　　③ Cl_3CCHO

④ $ClCH_2CHO$　　⑤ CH_3CHO

A. ①>②>③>④>⑤　　B. ②>③>④>⑤>①

C. ④>③>②>①>⑤　　D. ③>④>⑤>②>①

2. 在少量干燥氯化氢的作用下，下列各组物质能进行缩合反应的是（　）。

A. 甲醛与乙醛　　B. 乙醇与乙醛

C. 苯甲醛与乙醛　　D. 丙酮与丙醇

3. 下列化合物在适当条件下既能与多伦试剂又能与氢气发生加成反应的是（　）。

A. 乙烯　　B. 丙酮　　C. 丙醛　　D. 甘油

4. 下列哪种试剂不能用于区别醛、酮（　）。

A. 2,4-二硝基苯肼　　B. 多伦试剂

C. 品红试剂　　D. 斐林试剂

5. 下列化合物哪些能与斐林试剂作用（　）。

A. CH_3CHO　　B. $CH_3-C(CH_3)_2-CHO$（中心碳上连有两个 CH_3）

C. $CH_3-\overset{\overset{O}{\|}}{C}-CH_3$　　D. C_6H_5-CHO（苯环—CHO）

6. 下列化合物哪个不能发生碘仿反应（　）。

A. CH_3COCH_3　　B. CH_3CHO

C. CH_3CH_2OH　　D. $CH_3CH_2COCH_2CH_3$

7. 分离 3-戊酮和 2-戊酮加入下列哪种试剂（　）。

A. 饱和 $NaHSO_3$　　B. $Ag(NH_3)_2OH$

C. 2,4-二硝基苯肼　　　　　D. HCN

三、是非题（下列叙述中，对的在括号中打“√”，错的打“×”）

1. 醛和酮催化加氢还原可生成醇。（　）
2. 酮不能被高锰酸钾氧化。（　）
3. 凡是酮都可以与 $NaHSO_3$ 的饱和溶液发生加成反应。（　）
4. 斐林试剂能将醛氧化，并有红色氧化亚铜沉淀析出。（　）
5. 乙醇和异丙醇因为不是醛和酮，所以不能发生碘仿反应。（　）

四、用适当方法鉴别下列各组化合物。

1. 丙醛，丙酮，异丙醇，正丙醇
2. 苯甲醇，苯甲醛，正丁醛，苯乙酮

五、完成下列化学反应

1. $CH_3C\equiv CH + H_2O \xrightarrow[H_2SO_4]{HgSO_4} \xrightarrow[NaOH]{NaOI}$

2. $CH_2=CH_2 + CO + H_2 \xrightarrow{[Co(CO)_4]_2} \xrightarrow[\text{稀 } OH^-]{C_6H_5CHO}$

3. $2CH_3CH_2CHO \xrightarrow{\text{稀 } NaOH} \xrightarrow{\triangle} \xrightarrow[Ni]{H_2}$

4. $(CH_3)_3CCHO + HCHO \xrightarrow{\text{浓 } NaOH}$

***六、推断题**

1. 化合物 A 和 B 的分子式都是 C_3H_6O，它们都能与亚硫酸氢钠作用生成白色结晶，A 能与多伦试剂作用产生银镜，但不能发生碘仿反应；B 能发生碘仿反应，但不能与多伦试剂作用。试推测 A 和 B 的构造式。

2. 有一化合物分子式为 $C_8H_{14}O$，A 可使溴水迅速褪色，可以与苯肼作用，也能发生银镜反应，A 氧化生成一分子丙酮及另一化合物 B，B 具有酸性，能发生碘仿反应生成丁二酸。写出 A、B 的构造式，并写出各步反应式。

第八章　羧酸及其衍生物

【学习目标】

1. 了解羧酸及其衍生物的结构、分类和系统命名。
2. 掌握饱和一元羧酸及其衍生物的化学性质。
3. 了解几种常见羧酸及其衍生物的性质和用途。

第一节　羧　　酸

一、羧酸的结构、分类和命名

1. 羧酸的结构

羧酸的官能团是羧基（$-\overset{O}{\overset{\|}{C}}-OH$），是由一个羰基（$>C=O$）和一个羟基（—OH）组成的基团。除甲酸（H—COOH）以外，羧酸可被视为烃分子中的氢原子被羧基取代的产物。常用通式R—COOH表示。由于羧酸分子中羰基和羟基发生了相互影响，使羰基不具有普通羰基的典型性质，羟基也不具有醇的典型性质，而是具有一定的特性。

2. 羧酸的分类

根据羧酸分子中所含烃基种类的不同，羧酸可分为脂肪酸、脂环酸、芳香酸；根据烃基是否饱和，分为饱和羧酸和不饱和羧酸；根据羧酸分子中所含羧基的数目，分为一元羧酸、二元羧酸和多元羧酸等，例如：

CH_3COOH（醋酸）
饱和脂肪酸（一元酸）

$CH_2{=\!=}CHCOOH$（丙烯酸）
不饱和脂肪酸（一元酸）

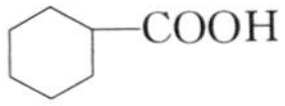

环己基—COOH（环己基甲酸）
脂环羧酸（一元酸）

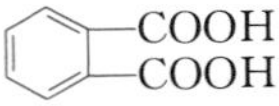

邻苯二甲酸（苯环—COOH，—COOH）
芳香羧酸（二元酸）

3. 羧酸的命名

羧酸的命名法一般分为两种，即俗名和系统命名。

（1）俗名　俗名往往由最初来源得名，例如甲酸最初得自蚂蚁，称为蚁酸。乙酸最初得自食醋，称为醋酸。许多羧酸的俗名在实际工作中用得很多，要多加记忆。

（2）系统命名法　对脂肪羧酸选择含有羧基在内的最长碳链为主链。若含有不饱和键，则要选择含有不饱和键以及羧基在内的最长碳链为主链，从羧基碳原子开始编号，写名称时要注明取代基和不饱和键的位次，根据主链碳原子的数目称为“某酸”或“某烯酸”。一些简单的羧酸也可用 α、β、γ…希腊字母表明取代基位次，例如：

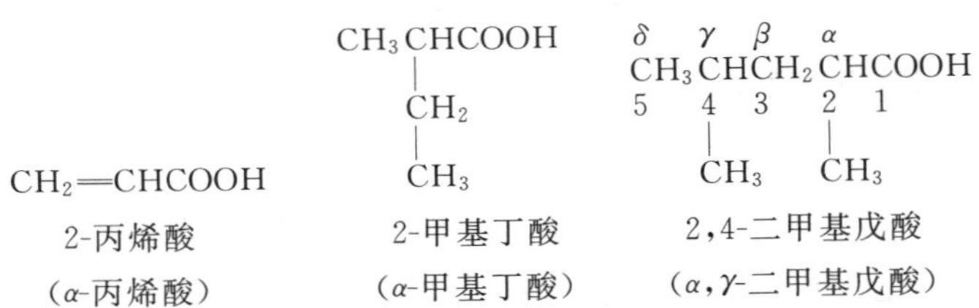

2-丙烯酸（α-丙烯酸）　2-甲基丁酸（α-甲基丁酸）　2,4-二甲基戊酸（α,γ-二甲基戊酸）

* 对于脂环酸，一般以羧酸为母体，将碳环作为取代基，例如：

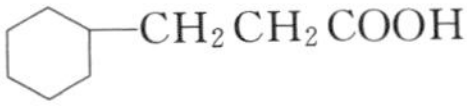

环己基—CH_2CH_2COOH

环己基丙酸

* 对于芳香羧酸一般以苯甲酸为母体，如果结构复杂，则把芳环作为取代基，例如：

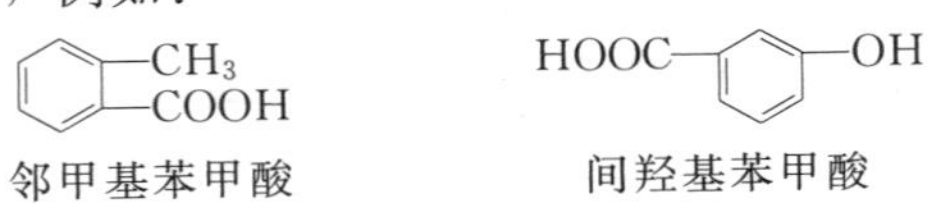

邻甲基苯甲酸　间羟基苯甲酸

* 对于二元羧酸，选择含两个羧基的最长碳链为主链，根据主

链碳原子个数为“某二酸”，脂环族和芳香族二元羧酸要注明两个羧基的位次，例如：

$HOOC(CH_2)_4COOH$

己二酸

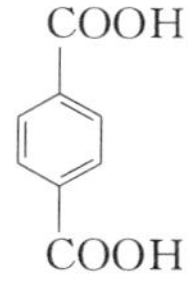

COOH

COOH

对苯二甲酸

（1,4-苯二甲酸）

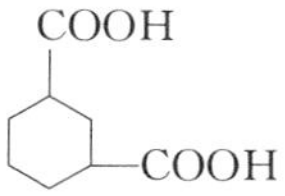

COOH

COOH

1,3-环己基二甲酸

二、羧酸的物理性质

1. 物态

$C_1 \sim C_3$ 的饱和一元羧酸是具有酸味的刺激性液体，$C_4 \sim C_9$ 的羧酸是具有腐败臭味的油状液体，C_{10} 以上为白色蜡状固体，脂肪族二元羧酸以及芳香羧酸都是结晶固体。

2. 溶解性

一元低级羧酸可与水混溶，其溶解度比相应相对分子质量的醇更大，但随相对分子质量增大，其溶解性逐渐降低，二元羧酸较相同碳原子数的一元羧酸的溶解性大，芳香族羧酸一般不溶于水。

3. 沸点

羧酸的沸点比相应相对分子质量的醇的沸点高，如甲酸沸点100℃，和它相应相对分子质量的乙醇为78℃。

4. 熔点

饱和一元羧酸的沸点和熔点变化都是随碳原子数目增长而升高，但熔点变化有特殊规律，呈锯齿状上升，含偶数碳原子的羧酸比相邻两个含奇数碳原子的羧酸熔点高，这是因为偶数碳原子有较高的对称性，排列更紧密，分子间作用力大的缘故。

5. 相对密度

饱和一元羧酸的相对密度随碳原子数增加而降低，只有甲酸、乙酸的相对密度大于1，其他饱和一元羧酸相对密度都小于1。二元羧酸和芳香酸的相对密度都大于1。常见羧酸的物理常数见表8-1。

表 8-1　一些常见羧酸的物理常数

名　称	结构式	熔点/℃	沸点/℃	溶解度/(g/100gH_2O)	相对密度	pK_a 或 pK_{a1}
甲酸（蚁酸）	HCOOH	8.6	100.8	∞	1.220	3.77
乙酸（醋酸）	CH_3COOH	16.7	118.0	∞	1.049	4.76
丙酸（初油酸）	CH_3CH_2COOH	−20.8	140.7	∞	0.993	4.88
丁酸（酪酸）	$CH_3(CH_2)_2COOH$	−7.9	163.5	∞	0.959	4.82
乙二酸（草酸）	HOOC—COOH	189.5	157(升华)	8.6	1.90	1.46
苯甲酸（安息香酸）	C_6H_5COOH	122.0	249	0.34	1.266	4.17
己二酸（肥酸）	$HOOC(CH_2)_4COOH$	152.0	330.5(分解)	微溶	1.366	4.43
邻苯二甲酸（酞酸）	$C_6H_4(COOH)_2$（邻位）	231		0.7	1.593	2.93

三、羧酸的化学性质

羧酸的化学反应主要发生在羧基和受羧基影响变得较活泼的α-氢原子上，羧基是由羟基和羰基组成，而羟基和羰基表现出不同的特性。主要有以下五种情况可能发生。

1. 酸性（O—H 键断裂）

羧酸具有明显的酸性，在水溶液中能离解出 H^+，并使蓝色石蕊试纸变红。

$$R—COOH \xrightleftharpoons{H_2O} R—COO^- + H^+$$

大多数一元羧酸的 pK_a 在 3.5～5 之间，比碳酸（$pK_a=6.38$）酸性强，能与碱中和生成羧酸盐和水及二氧化碳。

$$RCOOH + NaOH \longrightarrow RCOONa + H_2O$$

$$2RCOOH + Na_2CO_3 \longrightarrow 2RCOONa + H_2O + CO_2\uparrow$$

$$RCOOH + NaHCO_3 \longrightarrow RCOONa + H_2O + CO_2\uparrow$$

生成的羧酸盐与强无机酸作用，则又转化为羧酸。

$$RCOONa + HCl \longrightarrow RCOOH + NaCl$$

常用羧酸的这种性质来进行羧酸与醇、酚的鉴别、分离、回收和提纯。

从表 8-1 中可看出，不同结构的羧酸的酸性强弱是不一样的，如乙酸的 酸性（$pK_a = 4.76$）比甲酸（$pK_a = 3.77$）弱，但乙酸分子中的 α- 氢原子被氯原子取代后，生成氯乙酸（$pK_a = 2.82$），其酸性增强，而分子中引入氯原子越多，酸性越强，例如：

	CH_3COOH	< $HCOOH$	< $ClCH_2COOH$	< $Cl_2CHCOOH$	< Cl_3COOH
pK_a	4.76	3.77	2.82	1.26	0.64

同样连有吸电子基，电负性越强，羧酸酸性越强，例如：

	FCH_2COOH	> $ClCH_2COOH$	> $BrCH_2COOH$	> ICH_2COOH
pK_a	2.66	2.82	2.90	3.18

一些常见取代基的吸电子基或给电子基强弱顺序如下：

吸电子基　　$-NO_2 > -CN > -COOH > -F > -Cl > Br > -I$

　　　　　　$-OR > -OH > -C_6H_5 > -CH{=}CH_2 > -H$

给电子基　　$-COO^- > -C(CH_3)_3 > -CH_2CH_3 > -CH_3 > -H$

2. 羟基的取代反应（C—O 键断裂）

羧酸通过不同的试剂，可使羧基中的羟基被卤素原子、酰氧基、烷氧基和氨基取代，生成酰卤、酸酐、酯和酰胺，生成的这四类化合物都称为羧酸的衍生物，这类反应在有机合成中起重要作用（将在本章第二节详细讨论）。

（1）生成酰卤　羧酸与三氯化磷（PCl_3）、五氯化磷（PCl_5）、亚硫酰氯（$SOCl_2$）等作用时，分子中的羟基被卤原子取代，生成酰卤：

$$3RCOOH + PCl_3 \longrightarrow 3RCOCl + H_3PO_3$$

$$RCOOH + PCl_5 \longrightarrow RCOCl + POCl_3 + HCl$$

由于酰氯非常活泼，而且易水解，所以含无机副产物，不能用水除去，只能用蒸馏法分离。在实际制备酰氯时，常用亚硫酰氯作为试剂，因为反应生成的二氧化硫、氯化氢都是气体，容易与 酰氯分离，而且产率高，故实用性较高，例如：

$$RCOOH + SOCl_2 \longrightarrow RCOCl + SO_2 \uparrow + HCl$$

（2）生成酸酐　羧酸在脱水剂（五氧化二磷、乙酸酐等）的作用，发生分子间脱水生成酸酐，例如：

$$RCO\text{-}OH + H\text{-}OCOR' \xrightarrow[\text{或}(CH_3CO)_2O]{P_2O_5} RCOOCOR' + H_2O$$

一些二元酸不需要脱水剂，加热后可进行分子内脱水生成酸酐。例如，邻苯二甲酸加热（196～199℃）发生分子内脱水，生成邻苯二甲酸酐 。

（3）生成酯　在强酸（如浓 H_2SO_4、HCl 等）催化作用下，羧酸和醇发生分子间脱水生成酯，称为酯化反应，酯化反应是可逆反应，为了提高产率，通常是增加反应物的用量或是使生成物不断除去水，使平衡向右移动。

$$RCO\text{-}OH + H\text{-}OR' \xrightleftharpoons{H^+} RCOOR' + H_2O$$

（4）生成酰胺　羧酸与氯或胺反应，先生成铵盐，然后加热脱水生成酰胺，例如：

$$\underset{\text{羧酸}}{RCOOH} + NH_3 \longrightarrow \underset{\text{羧酸铵盐}}{RCOONH_4} \xrightarrow{\text{加热}} \underset{\text{酰胺}}{RCONH_2} + H_2O$$

羧酸与芳胺作用可直接生成酰胺。

$$CH_3COOH + \underset{\text{苯胺}}{C_6H_5\text{-}NH_2} \xrightarrow[\triangle]{} \underset{\text{乙酰苯胺}}{CH_3CONH\text{-}C_6H_5} + H_2O$$

3. 脱羧反应（C—C 键断裂）

羧酸脱去二氧化碳的反应称为脱羧反应。羧酸的碱金属盐与碱石灰（NaOH+CaO）共熔，发生脱羧反应，生成少一个碳原子的烷烃，这个反应副反应较多，且产率低，只适用于低级羧酸盐。例如实验室制甲烷反应。

$$CH_3COONa + NaOH \xrightarrow{CaO} CH_4 \uparrow + Na_2CO_3$$

若羧酸或其盐分子中的 α-C 上连有较强吸电子基时羧基不稳定，受热易脱羧，例如：

$$Cl_3CCOOH \xrightarrow{100\sim150℃} CHCl_3 + CO_2\uparrow$$

$$Cl_3COONa \xrightarrow[H_2O]{50℃} CHCl_3 + NaHCO_3$$

某些二元羧酸加热时也易脱羧：

$$HOOC—CH_2—COOH \xrightarrow{\triangle} CH_3COOH + CO_2$$

＊4. α-H 的取代反应（α-C—H 键断裂）

羧酸分子中的 α-H 因受羧基的影响，具有一定的活性，在一定的催化剂如红磷、碘或硫等作用下，可陆续被氯或溴取代，生成 α-卤代酸，如控制适当的反应条件，反应可停留在一元取代阶段。

$$RCH_2COOH \xrightarrow[P]{X_2} R—CHXCOOH \xrightarrow[P]{X_2} RCX_2COOH$$

α-卤代酸的卤原子很活泼，可以被—CN、—NH_2、—OH 等基团取代，生成各种 α-取代酸，是一类重要的有机合成中间体。

5. 还原反应（ C═O 键断裂）

羧基虽含有碳氧双键，但在一般条件下不易被还原。不过，在强的还原剂如氢化铝锂（$LiAlH_4$）作用下，可将羧酸直接还原成伯醇。对于不饱和羧酸，氢化铝锂只还原羧基，不还原碳碳双键。

$$RCOOH \xrightarrow{LiAlH_4/\text{无水乙醚}} RCH_2OH$$

$$RCH═CHCH_2COOH \xrightarrow{LiAlH_4/\text{无水乙醚}} RCH═CHCH_2CH_2OH$$

四、羧酸的来源和制法

羧酸广泛存在于自然界，常见的羧酸几乎都有俗名。自然界的羧酸大都以酯的形式存在于油脂、蜡中，经水解后可得多种羧酸。工业上制取羧酸主要以石油和煤为原料，通过氧化法实现的。下面介绍几种制羧酸的方法。

1. 氧化法

（1）烃的氧化　工业上以硬脂酸锰为催化剂，在一定温度下氧化高级烷烃制取高级脂肪酸，例如：

$$RCH_2CH_2R' + \frac{5}{2}O_2 \xrightarrow[120℃]{\text{硬脂酸锰}} RCOOH + R'COOH + H_2O$$

烯烃通过氧化也能制得羧酸：

$$RCH{=}CH_2 \xrightarrow[H^+]{KMnO_4} RCOOH + CO_2 + H_2O$$

含有 α-H 的烷基苯在高锰酸钾、重铬酸钾等氧化剂作用下生成芳香酸，例如：

$$C_6H_5{-}CH_3 \xrightarrow[H^+]{KMnO_4} C_6H_5{-}COOH$$

(2) 伯醇或醛的氧化　伯醇或醛的氧化是制取羧酸最常用的方法，常用的氧化剂有高锰酸钾、重铬酸钾、三氧化铬等。

$$RCH_2OH \xrightarrow[H^+]{KMnO_4} RCHO \xrightarrow[H^+]{KMnO_4} RCOOH$$

乙醛催化氧化是工业制乙酸的常用方法之一。

$$CH_3CHO + O_2(\text{空气}) \xrightarrow[60\sim70^\circ C]{\text{醋酸锰}} CH_3COOH$$

(3) 甲基酮的氧化

$$RCOCH_3 \xrightarrow[\text{②}H^+]{\text{①}I_2\text{-}NaOH} RCOOH$$

此反应可制备比原来酮少一个碳原子的羧酸。

2. 腈的水解

在酸或碱条件下，腈可以水解生成羧酸。

$$RCN + 2H_2O \xrightarrow[\triangle]{H^+} RCOOH + NH_3$$

腈的水解可以得到比原来的卤代烃（腈一般由卤代烃制得）多一个碳原子的羧酸，在有机合成中是一种增加碳原子的方法。

3. 由格氏试剂制备

格氏试剂和二氧化碳发生作用，经水解生成羧酸，低温对反应有利，因此常将格氏试剂的乙醚溶液在冷却下通入二氧化碳，温度一般为−10～10℃左右；也可将格氏试剂的乙醚溶液倒入过量的干冰中，水解得到羧酸。此反应适合增加一个碳原子羧酸的制备。

$$RMgCl + CO_2 \xrightarrow[\text{低温}]{\text{无水乙醚}} RCOOMgCl \xrightarrow[H^+]{H_2O} RCOOH$$

五、重要的羧酸

1. 甲酸

甲酸俗称蚁酸，是无色有刺激气味的液体，相对密度 1.22，熔点 8.6℃，折射率 1.3714，沸点 100.4℃，酸性较强（$pK_a=3.77$），有腐蚀性，能刺激皮肤起泡，溶于水、乙醇、乙醚和甘油。

工业上是利用一氧化碳和氢氧化钠溶液在高温高压作用下首先生成甲酸钠，然后再用浓硫酸酸化把甲酸蒸馏出来。

$$CO + NaOH \xrightarrow[0.6\sim1MPa]{210℃} HCOONa \xrightarrow{浓\ H_2SO_4} HCOOH$$

甲酸的结构比较特殊，分子中含羧基和醛基。

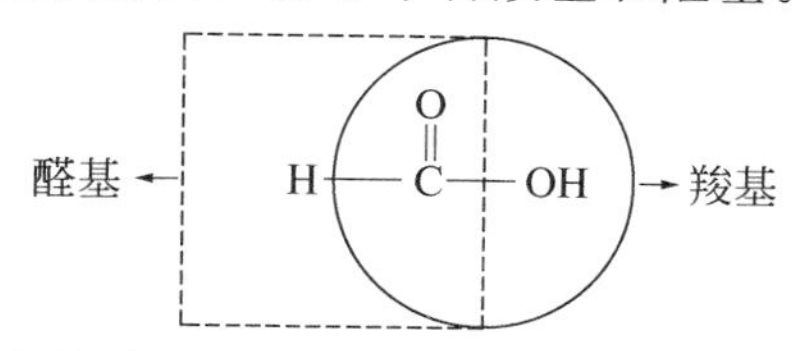

甲酸的分子结构决定了它既有羧酸的性质又有醛的性质。例如，甲酸具有较强的酸性、还原性等，甲酸不仅可被强氧化剂氧化成二氧化碳和水，还可被弱氧化剂多伦试剂、斐林试剂氧化生成银镜和铜镜，可用于甲酸的鉴别。

$$HCOOH \xrightarrow{KMnO_4} CO_2 + H_2O$$

$$HCOOH + 2Ag(NH_3)_2OH \longrightarrow 2Ag\downarrow + (NH_4)_2CO_3 + 2NH_3 + H_2O$$

甲酸也较容易发生脱水、脱羧反应，如甲酸与浓硫酸等脱水剂共热分解成 CO 和 H_2O，这是实验室制备 CO 的方法。

$$HCOOH \xrightarrow[60\sim80℃]{浓\ H_2SO_4} CO + H_2O$$

若加热到 160℃以上可脱羧，生成 CO_2 和 H_2。

$$HCOOH \xrightarrow{160℃} CO_2 + H_2$$

甲酸在工业上用作还原剂和橡胶的凝聚剂，也用来合成酯和某些染料，另外还具有杀菌能力，可作为消毒剂和防腐剂等。

2. 乙酸

乙酸俗名醋酸，是食醋的主要成分，普通食醋约含 6%～10% 乙酸。乙酸为无色有刺激性气味液体，熔点 16.6℃，易冻成冰状固体，故也称为冰醋酸。乙酸与水能按任意比例混溶，也能溶于其他溶剂中。

工业上主要采用乙醛氧化法生产乙酸。

$$CH_3CHO+\frac{1}{2}O_2 \xrightarrow[70\sim80^{\circ}C,0.2\sim0.3MPa]{Mn(Ac)_2} CH_3COOH$$

乙酸是重要的化工原料，可以合成许多有机物，例如醋酸纤维、乙酐、乙酸乙酯等，是化纤、染料、香料、塑料、制药等工业上不可缺少的原料。乙酸还具有一定的杀菌能力，用食醋熏蒸室内，可预防流行性感冒和增强抵抗力。

3. 苯甲酸

苯甲酸以酯的形式存在于天然树脂与安息香胶内，所以苯甲酸也称为安息香酸。工业上主要采用甲苯氧化法和甲苯氯代水解法制备。

$$C_6H_5CH_3 + Cl_2 \xrightarrow{90\sim180^{\circ}C} C_6H_5CCl_3 \xrightarrow{H_2O} C_6H_5COOH$$

苯甲酸是白色晶体，熔点 122℃，沸点 249℃，相对密度 1.2659，微溶于水，易溶于有机溶剂中，能升华。具有无味、低毒、抑菌、防腐性。苯甲酸钠盐是食品和药液中常用的防腐剂，也可用于合成香料、染料、药物等。

4. 乙二酸

乙二酸常以钾盐或钠盐的形式存在于植物的细胞中，俗称草酸，是最简单的二元羧酸。

工业上是用甲酸钠迅速加热至 360℃ 以上，脱氢生成草酸钠，再经酸化得到草酸。

$$\begin{matrix} H-COONa \\ H-COONa \end{matrix} \xrightarrow[-H_2]{360^{\circ}C} \begin{matrix} COONa \\ | \\ COONa \end{matrix} \xrightarrow{\text{稀 } H_2SO_4} \begin{matrix} COOH \\ | \\ COOH \end{matrix}$$

草酸是无色透明晶体，常见的草酸晶体含有两个结晶水，熔点101.5℃。当加热到100～150℃左右时，失去结晶水，生成无水草酸，其熔点为189.5℃。草酸能溶于水和乙醇中，有一定毒性。

草酸具有较强的酸性（$pK_a=1.46$），是二元羧酸中酸性最强的一个，而且酸性远比甲酸（$pK_a=3.77$）和乙酸（$pK_a=4.76$）强。这是因为两个羧基直接相连，一个羧基对另一个羧基有吸电子诱导效应的结果。

除具有酸的通性外，草酸还具有以下特性，如还原性、脱水性、脱羧性和与金属的配合能力等。特别是利用其还原性，在定量分析中用以标定高锰酸钾溶液的浓度。

$$5HOOCCOOH + 2KMnO_4 + 3H_2SO_4 \longrightarrow K_2SO_4 + 2MnSO_4 + 10CO_2 + 8H_2O$$

同时草酸还可作为漂白剂、媒染剂，也可用于除铁锈、墨水痕迹等。

第二节　羧酸的衍生物

羧酸分子中的羟基被其他原子或原子团取代后所生成的化合物称为羧酸的衍生物。主要包括被卤原子取代生成的酰卤，被酰氧基取代的酸酐，被烷氧基取代的酯和被氨基取代的酰胺四大类。

一、羧酸衍生物的命名

羧酸分子中除去羟基，剩下的部分称为酰基（$R-\overset{O}{\overset{\|}{C}}-$），羧酸的衍生物是由酰基和其他原子组成，统称为酰基化合物，通常是根据它们相应羧酸或酰基来命名。

1. 酰卤

酰卤是由酰基和卤原子组成的化合物，其命名是在酰基的名称后加卤原子的名称，称为“某酰卤”，例如：

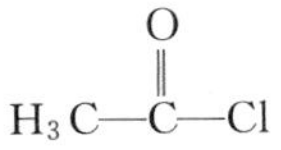

$H_3C-\overset{O}{\overset{\|}{C}}-Cl$　　$C_6H_5-\overset{O}{\overset{\|}{C}}-Cl$

乙酰氯 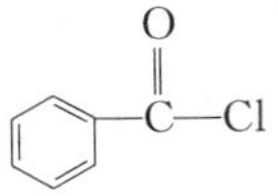　　苯甲酰氯

2. 酸酐

酸酐是羧酸脱水得到的，其命名是在相应的羧酸名称后加“酐”字。若形成酸酐的两个羧酸相同，称为单酐，反之称为混酐，二元羧酸分子内脱水形成的酸酐称为内酐，例如：

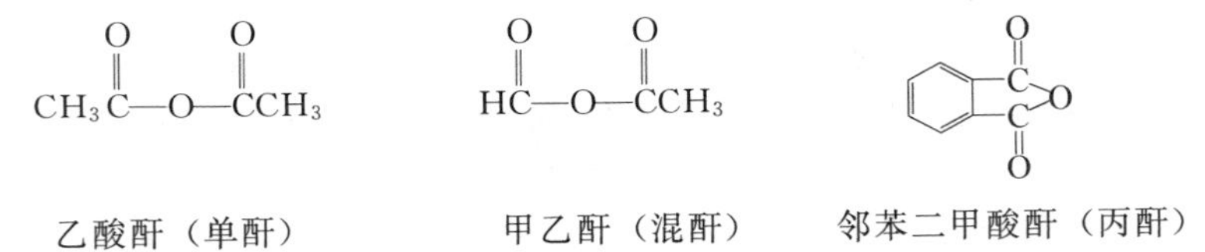

乙酸酐（单酐）　　甲乙酐（混酐）　　邻苯二甲酸酐（丙酐）

3. 酯

酯是羧酸和醇脱水的产物，其命名是用羧酸和醇的名称命名，称为“某酸某酯”，例如：

$CH_3\overset{O}{\overset{\|}{C}}OCH_2CH_3$　　$CH_3\overset{O}{\overset{\|}{C}}OCH_2-C_6H_5$　　$H\overset{O}{\overset{\|}{C}}OCH_2CH_2CH_3$

乙酸乙酯 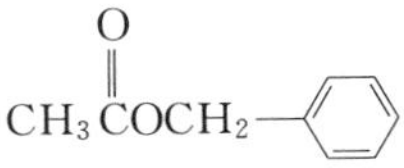　　乙酸苯甲酯 　　甲酸丙酯

4. 酰胺

酰胺是由酰基和氨基组成，其命名方法是在酰基后面加胺字称为“某酰胺”，例如：

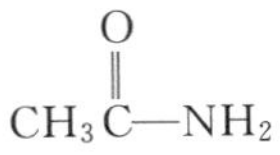

$CH_3\overset{O}{\overset{\|}{C}}-NH_2$　　$C_6H_5-\overset{O}{\overset{\|}{C}}-NH_2$

乙酰胺 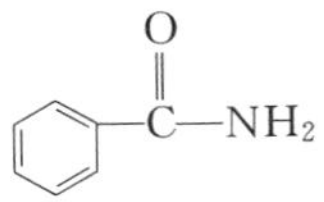　　苯甲酰胺

二、羧酸衍生物的物理性质

酰卤中酰氯最为重要，低级酰氯是具有刺激性气味的液体，高级酰氯为固体。酰卤不溶于水，易溶于有机溶剂，低级酰氯遇水分解。酰氯的沸点比相对分子质量相近羧酸的沸点低，（如丙酸的沸

点 141℃，乙酰氯的沸点 51℃）。

低级酸酐是具有刺激气味的无色液体，高级酸酐为固体，酸酐不溶于水，易溶于有机溶剂，低级羧酐遇水水解。酸酐的沸点比相对分子质量相近的羧酸沸点低（如戊酸的沸点 187℃，乙酸酐的沸点 140℃）。

低级酯是具有芳香气味的液体，存在于水果中，许多花果的香味就是酯引起的（如丁酸甲酯有菠萝气味，乙酸辛酯有橘子气味，苯甲酸甲酯有茉莉香味），因此，可做香料。低级酯是液体，高级酯多为固体，除低级酯微溶于水外，其他酯都不溶于水，易溶于有机溶剂，沸点比相应的羧酸低。

除甲酰胺是液体外，其余酰胺（*N*-烷基取代酰胺除外）都是固体，低级酰胺能溶于水，随相对分子质量增大，溶解度下降。酰胺分子的沸点高于相应的羧酸。相对分子质量接近的羧酸及其衍生物的沸点由高到低的顺序：酰胺＞羧酸＞酸酐＞酯＞酰氯。

常见羧酸及其衍生物的物理常数见表 8-2。

表 8-2 常见羧酸及其衍生物的物理常数

类别	名 称	沸点/℃	熔点/℃	相对密度(d_4^{20})
酰氯	乙酰氯	51	−112	1.104
	乙酰溴	76.7	−96	1.520
	乙酰碘	108		1.980
	丙酰氯	80	−94	1.065
	丁酰氯	102	−89	1.028
	苯甲酰氯	197	−1	1.212
酯	甲酸甲酯	32	−99.0	0.974
	甲酸乙酯	54	−81	0.917
	乙酸甲酯	57.5	−98	0.924
	乙酸乙酯	77.1	−83.6	0.901
	乙酸丁酯	126	−77	0.882
	乙酸戊酯	147.6	−70.8	0.879
	乙酸异戊酯	142	−78	0.876
	苯甲酸乙酯	213	−34	1.050
	甲基丙烯酸甲酯	100	−48	0944

续表

类别	名　称	沸点/℃	熔点/℃	相对密度(d_4^{20})
酸酐	乙酐	139.6	−73	1.082
	丙酐	169	−45	1.012
	丁二酸酐	261	119.6	1.104
	顺丁烯二酸酐	200	60	1.480
	苯甲酸酐	360	42	1.199
	邻苯二甲酸酐	284	131	1.527
酰胺	甲酰胺	210	2.6	1.133
	乙酰胺	223	82	1.159
	丙酰胺	213	80	1.042
	丁酰胺	216	116	1.032
	戊酰胺	232	106	1.023
	己酰胺	255	101	0.999
	乙酰苯胺	305	114	1.210
	N,*N*-二甲基甲酰胺	153	−61	0.948
	N,*N*-二甲基乙酰胺	165	−20	0.934

三、羧酸衍生物的化学性质

酰卤、酸酐、酯和酰胺的分子中都含有羰基，所以它们有一些相似的化学性质，如都可发生水解、醇解、胺解等反应，只是连接基团的不同，表现出不同的活性。强弱顺序为：

$$\mathrm{R\overset{\overset{O}{\|}}{C}{-}X} > \mathrm{R{-}\overset{\overset{O}{\|}}{C}{-}O{-}\overset{\overset{O}{\|}}{C}{-}R'} > \mathrm{R\overset{\overset{O}{\|}}{C}{-}OR'} > \mathrm{R\overset{\overset{O}{\|}}{C}{-}NH_2}$$

另外，有些衍生物也表现出自身特殊性，如羰基连接氨基生成酰胺，下面将分别论述。

1. 水解反应

酰卤、酸酐、酯和酰胺都可与水作用，分子中的基团被羟基取代，生成相应的羧酸。

$$\mathrm{RCOX + H_2O \xrightarrow{室温} RCOOH + HX}$$

$$\mathrm{RCOOCOR' + H_2O \xrightarrow{煮沸} RCOOH + R'COOH}$$

$$\mathrm{RCOOR' + H_2O \xrightarrow{H^+或OH^-} RCOOH + R'OH}$$

$$RCONH_2 + H_2O \begin{cases} \xrightarrow{HCl} RCOOH + NH_4Cl \\ \xrightarrow{NaOH} RCOONa + NH_3\uparrow \end{cases}$$

通过反应条件可知，它们反应的活性不同，其中**酰卤最易水解，酸酐次之，酯和酰胺需加热和催化剂，活性顺序：酰卤＞酸酐＞酯＞酰胺。**

2. 醇解反应

酰卤、酸酐、酯和酰胺与醇反应，分子中相应基团被醇分子中的烷氧基取代，生成酯的反应。

$$RCOX + R'OH \longrightarrow RCOOR' + HX$$

$$RCOOCOR' + R''OH \xrightarrow[\triangle]{} RCOOR'' + R'COOH$$

$$RCOOR' + R''OH \xrightarrow[\triangle]{H^+ 或 OH^-} RCOOR'' + R'OH$$

$$RCONH_2 + R'OH \xrightarrow[\triangle]{H^+ 或 OH^-} RCOOR' + NH_3\uparrow$$

酰卤、酸酐与醇反应生成酯较易进行，酯、酰胺与醇反应较难进行，必须在催化剂存在下才可反应，它们的活性顺序与水解相同。

3. 氨解反应

酰卤、酸酐、酯与氨作用生成酰胺，这是制备酰胺的重要方法，酰胺与胺的作用是可逆反应，与过量的胺反应才可得到 *N*-烷基酰胺。

$$RCOX + 2NH_3 \longrightarrow RCONH_2 + NH_4X$$

$$RCOOCOR' + 2NH_3 \longrightarrow RCONH_2 + R'COONH_4$$

$$RCOOR' + NH_3(过量) \longrightarrow RCONH_2 + R'OH$$

$$RCONH_2 + R'NH_2(过量) \longrightarrow RCONHR' + NH_3\uparrow$$

羧酸衍生物的水解、醇解、氨解中酰基都参与了反应，凡是向其他分子中引入酰基的反应称为酰基化反应，提供酰基的试剂称为酰基化试剂。从反应条件可知，酰卤、酸酐的酰基化能力较强，是有机合成中常用的酰基化试剂。

4. 还原反应

酰卤、酸酐、酯和酰胺都比羧酸容易还原，在还原剂氢化铝锂的作用下，酰卤、酸酐、酯还原成相应的伯醇，酰胺还原成伯胺。

$$\left.\begin{array}{l} RCOX \\ (RCO)_2O \\ RCOOR' \\ RCONH_2 \end{array}\right| \xrightarrow[\text{②}H_2O,H^+]{\text{①}LiAlH_4} \begin{cases} RCH_2OH \\ 2RCH_2OH \\ RCH_2OH + R'OH \\ RCH_2NH_2 \end{cases}$$

其中酯的还原反应应用最多。尤其是氢化铝锂在醇钠的作用下，还原剂不对碳碳双键作用，可生成不饱和伯醇，在有机合成中具有一定的实际意义，例如：

$$\underset{\text{油酸丁酯}}{CH_3(CH_2)_7CH{=}CH(CH_2)_7COOC_4H_9} \xrightarrow[C_4H_9OH]{Na} \underset{\text{油醇}}{CH_3(CH_2)_7CH{=}CH(CH_2)_7CH_2OH} + C_4H_9OH$$

5. 酰胺的特殊反应

（1）酸碱性　酰胺是氨（或胺）的酰基衍生物，氨是碱性物质，但酰胺的碱性比氨弱，同时 N—H 键的氢原子也表现出一定的弱酸性。

由于酰胺碱性很弱，与酸不能形成稳定的盐，只能与强酸生成盐，遇水立即分解。

$$CH_3CONH_2 + HCl \xrightarrow{\text{乙醚}} CH_3CONH_3^+Cl^-$$

（2）脱水反应　酰胺与强脱水剂作用或加热时发生分子内脱水生成腈，常用的脱水剂有五氧化二磷、五氯化磷、亚硫酰氯等，是制备腈的一种方法：

$$RCONH_2 \xrightarrow[\triangle]{P_2O_5} RCN + H_2O$$

（3）霍夫曼（Hofman）降级反应　酰胺与次氯酸钠或次溴酸钠的碱溶液作用时，脱去羰基生成胺，这是 Hofman (1818—1892) 所发现制胺的一种方法。在反应中碳链少了一个碳原子，被称为霍夫曼降级反应。

$$RCONH_2 \xrightarrow[NaOH]{NaOX} RNH_2 + Na_2CO_3 + NaX + H_2O$$

利用这个反应，由羧酸可制备少一个碳原子的伯胺，缩短了碳链。

四、重要的羧酸衍生物

1. 乙酰氯

乙酰氯为无色有刺激性气味的液体，沸点 51℃，相对密度 1.105，折射率 1.3898，能与有机溶剂混溶。在空气中因被水解成 HCl 而冒白烟，所以要密闭保存。

乙酰氯具有酰卤的通性，它的主要用途是作乙酰化试剂和化学试剂。

2. 苯甲酰氯

苯甲酰氯为无色发烟液体，有特殊刺激性气味，相对密度 1.212，沸点 197.2℃，比乙酰氯稳定，遇水或乙醇缓慢分解，生成苯甲酸或苯甲酸乙酯和氯化氢。溶于乙醚、氯仿和苯，是重要的苯甲酰化试剂。用于制造过氧化苯甲酰和染料等。苯甲酰氯是由光气或硫酰氯与苯甲酸作用再经真空蒸馏而制得。

3. 乙酸酐

乙酸酐又称酸酐，无色液体，有极强的醋酸气味，相对密度 1.0820，折射率 1.3904，沸点 139℃，易燃烧，遇水水解成醋酸，具有酸酐的通性，是一种优良的溶剂，也是重要的乙酰化试剂。在工业上大量用于制造醋酸纤维，合成染料、医药、香料、胶片、油漆和塑料等。

工业上常用乙酸与乙烯酮反应制得。

4. 顺丁烯二酸酐

顺丁烯二酸酐又称马来酸酐和失水苹果酸酐，俗称顺酐，是无色晶体粉末，有强烈刺激气味，相对密度 1.48，熔点 52.8℃，沸点 200℃，易升华，溶于乙醇、乙醚和丙酮。与热水作用生成马来酸。用于双烯合成、制药、农药、染料中间体及制聚酯树脂、醇酸树脂、马来酸等，也用作脂肪和油防腐剂等。工业上由苯催化氧化，或由丁烯或丁烷用空气氧化制得。

5. 乙酸乙酯

乙酸乙酯又称醋酸乙酯，为无色可燃性液体，有果子香味，相对密度 0.9005，沸点 77.1℃，易着火，微溶于水，易溶于有机溶剂，易发生水解和皂化反应。工业上用作溶剂，也可用作制造染料、药物、香料的原料，可由醋酸与乙醇在硫酸存在下加热后蒸馏制得。

$$CH_3COOH + CH_3CH_2OH \underset{\triangle}{\overset{浓\ H_2SO_4}{\rightleftharpoons}} CH_3COOCH_2CH_3 + H_2O$$

*第三节　油　　脂

油脂普遍存在于植物的种子和动物的脂肪组织中，它储存于动植物体内，为动植物提供能量。在室温下油脂呈固态、半固态，也有呈液态的。一般把固态、半固态油脂称作脂肪，如猪油、牛油等。呈液态的称作油，如花生油、大豆油、棉子油等。油和脂肪统称为油脂。

一、油脂的组成和结构

油脂是多种高级脂肪酸甘油酯的混合物。形成油脂的高级脂肪酸，绝大多数是含有偶数碳原子的直链羧酸，其中有饱和的［如硬脂酸（$C_{17}H_{35}COOH$）、软脂酸（$C_{15}H_{31}COOH$）］，也有不饱和的［如油酸（$C_{17}H_{33}COOH$）］。脂肪的饱和与否，对其组成的油脂的熔点有影响，液态油比固态脂肪含有较多量的不饱和脂肪酸甘油酯。形成油脂的甘油是多元醇，分子中含有三个羟基，它可以跟一种脂肪酸形成酯，也可以跟不同的脂肪酸形成酯。

二、油脂的物理性质

油脂的相对密度（15℃时）比水小。油脂不易溶于水，易溶于乙醚、汽油、苯、丙酮等有机溶剂中，根据这一性质，工业上用有机溶剂来提取植物种子中的油。因为油脂一般为混合物，所以没有固定的沸点和熔点。

三、油脂的化学性质

油脂的化学性质是与它的主要成分脂肪酸甘油酯的结构密切相关，其重要的化学性质为水解、加成、氧化等反应。

1. 水解反应

在有酸或碱及一定温度下，油脂能够发生水解反应，生成相应的高级脂肪酸和甘油。在酸性条件下水解制取高级脂肪酸和甘油。

如果水解反应在碱性条件下进行，碱与水解生成的高级脂肪酸反应，生成高级脂肪酸盐（肥皂的主要成分），因此也把在碱性条件下水解称为皂化反应。

工业上把 1g 油脂皂化时所需的氢氧化钾的质量（mg）称为皂化值。测定油脂的皂化值可估计油脂的相对分子质量。皂化值越大，油脂的相对分子量越低。

2. 加成反应

不饱和脂肪酸甘油酯可以和 H_2、I_2 等发生加成反应。

（1）催化加氢　不饱和脂肪酸甘油酯加氢后可以转化为饱和程度较高的固态和半固态的酯，这种加氢的油脂称为氢化油或硬化油。

$$\begin{array}{l} C_{17}H_{33}COOCH_2 \\ \quad\quad\quad\quad\;| \\ C_{17}H_{33}COOCH \\ \quad\quad\quad\quad\;| \\ C_{17}H_{33}COOCH_2 \end{array} + 3H_2 \xrightarrow[0.1\sim0.3MPa]{Ni, 200℃} \begin{array}{l} C_{17}H_{35}COOCH_2 \\ \quad\quad\quad\quad\;| \\ C_{17}H_{35}COOCH \\ \quad\quad\quad\quad\;| \\ C_{17}H_{35}COOCH_2 \end{array}$$

油酸甘油酯（油）　　　　硬脂酸甘油酯（脂肪）

工业上可用油脂的氢化反应，把植物油转化成硬化油。硬化油饱和程度好，不易被空气氧化变质，便于贮藏和运输，还能用来制造肥皂、甘油、人造奶油等。

（2）加碘反应　不饱和脂肪酸甘油酯也可以和碘发生加成反应。通常用来判断油脂的不饱和程度。油脂的不饱和程度常用“碘值”表示。100g 油脂与碘加成所需碘的质量（g）称为碘值（又称碘价）。碘值是油脂性质的重要常数，碘值大，表示油脂的不饱和程度高。

3. 氧化和干性

（1）氧化　油脂贮存过久就会变质，产生一种难闻的气味，这种现象称为油脂的酸败。这是由于油脂中含有不饱和键，在空气中被氧化，以及微生物作用下发生部分分解，生成低级醛、酮和游离脂肪酸的缘故。油脂的酸败不仅气味难闻，还会造成油脂中的维生素和脂肪酸的破坏，从而失去营养价值，同时对人体也有很大的伤害。光、热和湿气的存在都会加快油脂的酸败，因此，油脂应在避光、阴凉、干燥、密封的条件下保存，也可在油脂中加入一些抗氧剂，以防酸败。所以在日常生活中，遇到存放许久的食用油，先通过闻味，判断是否酸败，如有难闻气味，尽量不要食用，以免对身体造成损害。油脂酸败产生的游离脂肪酸的含量，可用氢氧化钾中和测定。中和 1g 油脂所需氢氧化钾质量（mg）称为酸值。酸值越小，油脂越新鲜。酸值超过 6mgKOH/g 的油脂不宜食用。

（2）干性　某些油脂（如桐油）涂成薄层，在空气中就逐渐变硬、光亮并形成富有弹性、韧性的固态薄膜。这种结膜特性称为油的干性（或干化），具有干性的油脂称为干性油，干性的化学反应很复杂，主要是一系列氧化聚合反应的结果。油的干性强弱（结成膜的快慢）是和油分子中所含的双键数目以及双键体系有关，含双键数目越多，结膜速度越快，油的干性越强，反之，越慢。有共轭双键结构体系的比孤立双键结构体系的结膜快，成膜是由于双键聚合的结果。

油的干性可以用碘值的大小来衡量：

干性油　　　碘值大于 $130gI_2/100g$

半干性油　　碘值约为 $100\sim130gI_2/100g$

不干性油　　碘值小于 $100gI_2/100g$

油脂结膜的特性，就使油脂成为涂料工业中的一种重要原料。油的干性强弱是判断能否作为涂料的主要依据。干性油、半干性油可用作涂料。例如桐油（碘值 $160\sim170gI_2/100g$）分子中含有 74%～91%的桐油酸，所以是很好的干性油，它制成的涂料不仅结膜快，而且漆膜坚韧、耐水、耐光和耐大气腐蚀，是制涂料良好的原料。同时也广泛用于涂刷木船、木器以及制油布、油纸伞等。桐油是我国的特产，产区以西南各省为主，产量约占世界总产量的90%以上。

油脂的用途很广，是人类生活不可缺少的三大营养食物之一，含不饱和脂肪酸的油脂对人的新陈代谢起着重要的作用。它还可防止血液黏稠和血管阻塞。如月见草油是降血脂、抗血栓的药物。油脂也是工业中的重要原料，在工业上大量用于制肥皂和合成洗涤剂，桐油、亚麻油用于制涂料。蓖麻油可做高级润滑油，也是制癸二酸的原料。另外，油脂还在食品添加剂、医药、化妆品等领域广泛运用。

思考与练习

8-1 写出下列化合物名称：

(1) $(CH_3)_2CHCH_3CHCH_3CHCOOH$

(2) $CH_3(CH_2CH_3)CHCH{=}CHCH_3CHCOOH$

(3) $(CH_3)_2CH-C_6H_4-COOH$（对位取代苯环）

(4) $(CH_3)_2CHCHOHCH_2CH_2COOH$

8-2 判断下列化合物酸性由强到弱的顺序：

(1) HCOOH，CH_3COOH，$CH_2ClCOOH$，$CHCl_2COOH$，$CHBr_2COOH$，CH_3CH_2COOH

(2) 乙醇，苯酚，碳酸，苯甲酸，对甲基苯甲酸

8-3 完成下列方程式

(1) $CH_3CH_2COOH+NH_3 \longrightarrow \quad \xrightarrow[\triangle]{}$

(2) $HCOOH+CH_3CH_2COOH \xrightarrow[\triangle]{P_2O_5}$

(3) CH_3CH_2COOH+ 环戊醇（环戊基—OH）$\xrightarrow[\triangle]{H^+}$

(4) $CH_3CH_2COOH \xrightarrow{LiAlH_4}$

（5）$CH_3CH_2COOH \longrightarrow$ $\xrightarrow{PCl_3}$ / $\xrightarrow{SOCl_2}$

（6）$C_6H_5CH_3$（甲苯）$\xrightarrow[H^+,\triangle]{KMnO_4}$ $\xrightarrow{P_2O_5}$

（7）邻苯二甲酸酐 $+2CH_3OH \xrightarrow{H_2SO_4}$

（8）$CH_3CONH_2 \longrightarrow$ $\xrightarrow{HCl}$ / $\xrightarrow{NaOH}$

（9）C_6H_5—COOH $\xrightarrow{PCl_5}$ $\xrightarrow{H_2O}$

（10） $CH_2{=}CHCH_2COC_2H_5 \xrightarrow[C_2H_5OH]{Na}$

（11） C_6H_5—COOH $\xrightarrow{PCl_5}$ $\xrightarrow{NH_3(过量)}$ $\xrightarrow[NaOH]{NaOBr}$

（12）$CH_3CH_2CONH_2 \xrightarrow{H_2O(H^+或\ OH^-)}$

（13）$CH_3CH_2CONH_2 \xrightarrow{R'OH(H^+或\ OH^-)}$

（14）$CH_3CH_2CONH_2 \xrightarrow{P_2O_5}$

（15）$CH_3CH_2CONH_2 \xrightarrow[NaOH]{NaOX}$

（16）$CH_3CH_2CONH_2 \xrightarrow{LiAlH_4}$

8-4 鉴别下列化合物：

（1）甲醇，甲醛，甲酸　　（2）甲酸，乙酸，丙烯酸

8-5 完成下列转变：

（1）$CO \longrightarrow HOOC—COOH$

（2） $CH{\equiv}CH \longrightarrow CH_3COOH$

（3） C_6H_6（苯）$\longrightarrow HOOC(CH_2)_4COOH$

（4） C_6H_5—Br $\longrightarrow$ C_6H_5—COOH

（5）$CH_3COCH_2Br \longrightarrow CH_3COCH_2COOH$

（6）$CH_3CH_2OH \longrightarrow CH_3COOH$

8-6 写出下列化合物的结构式：

（1）乙丙酸酐　　（2）对羟基苯甲酰氯

（3）苯甲酸酐　　（4）乙酸苯酯

（5）乙二酸乙二酯

8-7 按沸点由低到高的顺序排列：

（1）1-丙醇　　（2）乙酰氯

（3）乙酰胺　　（4）乙酸

（5）乙酸乙酯

8-8 举例说明羧酸衍生物的水解、醇解、氨解的活性顺序。

8-9 写出乙酰氯、乙酸乙酯、乙酸酐与下列试剂反应时生成的主要产物的结构式。

（1）H_2O　　（2）C_2H_5OH

（3）NH_3　　（4）$LiAlH_4$

8-10 解释皂化、硬化、酸败、干性、碘值、酸值的含义

自　测　题

一、填空题

1. 乙酸俗称________，分子式为__________，结构式________，—COOH 名称是________，乙酸是一种________酸，其酸性比碳酸________，无水乙酸又称________。

2. 油脂是________甘油酯的通称。在室温下呈________态的油脂称为油；分子中含________烃基，能使溴水和 $KMnO_4$ 酸性溶液的颜色________；呈固态或半固态的油脂称为________，分子中含有________烃基，熔点较________，油脂属于________类物质，在碱性条件下能发生________反应，生成高级脂肪酸盐和________，油脂的这一反应称为________反应，工业上利用该反应来制取________。

3. 写出下列化合物的结构简式：

(1) 蚁酸________________　(2) 草酸________________

(3) 安息香酸____________　(4) 苯甲酸酐____________

二、选择题

1. 下列物质的溶液，pH 最大的是（　）。

A. 甲酸　B. 乙酸　C. 草酸　D. 碳酸

2. 下列物质属于多元羧酸的是（　）。

A. 草酸　B. 软脂酸　C. 苯甲酸　D. 丙烯酸

3. 下列物质属于纯物质的是（　）。

A. 食醋　B. 福尔马林　C. 乙酸甲酯　D. 油脂

4. 既能发生氢化反应，又能发生皂化反应的物质是（　）。

A. 油酸　B. 软脂酸甘油酯　C. 油酸甘油酯　D. 硬脂酸

三、是非题（下列叙述中，对的在括号中打“√”，错的打“×”）

1. 酰胺是有机弱碱，能与酸反应生成稳定的化合物。（　）

2. 凡是能与多伦试剂作用产生银镜的化合物都含有醛基，属于醛类。（　）

3. 工业上利用油脂的干性来大量生产肥皂。（　）

4. 一元羧酸的通式是 R—COOH，式中的 R 只能是脂肪烃基。（　）

四、完成下列方程式：

1. $C_6H_5COOH \xrightarrow{SOCl_2} \quad \xrightarrow{CH_3OH}$

2. C_6H_5—COOH（苯环结构）$\xrightarrow{NH_3} \quad \xrightarrow[\triangle]{} \quad \xrightarrow{H_2O}$

3. $C_6H_5CONH_2 \xrightarrow{P_2O_5}$

4. $(CH_3)_2CHCOOH \xrightarrow{PCl_5} \quad \xrightarrow{NH_3} \quad \xrightarrow[NaOH]{NaOBr}$

五、用化学方法区别下列各组化合物

1. 乙醇，乙醛，乙酸　2. 甲酸，乙酸，乙二酸

3. 乙酸，乙酰氯，乙酰胺　4. 甲酸，丙酸，乙酸丙酯

六、由指定原料合成所需化合物

1. $C_6H_5CH_2CHO \longrightarrow C_6H_5CH_2COOH$

2. $CH_3COOH \longrightarrow CH_2(COOH)_2$

七、推断题

分子式均为 $C_3H_6O_2$ 的 A、B、C 三个化合物，A 与碳酸钠作用放出二氧化碳，B 和 C 不能，用氢氧化钠溶液加热水解，B 的水解馏出液可发生碘仿反应，C 不能，试推测 A、B、C 的结构式并写出相关方程式。

第九章　含氮有机化合物

【学习目标】

1. 了解含氮有机化合物的分类和命名。
2. 掌握硝基化合物、胺的化学性质。
3. 了解几种重要的含氮有机化合物的性质和用途。

分子中含有氮元素的有机化合物称为含氮有机化合物。含氮有机化合物的种类很多，主要有硝基化合物、胺、重氮化合物、偶氮化合物、腈、异腈、肼等，本章只讨论硝基化合物、胺、腈、重氮化合物和偶氮化合物。

第一节　硝基化合物

一、硝基化合物的分类和命名

1. 硝基化合物的分类

烃分子里的一个或几个氢原子被硝基（$—NO_2$）取代后所生成的化合物称为硝基化合物，硝基是它的官能团，通式 RNO_2。

根据硝基化合物分子中烃基的不同，可分为脂肪族硝基化合物和芳香族硝基化合物，例如：

CH_3NO_2　　　　$CH_3CH_2NO_2$

脂肪族硝基化合物

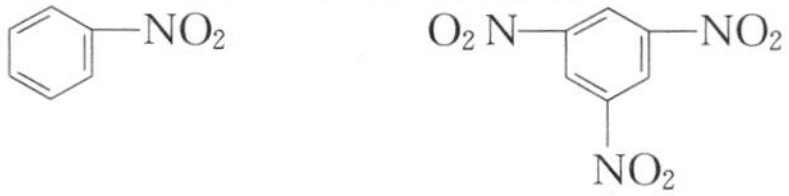

$C_6H_5—NO_2$　　　　1,3,5-$C_6H_3(NO_2)_3$

芳香族硝基化合物

根据分子中的硝基数目不同，分为一元和多元硝基化合物。

根据分子中硝基所连碳原子种类不同，分为伯、仲、叔硝基化合物，如：

$CH_3CH_2NO_2$	$CH_3CHNO_2CH_3$	$(CH_3)_3CNO_2$
伯硝基化合物	仲硝基化合物	叔硝基化合物

2. 硝基化合物的命名

硝基化合物从结构上可看作是烃的一个或多个氢原子被硝基取代。它的命名类似卤代烃，是以烃基为母体，硝基作为取代基来命名的，例如：

CH_3NO_2	$CH_3CH_2NO_2$	$CH_3-CH(NO_2)-CH_3$	$CH_3CH(CH_3)CH(NO_2)CH_3$
硝基甲烷	硝基乙烷	2-硝基丙烷	2-甲基-3-硝基丁烷

多官能团硝基化合物，硝基仍作为取代基，例如：

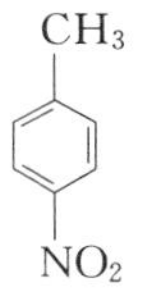

CH_3 / NO_2	NO_2 / NO_2	OH / NO_2	COOH / NO_2
对硝基甲苯	邻二硝基苯	对硝基苯酚	邻硝基苯甲酸

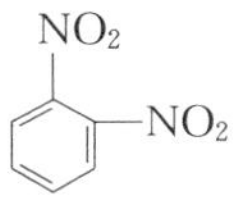

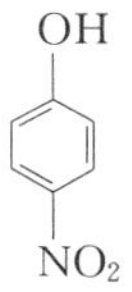

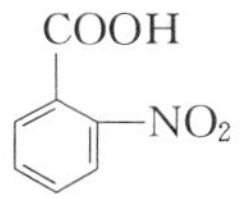

二、硝基化合物的物理性质

脂肪族硝基化合物是难溶于水、易溶于有机溶剂、相对密度大于 1 的无色液体。芳香族硝基化合物，一般为淡灰黄色，有苦杏仁气味，除少数一元硝基化合物是高沸点液体外，多数是固体。

硝基化合物的沸点比相应的卤代烃高。液体的硝基化合物是大多数有机物的良好溶剂，常被用作一些有机化学反应的溶剂。但硝基化合物有毒，它的蒸气能透过皮肤被机体吸收而使人中毒，故生产上尽可能不用它作溶剂。多硝基化合物具有爆炸性，使用时应注意安全。常见硝基化合物的物理常数见表 9-1。

表 9-1　常见硝基化合物的物理常数

名　　称	熔点/℃	沸点/℃	相对密度(d_4^{20})
硝基苯	5.7	210.8	1.203
邻二硝基苯	118	319	1.565
间二硝基苯	89.8	291	1.571
对二硝基苯	174	299	1.625
均三硝基苯	122	分解	1.688
邻硝基甲苯	−9.3	222	1.163
间硝基甲苯	16	231	1.157
对硝基甲苯	52	238.5	1.286
2,4-二硝基甲苯	70	300	1.521
α-硝基萘	61	304	1.322

三、硝基化合物的化学性质

由于芳香族硝基化合物的实用性比脂肪族硝基化合物强，所以本章主要学习芳香族硝基化合物的性质。芳香族硝基化合物的性质比较稳定。其化学反应主要发生在官能团硝基以及被硝基钝化的苯环上。

1. 还原反应

硝基是不饱和基团，与羰基相似可以被还原。随着还原条件的不同，芳香族硝基化合物可被还原成为不同的产物。常用的还原方法有化学还原剂法和催化加氢法。

在酸性介质中与还原剂作用，硝基被还原成氨基，生成芳胺。常用的还原剂有铁与盐酸、锡与盐酸等，例如：

$$C_6H_5NO_2 \xrightarrow[\triangle]{Fe,HCl} C_6H_5NH_2$$

苯胺

以上是实验室制取苯胺常用的方法。

在一定的温度和压力下，硝基还可发生催化加氢反应，还原为氨基。

$$\text{C}_6\text{H}_5\text{NO}_2 \xrightarrow[\text{加压},\triangle]{H_2,Ni} \text{C}_6\text{H}_5\text{NH}_2$$

使用化学还原剂法有污染，收率和产品质量都不及催化加氢法。因此工业上常用催化加氢法制取苯胺。

还原多硝基化合物时，选择不同的还原剂，可使其部分还原或全部还原。例如，在邻二硝基苯的还原反应中，可选用适量的硫化钠、硫氢化铵或硫化铵作还原剂，可只还原其中一个硝基，生成邻硝基苯胺。

$$o\text{-C}_6\text{H}_4(\text{NO}_2)_2 \xrightarrow[CH_3OH,\triangle]{NH_4HS} o\text{-H}_2\text{NC}_6\text{H}_4\text{NO}_2$$

邻硝基苯胺

但如果选用铁和盐酸或催化加氢为还原剂，则两个硝基全部被还原，生成邻苯二胺。

$$o\text{-C}_6\text{H}_4(\text{NO}_2)_2 \xrightarrow[\text{或 } H_2,Ni]{Fe,HCl} o\text{-C}_6\text{H}_4(\text{NH}_2)_2$$

邻苯二胺

2. 苯环上的取代反应

硝基是间位定位基，可使苯环钝化，硝基苯不能发生傅-克反应。取代反应主要发生在间位上，且比苯难进行。但在较强的条件下，硝基苯也能发生卤代、硝化、磺化反应，得到间位产物，例如：

$$\text{C}_6\text{H}_5\text{NO}_2 + Br_2 \xrightarrow[140℃]{Fe} m\text{-BrC}_6\text{H}_4\text{NO}_2 + HBr$$

$$\text{C}_6\text{H}_5\text{NO}_2 + HNO_3\text{(发烟)} \xrightarrow[95\sim100℃]{\text{浓 } H_2SO_4} m\text{-C}_6\text{H}_4(\text{NO}_2)_2 + H_2O$$

$$\text{C}_6\text{H}_5\text{NO}_2 + \text{H}_2\text{SO}_4(\text{发烟}) \xrightarrow[100℃]{} m\text{-NO}_2\text{C}_6\text{H}_4\text{SO}_3\text{H} + \text{HBr}$$

3. 硝基对邻位、对位取代基的影响

硝基不仅钝化了苯环，使苯环上的取代反应难于进行，同时硝基对苯环上的其他取代基也发生显著的影响。

(1) 影响卤原子的活泼　在通常情况下，氯苯很难发生水解反应。但当氯原子的邻位或对位连有硝基时，则氯原子就容易被水解，硝基越多，反应越容易进行。这是由于硝基具有较强的吸电子作用，因而容易发生水解反应。例如，氯苯在一般条件下不能发生水解反应，而硝基氯苯则可发生水解。

(2) 对酚类酸性的影响　苯酚的酸性比碳酸弱。当苯环上引入硝基能增强酚的酸性，而且硝基越多，酸性越强。例如 2,4,6-三硝基苯酚的酸性（$pK_a=0.38$）已接近无机酸，可使刚果红试纸变色（红色变蓝紫色）。表 9-2 列出它们的 pK_a 值。

表 9-2　苯酚及硝基苯酚的 pK_a 值

名　　称	pK_a(25℃)	名　　称	pK_a(25℃)
苯酚	10	对硝基苯酚	7.10
邻硝基苯酚	7.21	2,4-二硝基苯酚	4.00
间硝基苯酚	8.00	2,4,6-三硝基苯酚	0.38

四、硝基化合物的制备

1. 烷烃的硝化

脂肪族硝基化合物可以通过烷烃的直接硝化制取，例如：

$$\text{CH}_3\text{CH}_2\text{CH}_3 + \text{HONO}_2 \xrightarrow{400℃} \text{CH}_3\text{CH}_2\text{CH}_2\text{CH}_2\text{NO}_2 + \text{H}_2\text{O}$$

2. 亚硝酸盐的烃化

脂肪族硝基化合物可用无机亚硝酸盐与卤代烷进行取代反应制取。常用的亚硝酸盐有锂、钠、钾盐等，卤代烷可用溴代烷或碘代烷，在二甲基亚砜溶液中的反应可得 60% 以上的硝基化合物，

例如：

$$CH_3(CH_2)_6Br + NaNO_2 \xrightarrow{CH_3SOCH_3} CH_3(CH_2)_6NO_2$$

3. 芳烃的硝化

制取芳香烃硝基化合物最简便的方法是用硝酸和浓硫酸的混酸作用于芳烃，例如由苯硝化生成硝基苯。

$$C_6H_6 \xrightarrow[50\sim60℃]{混酸} C_6H_5NO_2$$

硝基苯继续硝化，可得间二硝基苯，再硝化可得三硝基苯。

$$C_6H_5NO_2 \xrightarrow[95\sim100℃]{发烟硝酸，浓硫酸} m\text{-}C_6H_4(NO_2)_2 \xrightarrow[100\sim110℃]{发烟硝酸，发烟硫酸} 1,3,5\text{-}C_6H_3(NO_2)_3$$

烷基苯比苯容易硝化，如甲苯硝化在 30℃就能进行，主要生成邻硝基甲苯和对硝基甲苯。硝基甲苯进一步硝化可以得到 2,4,6-三硝基甲苯，即炸药 TNT。

五、重要的硝基化合物

1. 硝基苯（$C_6H_5NO_2$）

硝基苯俗称人造苦杏仁油。纯品是无色至淡黄色的油状液体。有杏仁油的特殊气味，有毒，熔点 5.7℃，沸点 210.9 ℃，相对密度 1.2037。普通品含有少量的二硝基苯和二硝基噻吩等杂质，是黄色至红黄色的液体。不溶于水，与乙醇、乙醚或苯混溶。用途很广，主要用于制造苯胺、联苯胺、偶氮苯、染料等。在一般条件下比较稳定，是有机合成的良好溶剂。由苯硝化制得。

2. 1,3,5-三硝基苯（$1,3,5\text{-}C_6H_3(NO_2)_3$）

1,3,5-三硝基苯又名均三硝基苯，淡黄色菱形晶体，熔点 122℃，相对密度 1.688，微溶于水，易溶于苯、甲苯、氯仿、丙酮等溶剂。具有爆炸性，可用作炸药。在分析化学中也可用作 pH 指示剂，变色范围 12.0～14.0，由无色变橙色。可由间二硝基苯经硝化制得。

3. 2,4,6-三硝基甲苯

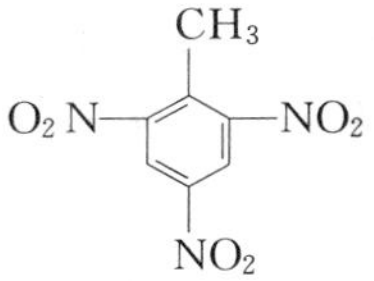

2,4,6-三硝基甲苯简称三硝基甲苯，俗称梯恩梯（TNT），为黄色单斜晶体，有毒，味苦，熔点 81℃，不溶于水，溶于乙醇、乙醚。三硝基甲苯平时比较稳定，即使受热或撞击也不易爆炸，所以贮存和运输时都比较安全。但经起爆剂引发，就会发生猛烈爆炸。原子弹、氢弹的爆炸威力常用 TNT 的万吨级来表示。TNT 也可用在国防、开矿、筑路、挖掘隧道等工程中，另外，还可用作制染料和照相药品等原料。TNT 可由甲苯用硝酸和硫酸的混酸硝化而制得。

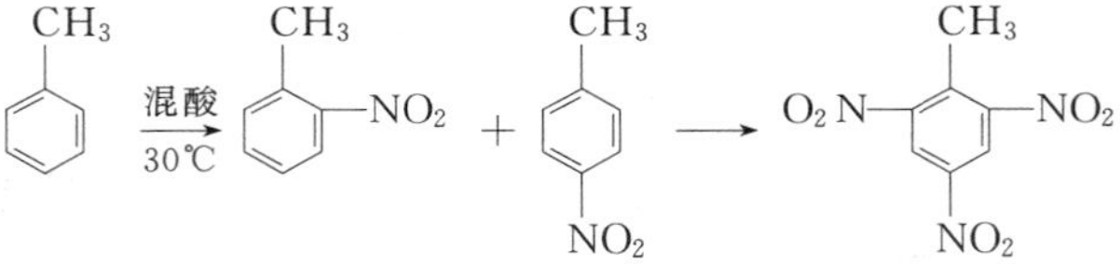

混酸 30℃

4. 2,4,6-三硝基苯酚

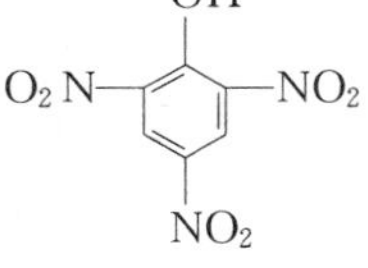

2,4,6-三硝基苯酚俗称苦味酸，为淡黄色晶体，味苦、有毒、熔点 122℃，相对密度 1.763。不溶于冷水，易溶于热水和乙醇、乙醚、氯仿、苯等有机溶剂。具有爆炸性，是一种强酸（pK_a = 0.38），可由二硝基苯、氯代苯经水解和硝化而成。可用于制作染料、照相药品，医药上用作外科收敛剂。

第二节　胺

一、胺的结构、分类和命名

1. 胺的结构

烃分子中的氢原子被氨基（—NH_2）取代后所生成的化合物称为胺，也可看作氨分子中的氢原子被烃基取代后的衍生物。胺的结构与氨相似，呈三角锥形。常用通式 R—NH_2 表示。

2. 胺的分类

根据分子中烃基的种类不同，可分为脂肪胺和芳香胺，例如：

CH_3NH_2　脂肪胺　　　C_6H_5—NH_2　芳香胺

根据分子中含氨基数目不同，分为一元胺、二元胺和多元胺，例如：

$CH_3CH_2NH_2$　一元胺　　　$H_2NCH_2CH_2NH_2$　二元胺

根据氨分子中氢原子被取代的数目不同，可分为伯胺（一级胺）、仲胺（二级胺）、叔胺（三级胺），例如：

CH_3NH_2　伯胺　　　$(CH_3)_2NH$　仲胺　　　$(CH_3)_3N$　叔胺

注意：伯、仲、叔胺的分类和伯、仲、叔醇（或卤代烃）不同，醇（或卤代烃）是按官能团所连的碳原子类型的不同而分类，而胺是根据氮原子所连烃基的数目而定的，例如：

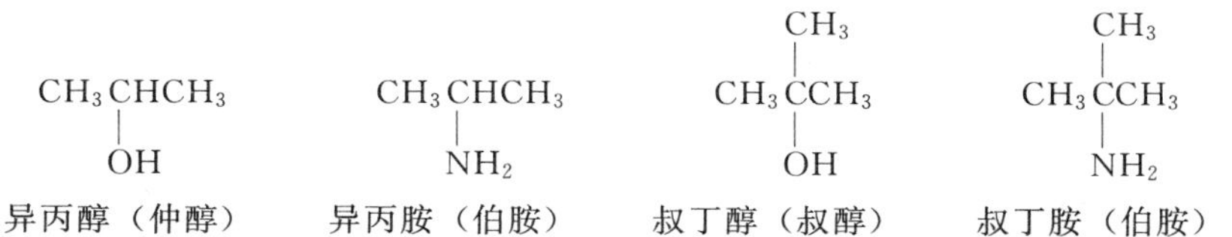

异丙醇（仲醇）　异丙胺（伯胺）　叔丁醇（叔醇）　叔丁胺（伯胺）

对应于氢氧化铵或氯化铵的四烃基衍生物称为季铵化合物。对应于氢氧化铵的化合物称为季铵碱，对应于氯化铵的化合物称为季铵盐，例如：

$R_4N^+OH^-$　　　　$R_4N^+Cl^-$

季铵碱　　　　季铵盐

应注意“氨”、“胺”、“铵”字用法的不同，表示基时，用“氨”字，如氨基（$-NH_2$）；表示氨的烃基衍生物时，用“胺”字，如甲胺；表示季铵类化合物时，用“铵”字。

3. 胺的命名

简单的胺常用习惯命名法命名，即在胺前加上烃基的名称来命名。

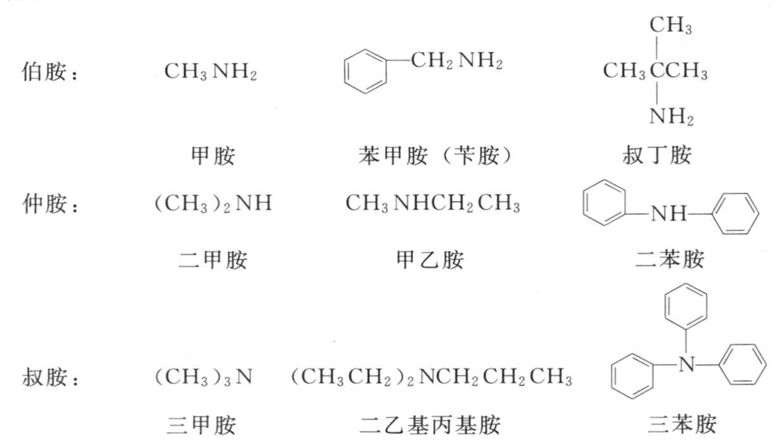

当氮原子同时连有烷基和芳基时，则以芳胺为母体，命名时烷基名称前加符号“*N*”，表示烷基是连在氮原子上的，例如：

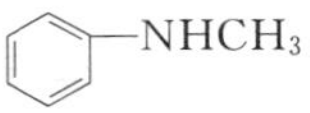

$C_6H_5-NHCH_3$　　　　$C_6H_5-N(CH_3)_2$

N-甲基苯胺 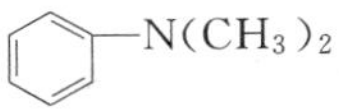　　　　*N*,*N*-二甲基苯胺

二、胺的物理性质

在常温下，低级胺是气体或易挥发的液体，气味与氨相似。有的有鱼腥味，高级胺为固体。**芳香胺为高沸点液体或低熔点固体，具有特殊气味。芳香胺的毒性很大，如苯胺可以通过吸入、食入或透过皮肤吸收而使人中毒，有些芳胺如β-萘胺还有致癌作用。**

低级胺在水中的溶解度都比较大。但其沸点比相对分子质量相近的醇、羧酸低。一些常见胺的物理常数见表 9-3。

表 9-3　一些常见胺的物理常数

总称	熔点/℃	沸点/℃	相对密度	折射率	pK_b
甲胺	−92.5	−6.5	0.699(11℃)	1.4321	3.38
乙胺	−80.5	16.6	0.6829	1.3663	3.7
丙胺	−83	48.7	0.7173	1.3870	3.33
丁胺	−50.5	77.8	0.7417	1.4031	3.39
戊胺	−5.5	104	0.7574	1.4118	
己胺	−19	132.7	0.7660		3.44
二甲胺	−96	7.4	0.6804(0℃)	1.350	3.29
二乙胺	−50	55.5	0.7108	1.3864	3.02
二丙胺	−39.6	110.7	0.7400	1.4050	3.03
三甲胺	−124	3.58	0.6356	1.3631(0℃)	4.4
三乙胺	−115	9.7	0.7275	1.4010	3.4
苯胺	−6	184	1.022		9.42

三、胺的化学性质

1. 胺的碱性

胺和氨一样，胺分子中氮原子具有共用的电子对，能接受一个质子，显示碱性。

胺的碱性以碱电离常数 K_b 或其负对数值 pK_b 表示，K_b 值越大或 pK_b 值越小，胺的碱性越强。某些胺的 pK_b 值见表 9-3。从表中可知，脂肪胺的碱性比氨强，而芳香胺的碱性比氨弱。

脂肪胺＞氨＞芳香胺

烷基越多，胺的碱性越强。在气态时，甲胺、二甲胺、三甲胺的碱性强弱顺序为：

$$(CH_3)_3N > (CH_3)_2NH > CH_3NH_2 > NH_3$$

在水溶液中，其碱性强弱顺序为：

$$(CH_3)_2NH > CH_3NH_2 > (CH_3)_3N > NH_3$$

芳胺的碱性比氨弱。不同芳胺的碱性强弱顺序如下：

N,*N*-二甲基苯胺＞*N*-甲基苯胺＞苯胺＞二苯胺＞三苯胺

当芳胺的苯环上连有供电子基时，其碱性增强，而连有吸电子

基时，其碱性减弱，例如：

$$p\text{-}CH_3C_6H_4NH_2 > C_6H_5NH_2 > p\text{-}NO_2C_6H_4NH_2$$

2. 胺的烷基化

胺能与卤代烷、醇等烷基化试剂作用，在氮原子上引入烷基，该反应称为胺的烷基化反应。伯胺与卤代烷或醇反应可生成仲胺、叔胺和季铵盐的混合物。

$$RNH_2 \xrightarrow{R'X} RNHR'$$

$$RNHR' \xrightarrow{R'X} RNR'_2$$

$$RNR'_2 \xrightarrow{R'X} RN^+ \ R'_3X^-$$

例如工业上利用苯胺与甲醇在硫酸催化下，加热、加压，制取 *N*-甲基苯胺和 *N*,*N*-二甲基苯胺。

$$C_6H_5NH_2 + CH_3OH \xrightarrow[2.5\sim3MPa,230℃]{H_2SO_4} C_6H_5NHCH_3 + H_2O$$

$$C_6H_5NH_2 + 2CH_3OH(过量) \xrightarrow[2.5\sim3MPa,230℃]{H_2SO_4} C_6H_5N(CH_3)_2 + 2H_2O$$

3. 酰基化

伯胺和仲胺能与酰卤、酸酐等酰基化试剂作用，氨基上的氢原子被酰基取代，生成胺的酰基衍生物，该反应称为胺的酰基化反应。因叔胺的氮原子上没有氢原子，故不能发生酰基化反应。利用此性质把叔胺从伯、仲胺中分离出来。

4. 亚硝酸反应

不同的胺与亚硝酸反应时可生成不同的产物，由于亚硝酸不稳定，易分解，一般在反应过程中由亚硝酸钠与盐酸（硫酸）作用得到。

脂肪族伯胺与亚硝酸反应，生成醇、烯烃等混合物，并放出氮气，例如：

$$CH_3CH_2NH_2 \xrightarrow[HCl]{NaNO_2} CH_3CH_2OH + CH_2CH_2 + CH_3CH_2Cl + N_2\uparrow$$

芳香族伯胺在低温下和亚硝酸的强酸性水溶液反应，生成重氮盐，该反应叫做重氮化反应。

$$C_6H_5NH_2 + NaNO_2 + 2HCl \xrightarrow{0\sim5℃} C_6H_5N_2Cl + 2H_2O + NaCl$$

重氮盐在低温下稳定，加热水解为苯酚和氮气。

$$C_6H_5N_2Cl \xrightarrow[\triangle]{H_2O} C_6H_5OH + N_2\uparrow$$

脂肪族和芳香族仲胺与亚硝酸反应，都生成不溶于水的黄色油状物——*N*-亚硝基胺，例如：

$$(CH_3CH_2)_2NH \xrightarrow[HCl]{NaNO_2} (CH_3CH_2)_2N—NO$$

N-亚硝基二乙胺

$$C_6H_5NHCH_3 \xrightarrow[HCl]{NaNO_2} C_6H_5N(CH_3)—NO$$

N-甲基-*N*-亚硝基苯胺

N-亚硝基胺与稀硝酸共热时，水解而成原来的仲胺。可用于分离和提纯仲胺。

脂肪族叔胺由于氮原子上没有氢原子，一般不与亚硝酸反应，芳香族叔胺与亚硝酸作用，发生环上亚硝化反应，生成有颜色的对亚硝基取代物，例如：

$$C_6H_5N(CH_3)_2 + NaNO_2 + HCl \longrightarrow (CH_3)_2N—C_6H_4—NO + H_2O + NaCl$$

对亚硝基-*N*,*N*-二甲基苯胺（绿色）

由于不同的胺与亚硝酸反应后产物的颜色、物态各不相同，故可用来鉴别伯、仲、叔胺。

5. 胺的氧化

胺很容易发生氧化反应，尤其是芳伯胺更容易氧化。如纯苯胺是无色油状液体，在空气中放置后逐渐被氧化变为黄色甚至红棕色，所以芳胺应放置于避光棕色瓶中保存。氧化产物很复杂，氧化剂和反应条件不同，其产物也不同。例如，在酸性条件下二氧化锰氧化苯胺生成对苯醌：

$$C_6H_5NH_2 \xrightarrow[H_2SO_4, 10℃]{MnO_2} O{=}C_6H_4{=}O$$

若用重铬酸钾和硫酸氧化，经过复杂的变化，产物称为“苯胺黑”，是一种黑色的染料。

苯胺遇漂白粉变成紫色，可用于苯胺的鉴别。

6. 苯环上的取代反应

芳胺是氨基直接连在芳环上，由于氨基是很强的邻、对位基，可活化苯环，因此苯胺容易发生卤化、硝化、磺化等取代反应。

（1）卤化反应　苯胺与卤素很容易发生卤化反应，在常温下苯胺与溴水反应，立即生成 2,4,6-三溴苯胺白色沉淀，反应非常灵敏，可用于鉴别苯胺。

$$C_6H_5NH_2 + 3Br_2 \longrightarrow 2,4,6\text{-}Br_3C_6H_2NH_2\downarrow + 3HBr$$

白色沉淀

（2）硝化反应　由于芳胺对氧化剂较敏感，苯胺直接硝化易引起氧化作用，所以制备硝基苯胺时必须先把氨基保护起来，为此常采用先将苯胺乙酰化，然后再进行硝化的方法。乙酰苯胺硝化时，可以得到邻位或对位硝基衍生物。

$$C_6H_5NH_2 \xrightarrow{(CH_3CO)_2O} C_6H_5NHCOCH_3$$

$$C_6H_5NHCOCH_3 \xrightarrow[CH_3COOH]{HNO_3} p\text{-}O_2NC_6H_4NHCOCH_3 \xrightarrow[OH^-]{H_2O} p\text{-}O_2NC_6H_4NH_2$$

$$C_6H_5NHCOCH_3 \xrightarrow[(CH_3CO)_2O]{HNO_3} o\text{-}O_2NC_6H_4NHCOCH_3 \xrightarrow[OH^-]{H_2O} o\text{-}O_2NC_6H_4NH_2$$

若用浓硝酸和浓硫酸的混酸进行硝化，则主要得到间硝基苯胺。

$$C_6H_5NH_2 \xrightarrow{H_2SO_4(浓)} C_6H_5N^+H_3^-OSO_3H \xrightarrow{HNO_3(浓)} m\text{-}NO_2C_6H_4N^+H_3^-OSO_3H \xrightarrow{OH^-} m\text{-}NO_2C_6H_4NH_2$$

(3) 磺化反应　苯胺在常温下与浓硫酸反应，生成苯胺硫酸盐，将其盐加热到 180～190℃，发生脱水转位，得到对氨基苯磺酸。

$$C_6H_5NH_2 \xrightarrow{浓\ H_2SO_4} C_6H_5NH_2 \cdot H_2SO_4 \xrightarrow{180\sim190℃} p\text{-}H_2NC_6H_4SO_3H$$

对氨基苯磺酸俗称磺胺酸，白色晶体，熔点 288℃，是制备偶氮染料和磺胺药物的原料。

7. 异腈反应

脂肪族伯胺或芳香族伯胺与三氯甲烷、氢氧化钾的醇溶液共热生成有毒有恶臭气味的异腈。这个反应非常灵敏，可作为鉴别伯胺的方法。

$$RNH_2 + CHCl_3 + 3KOH \longrightarrow RNC + 3KCl + 3H_2O$$

*四、胺的制法

1. 氨的烷基化

氨与卤代烷等烷基化试剂作用生成胺，通常反应的最后产物是伯胺、仲胺、叔胺和季铵盐的混合物。由于产物难于分离，因而此反应应用受到限制。

醇和氨的混合蒸气通过加热的催化剂（氧化铝）也可生成伯胺、仲胺和叔胺。例如工业上利用甲醇与氨反应制甲胺、二甲胺和三甲胺：

$$CH_3OH + NH_3 \xrightarrow[380\sim450℃,5MPa]{Al_2O_3} CH_3NH_2 \xrightarrow{CH_3OH} (CH_3)_2NH \xrightarrow{CH_3OH} (CH_3)_3N$$

2. 含氮化合物的还原

硝基化合物、腈、酰胺等含氮化合物都易还原成胺。

芳胺的制取最好是硝基化合物的还原，常用的还原剂为铁、锡和盐酸等（详见第九章第一节）。

$$C_6H_5NO_2 \xrightarrow[\triangle]{Fe, HCl} C_6H_5NH_2$$

腈在乙醇与金属钠作用下还原为伯胺，用催化加氢也可得到伯胺。

酰胺也可以还原为胺，不同结构的酰胺经氢化铝锂还原可制取伯、仲、叔胺。

3. 酰胺的降级反应

酰胺与次卤酸钠作用，脱去羰基，生成少一个碳原子的伯胺，称为霍夫曼降级反应。

$$CH_3CH_2CONH_2 \xrightarrow[Br_2]{NaOH} CH_3CH_2NH_2$$

五、尿素

1. 尿素的来源和制法

尿素又称碳酰胺，也称脲。分子式 $CO(NH_2)_2$，结构式 $NH_2-\overset{\overset{\displaystyle O}{\|}}{C}-NH_2$，1773 年从尿中取得，它是人类和许多动物蛋白质代谢的最后产物，成人每日排泄的尿中约含 30g 尿素，所以尿素可以从人和动物的尿液中提取。尿素是重要的工业原料之一，可做肥料、塑料等。工业上用二氧化碳和过量的氨在加压 20MPa、180℃条件下制得：

$$2NH_3 + CO_2 \xrightarrow[20MPa]{180℃} \underset{\text{氨基甲酸铵}}{NH_2COONH_4} \xrightarrow[\triangle]{-H_2O} \underset{\text{尿素}}{NH_2CONH_2}$$

2. 尿素的性质

尿素是白色晶体，熔点 132.7℃，相对密度 1.335。易溶于水、乙醇和苯，不溶于乙醚和氯仿。从尿素的结构可知，具有酰胺类化合物的化学性质，但由于分子中两个氨基同时连接在一个羰基上，因此它还具有一定的特性。

（1）弱碱性　尿素具有极弱的碱性，其水溶液不能使石蕊变色，能与强酸起反应。

（2）水解　尿素在酸、碱或尿素酶的存在下，能发生水解反应，生成氨、二氧化碳和铵盐。

$$H_2NCONH_2 + H_2O + 2HCl \xrightarrow{\triangle} 2NH_4Cl + CO_2\uparrow$$

$$H_2NCONH_2 + 2NaOH \xrightarrow{\triangle} 2NH_3\uparrow + Na_2CO_3$$

$$H_2NCONH_2 + H_2O \xrightarrow{\text{尿素酶}} 2NH_3\uparrow + CO_2\uparrow$$

尿素含氮量高达46.6%，投放在土壤中，逐渐水解成铵离子，为植物吸收，合成植物体内蛋白质。

（3）放氮反应　当尿素与次卤酸钠溶液作用，放出氮气，与霍夫曼降级反应相似。

$$H_2NCONH_2 + 3NaOBr \longrightarrow CO_2\uparrow + N_2\uparrow + 2H_2O + 3NaBr$$

测量所生成的氮气的体积可以定量地测定尿液中尿素的含量。

尿素与亚硝酸作用，生成二氧化碳和氮气。

$$CO(NH_2)_2 + 2HNO_2 \longrightarrow CO_2\uparrow + 2N_2\uparrow + 3H_2O$$

这一反应也是定量进行的，在有机分析中可用来测定尿素中的氮含量，也可用于破坏亚硝酸及氮的氧化物。

尿素在工业上占有很重要的地位，不仅是重要的肥料，还是重要的有机合成原料，尿素与甲醛作用合成脲醛树脂，也可用于合成重要的药物如巴比妥、苯巴比妥，它们是常用的安眠药。

六、重要的胺

1. 甲胺、二甲胺和三甲胺

甲胺（CH_3NH_2）、二甲胺（CH_3NHCH_3）、三甲胺[$(CH_3)_3N$]，在常温下都是气体，甲胺和二甲胺具有氨的气味，三甲胺有鱼腥味。它们都易溶于水，能溶于乙醇和乙醚，都易燃烧，跟空气能形成爆炸性混合物。它们都是弱碱性物质。

工业上用氨跟甲醇在高温（380～450℃）、高压（5.66MPa）和催化剂（Al_2O_3）存在下起反应来制取甲胺、二甲胺和三甲胺。

$$CH_3OH + NH_3 \xrightarrow[\text{高温、高压}]{Al_2O_3} CH_3NH_2 + H_2O$$

$$CH_3NH_2 + CH_3OH \longrightarrow (CH_3)_2NH + H_2O$$

$$(CH_3)_2NH + CH_3OH \longrightarrow (CH_3)_3N + H_2O$$

这样得到产物是三种胺的混合物，再经过压缩分馏及萃取分离，就可得到较纯的甲胺、二甲胺、三甲胺。

甲胺、二甲胺、三甲胺都是重要的有机合成原料，可用来制造药物、染料、橡胶硫化促进剂及表面活性剂等。

2. 乙二胺（$H_2NCH_2CH_2NH_2$）

乙二胺为无色黏稠液体，有氨的气味。熔点 8.5℃，沸点 117.1℃，相对密度 0.8994。溶于水和乙醇，不溶于乙醚和苯。

乙二胺由 1,2-二氯乙烷与氨反应制得：

$$ClCH_2CH_2Cl + 4NH_3 \xrightarrow[9.5MPa]{145\sim180^\circ C} H_2NCH_2CH_2NH_2 + 2NH_4Cl$$

乙二胺在碱性溶液中与氯乙酸作用，生成乙二胺四乙酸钠，经过酸化得乙二胺四乙酸，即 EDTA。

$$H_2NCH_2CH_2NH_2 + 4ClCH_2COOH \xrightarrow[50^\circ C]{NaOH}$$

$$\begin{matrix} NaOOCCH_2 & & CH_2COONa \\ | & & | \\ & NCH_2CH_2N & \\ | & & | \\ NaOOCCH_2 & & CH_2COONa \end{matrix} \xrightarrow{H^+} \begin{matrix} HOOCCH_2 & & CH_2COOH \\ | & & | \\ & NCH_2CH_2N & \\ | & & | \\ HOOCCH_2 & & CH_2COOH \end{matrix}$$

EDTA 能跟许多金属离子形成稳定的配合物，是分析化学中常用的金属离子配合剂。

乙二胺可用于制染料、橡胶硫化促进剂、药物等，也可作清蛋白、纤维蛋白等的溶剂。

3. 己二胺［$H_2N(CH_2)_6NH_2$］

己二胺为无色片状晶体，熔点 39～42℃，沸点 205℃，微溶于水，溶于乙醇、乙醚和苯。

工业上生产己二胺的主要方法如下。

（1）由己二酸制备　己二酸与氨反应生成铵盐，加热脱水生成己二腈，再催化加氢得己二胺。

$$HOOC(CH_2)_4COOH+2NH_3 \longrightarrow H_4NOOC(CH_2)_4COONH_4$$

$$\xrightarrow[-4H_2O]{220\sim280℃} NC(CH_2)_4CN \xrightarrow[NaOH,75℃,3MPa]{H_2,Ni} H_2N(CH_2)_6NH_2$$

（2）由丁二烯制备　丁二烯与氯气加成，产物与氰化钠反应再催化加氢，可得己二胺。

$$CH_2=CHCH=CH_2 \xrightarrow[200\sim300℃]{Cl_2} ClCH_2CH=CHCH_2Cl \xrightarrow[80\sim100℃]{NaCN}$$

$$NCCH_2CH=CHCH_2CN \xrightarrow[Ni]{H_2} NC(CH_2)_4CN \xrightarrow[Ni]{H_2} H_2N(CH_2)_6NH_2$$

（3）由丙烯腈制备

$$CH_2=CHCN \xrightarrow[50℃]{电解} NC(CH_2)_4CN \xrightarrow[Ni]{H_2} H_2N(CH_2)_6NH_2$$

此法工艺流程短，产率高，副产物少，是目前工业上主要使用的己二胺制备方法。

己二胺主要用于合成有机高分子化合物，是尼龙-66、尼龙-610、尼龙-612单体的原料之一。

4. 苯胺（$C_6H_5NH_2$）

苯胺俗称阿尼林油，无色油状液体，有强烈气味，有毒，沸点184.4℃，熔点－6.2℃，相对密度1.0216。暴露于空气中或在日光下变成棕色。稍溶于水，与乙醇、乙醚、苯混溶，有碱性。工业上制备苯胺主要由硝基苯还原，另外也可用氯苯、苯酚氨解来制备。

$$C_6H_5NO_2 \xrightarrow{Fe,HCl} C_6H_5NH_2$$

$$C_6H_5Cl + 2NH_3 \xrightarrow[200℃]{Cu_2O,6\sim10MPa} C_6H_5NH_2 + NH_4Cl$$

$$C_6H_5OH + NH_3 \xrightarrow[360\sim460℃]{Al_2O_3\text{-}SiO_2,1.4\sim1.7MPa} C_6H_5NH_2 + H_2O$$

苯胺是重要的工业原料，可用于制造医药、农药、染料和橡胶硫化促进剂等。

*第三节　腈

一、腈的结构和命名

1. 腈的结构

腈可看作是氢氰酸（HCN）分子中的氢原子被烃基取代的生成物。通式为 R—CN，结构式为 R—C≡N ，式中 —C≡N 称为氰基。

2. 腈的命名

腈的命名是根据所含的碳原子数（包括氰基的碳原子）而称为“某腈”；或以烃为母体，氰基当作取代基，称为“氰基某烷”，例如：

CH_3CN	CH_3CH_2CN	CH_2═CHCN	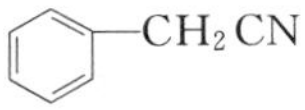 C_6H_5—CH_2CN
乙腈（氰基甲烷）	丙腈（氰基乙烷）	丙烯腈（氰基乙烯）	苯乙腈（苄氰）

二、腈的物理性质

氰基为碳氮三键，与炔的碳碳三键相似，故氰基是吸电子基。低级腈为无色液体，高级腈为固体。腈的沸点较高，比相对分子质量相近的烃、醚、醛、酮和胺沸点高，与醇相近，比相应的羧酸沸点低。例如：

	乙腈	乙醇	甲酸
相对分子质量	41	46	46
沸点/℃	82	78.3	100.5

低级腈不仅可以与水混溶，而且可以溶解许多无机盐类，是优良的溶剂，但随着相对分子质量的增加其溶解度迅速减小，例如乙腈能与水混溶，戊腈以上难溶于水。

三、腈的化学性质

由腈结构可知，腈化学性质比较活泼，能发生水解、醇解、还原等反应。

1. 水解反应

腈在酸或碱的作用下，加热水解生成羧酸或羧酸盐。例如：

$$CH_3CH_2CN \xrightarrow[H^+]{H_2O} CH_3CH_2COOH$$

$$C_6H_5-CH_2CN \xrightarrow[OH^-]{H_2O} C_6H_5-CH_2COONa$$

2. 醇解反应

腈在酸催化作用下，与醇反应生成酯。

$$CH_3CN \xrightarrow[H^+]{CH_3OH} CH_3COOCH_3 + NH_3$$

3. 还原反应

腈催化加氢或用还原剂（$LiAlH_4$）还原，生成相应的伯胺，例如：

$$CH_3CN \xrightarrow[p]{H_2,Ni} CH_3CH_2NH_2$$

$$C_6H_5-CN \xrightarrow{H_2,Ni} C_6H_5-CH_2NH_2$$

四、腈的制法

1. 卤代烃氰解

卤代烃和氰化钾、氰化钠反应生成腈，例如：

$$CH_3CH_2Cl + NaCN \longrightarrow CH_3CH_2CN + NaCl$$

引入氰基后，使原来分子中碳原子数增加一个，这是有机合成上增加碳链的一种方法。

2. 酰胺脱水

由酰胺在五氧化二磷存在下加热脱水得腈。

$$CH_3CONH_2 \xrightarrow[\triangle]{P_2O_5} CH_3CN + H_2O$$

3. 重氮盐制备

重氮盐与氰化亚铜的氰化钾溶液反应，重氮基被氰基取代制得腈，是芳环上引入氰基的一种方法。

$$\text{邻-}CH_3C_6H_4N_2Cl \xrightarrow[\triangle]{CuCN,KCN} \text{邻-}CH_3C_6H_4CN$$

五、重要的腈

1. 乙腈（CH_3CN）

乙腈为无色液体，有芳香气味，有毒，沸点 80～82℃，熔点 −45℃，相对密度 0.7828，可溶于水和乙醇。水解生成乙酸，还原生成乙胺，能聚合成二聚物和三聚物。可由乙酰胺脱水，由硫酸二甲酯与氰化钠作用，或由乙炔与氨在催化剂存在下作用而得。乙腈可用于制备维生素 B_1 等药物及香料，也用作脂肪酸萃取剂、酒精变性剂等。

2. 丙烯腈（$CH_2{=}CHCN$）

丙烯腈为无色易流动液体，蒸气有毒，沸点 77.3～77.4℃，微溶于水，易溶于有机溶剂，能与空气形成爆炸性混合物，爆炸极限为 3.05%～17.0%（体积分数）。

工业上常用丙烯的氨氧化法和乙炔与氢氰酸直接化合而得：

$$CH_2{=}CHCH_3 + NH_3 + \frac{3}{2}O_2 \xrightarrow[470℃]{\text{磷钼酸铋}} CH_2{=}CHCN + 3H_2O$$

$$HC{\equiv}CH + HCN \xrightarrow[70℃]{Cu_2Cl_2} CH_2{=}CHCN$$

丙烯腈在引发剂（过氧化苯甲酰）存在下，发生聚合反应生成聚丙烯腈：

$$nCH_2{=}CHCN \longrightarrow {-}\!\!\left[CH_2{-}\underset{\displaystyle CN}{\underset{|}{CH}}\right]\!\!{-}_n$$

聚丙烯腈纤维即腈纶，又称人造羊毛，具有强度高、保暖性好、密度小、耐日光、耐酸和耐溶剂等特性。丙烯腈还能与其他化合物共聚，如丁腈橡胶就是由丙烯腈和1,3-丁二烯共聚而成。

*第四节　芳香族重氮和偶氮化合物

一、重氮和偶氮化合物的结构和命名

重氮和偶氮化合物分子中都含有氮氮重键（$—N_2—$）官能团，其中$—N_2—$官能团两端都和碳原子直接相连的化合物称为偶氮化合物；如果$—N_2—$只有一端与碳原子相连，另一端与非碳原子（—CN例外）相连的化合物，称为重氮化合物，例如：

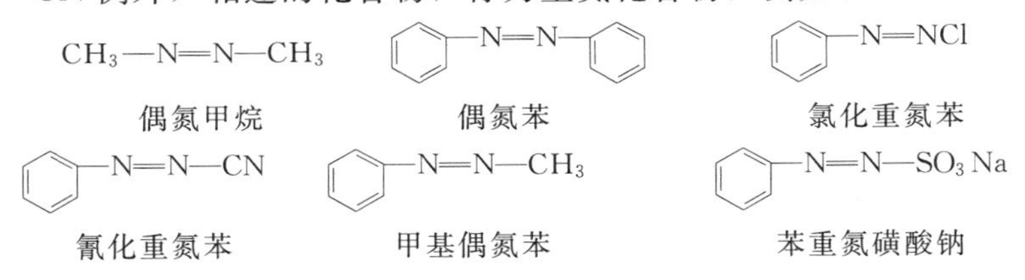

二、芳香族重氮化合物

1. 重氮化反应

芳伯胺与亚硝酸在低温和强酸溶液中生成重氮盐的反应称为重氮化反应，例如：

$$C_6H_5NH_2 + NaNO_2 + 2HCl \xrightarrow{0\sim5℃} C_6H_5N_2Cl + NaCl + 2H_2O$$

$$C_6H_5NH_2 + NaNO_2 + 2H_2SO_4 \xrightarrow{0\sim5℃} C_6H_5N_2HSO_4 + NaHSO_4 + 2H_2O$$

重氮化反应一般在低温下进行（0～5℃），温度稍高易分解。通常用盐酸和硫酸作酸性介质，而且酸必须过量，以避免副反应的产生。但亚硝酸要适量，因过量会使重氮盐分解，反应终点可用淀粉碘化钾试纸检验，呈蓝紫色即为终点。过量的亚硝酸可以加入尿素除去。

2. 重氮盐的性质及其在合成中的应用

重氮盐具有盐的通性，可溶于水，不溶于有机溶剂。干燥的重

氮盐极不稳定，受热或振动易发生爆炸，在低温水溶液中比较稳定，重氮盐不需从水中分离，可直接用于有机合成。

重氮盐是活泼的中间体，可发生许多化学反应，一般分为失去氮的反应和保留氮的反应两类。

（1）失去氮的反应　重氮盐分子中的重氮基在一定的条件下，可以被羟基、卤原子、氰基、氢原子等取代，生成多种芳烃衍生物，同时放出氮气，这类失去氮的反应称为放氮反应。

① 被羟基取代。在酸性条件下，将重氮盐加热水解，重氮基被羟基取代生成苯酚，同时放出氮气，例如：

$$C_6H_5N_2HSO_4 + H_2O \xrightarrow[\triangle]{H_2SO_4} C_6H_5OH + N_2\uparrow + H_2SO_4$$

② 被氰基取代。重氮盐与氰化亚铜的氰化钾水溶液共热，重氮基被氰基取代，同时放出氮气，例如：

$$C_6H_5N_2Cl \xrightarrow[\triangle]{CuCN, KCN} C_6H_5CN + N_2\uparrow$$

③ 被氢原子取代。重氮盐与还原剂次磷酸或乙醇反应，重氮基被氢原子所取代，该反应是从芳环上除去氨基的方法，所以又称脱氨基反应。

$$C_6H_5N_2Cl + H_3PO_2 + H_2O \longrightarrow C_6H_6 + N_2\uparrow + H_3PO_3 + HCl$$

$$C_6H_5N_2HSO_4 + C_2H_5OH \longrightarrow C_6H_6 + N_2\uparrow + CH_3CHO + H_2SO_4$$

④ 被卤原子取代。重氮盐与氯化亚铜的浓盐酸溶液或溴化亚铜的浓氢溴酸溶液共热，重氮基被氯原子或溴原子取代变成氯代或溴代芳烃。

$$C_6H_5N_2Cl \xrightarrow[\triangle]{Cu_2Cl_2, HCl} C_6H_5Cl + N_2\uparrow$$

$$C_6H_5N_2Br \xrightarrow[\triangle]{Cu_2Br_2, HBr} C_6H_5Br + N_2\uparrow$$

重氮盐和碘化钾水溶液共热，重氮基被碘所取代，生成碘代芳烃，例如：

$$C_6H_5N_2HSO_4 \xrightarrow[H_2O]{KI} C_6H_5I + N_2\uparrow$$

这是将碘原子引入苯环中的一个方法。

（2）保留氮反应　重氮盐在反应中没有氮气放出，重氮基的两个氮原子仍保留在产物分子中，称为保留氮反应。

① 还原反应。重氮盐与还原剂二氯化锡和盐酸（或亚硫酸钠）反应，生成苯肼。

$$C_6H_5-N_2Cl \xrightarrow{SnCl_2, HCl} C_6H_5-NHNH_2 \cdot HCl \xrightarrow{NaOH} C_6H_5-NHNH_2 \text{（苯肼）}$$

苯肼为无色油状液体，沸点 241℃，熔点 19.8℃，不溶于水，具有强还原性，在空气中易被氧化变黑。毒性较大，使用时注意，是合成染料和药物的原料。

② 偶合反应。重氮盐与酚或芳胺反应，生成有颜色的偶氮化合物，称为偶合反应或偶联反应，例如：

$$C_6H_5-N_2Cl + C_6H_5-OH \xrightarrow[0℃]{NaOH} C_6H_5-N{=}N-C_6H_4-OH + HCl$$

对羟基偶氮苯（橘红色）

$$C_6H_5-N_2Cl + C_6H_5-NH_2 \xrightarrow[0℃]{CH_3COONa} C_6H_5-N{=}N-C_6H_4-NH_2 + HCl$$

对氨基偶氮苯（黄色）

三、偶氮化合物和偶氮染料

在低温下重氮盐与酚或芳胺作用，失去一分子 HX，使两个分子偶合起来，生成具有颜色的偶氮化合物，多用于染料，称为偶氮染料。偶氮染料是以分子内具有一个或几个偶氮基（—N═N—）为特征的合成染料。它的颜色几乎包括大部分色谱，在已知染料品种中，偶氮染料占半数以上，是应用最广的一类合成染料。它们包括了碱性染料、酸性染料、直接染料、媒染染料、冰染染料、活性染料和分散性染料等几大类。

偶氮染料颜色齐全、色泽鲜艳，使用方便，广泛应用于棉、毛、丝织品以及塑料、橡胶、皮革、印刷、食品等产品的染色。但随着科学技术、健康环保意识的提高，对偶氮染料的毒性有了进一步的认识。偶氮染料在分解过程中能产生对人体或动物有致癌作用的芳香胺化合物，对人的身体有很大的影响。偶氮染料的生产在很多发达国家受到限制，如美国、欧盟等国禁止有毒偶氮染料纺织品的进口，我国也在制定相关条例，以减少含毒染料的生产。这就要求多开发一些低毒、无毒染料，以适应当今社会的发展。下面介绍几种含偶氮化合物的指示剂和偶氮染料。

1. 甲基橙

甲基橙是由对氨基苯磺酸重氮盐与 *N*,*N*-二甲基苯胺发生偶联反应制得，是一种酸碱指示剂，变色范围为 pH3.1～4.4。在 pH<3.1的酸性溶液中显红色；在 pH 3.1～4.4 显橙色；pH>4.4 显黄色。

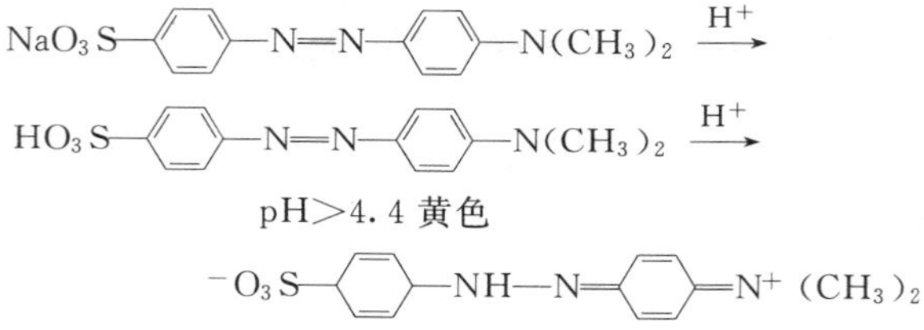

$$NaO_3S-C_6H_4-N{=}N-C_6H_4-N(CH_3)_2 \xrightarrow{H^+}$$

$$HO_3S-C_6H_4-N{=}N-C_6H_4-N(CH_3)_2 \xrightarrow{H^+}$$

pH>4.4 黄色

$$^{-}O_3S-C_6H_4-NH-N{=}C_6H_4{=}N^{+}(CH_3)_2$$

pH<3.1 红色

甲基橙的颜色不稳定，且不牢固，所以不适于作染料。

2. 刚果红

刚果红的构造式为：

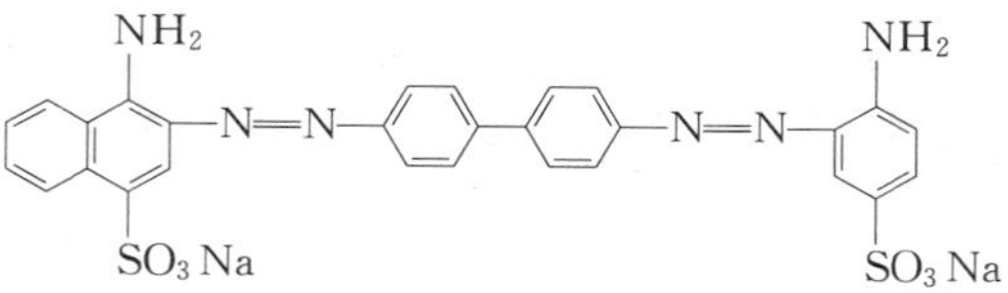

$$\text{(4-SO}_3\text{Na-1-NH}_2\text{-萘-2-基)}-N{=}N-C_6H_4-C_6H_4-N{=}N-\text{(4-SO}_3\text{Na-1-NH}_2\text{-萘-2-基)}$$

刚果红又称为直接大红，是一种棕红色粉末，可溶于水和乙醇，是由联苯胺的重氮盐与4-氨基-1-萘磺酸发生偶联反应制得。

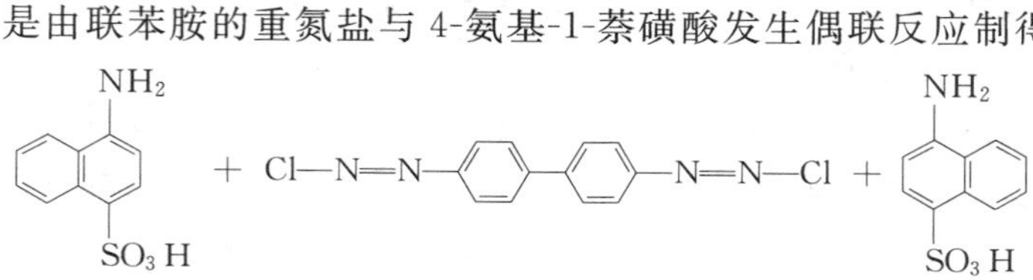

$$H_2N-C_{10}H_6-SO_3H + Cl-N{=}N-C_6H_4-C_6H_4-N{=}N-Cl + H_2N-C_{10}H_6-SO_3H$$

4-氨基-1-萘磺酸　　　　联苯胺盐酸重氮盐

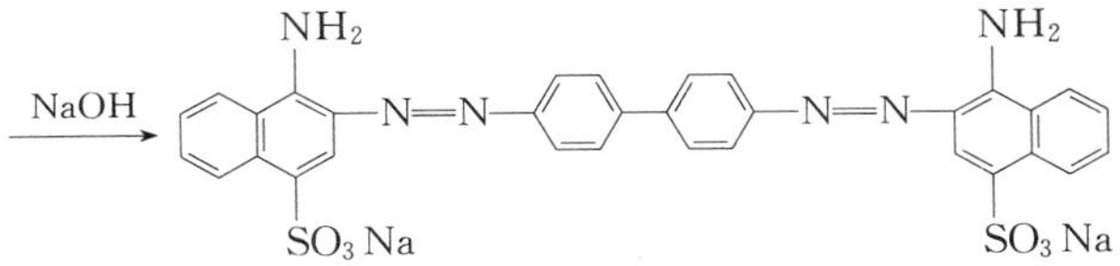

刚果红是一种酸碱指示剂，变色范围 pH3.0～5.0。在 pH<3.0的酸溶液中显蓝色，在 pH>5.0 的近中性或碱性溶液中显红色，是一种红色染料，可用于丝毛和棉纤维的染色。

3. 对位红

对位红是由对硝基苯胺经重氮化后，再与 β-萘酚偶合而成。

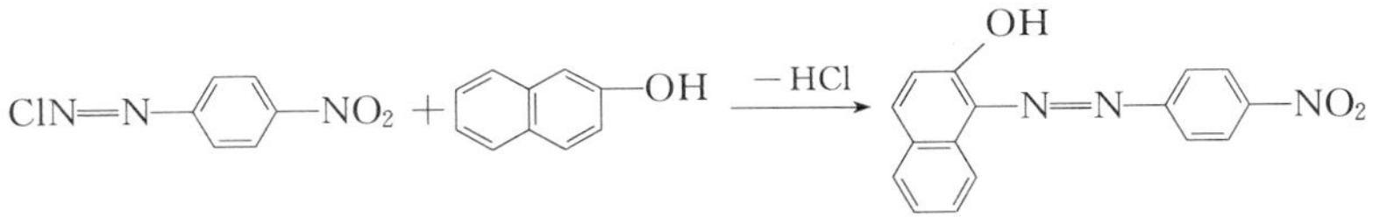

对位红

对位红是能在纤维上直接生成并牢固附着的一种偶氮染料。染色时，先将白色织物浸入 β-萘酚中，取出再浸入对硝基苯胺的重氮盐溶液中，纤维上就发生了偶联反应，生成的染料附着在白色织物上，染成鲜艳的红色。

4. 直接枣红 GB

直接枣红 GB 的构造式：

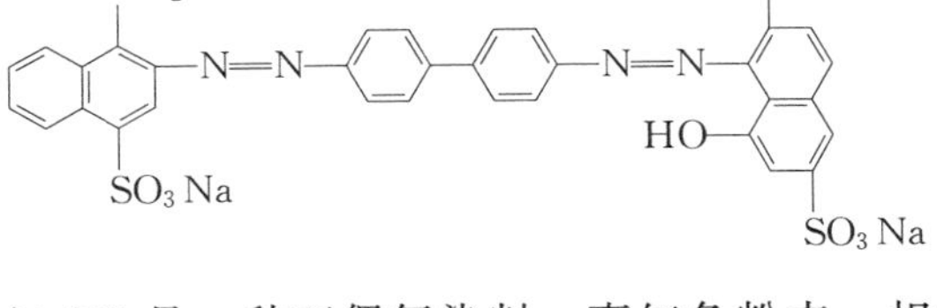

直接枣红 GB 是一种双偶氮染料，枣红色粉末，相对分子质量较大，但大多是磺酸钠盐，水中的溶解度较大，如溶于水呈酒红色，溶于浓硫酸呈黄色，溶于浓硝酸呈棕黄色。可以直接染到纤维上，所以称为直接染料。常用于棉、麻、蚕丝、羊毛等天然纤维的染色。

5. 凡拉明蓝

凡拉明蓝是一种冰染染料，是由4-甲氧基-4′-氨基二苯胺盐酸盐经重氮化后，再与纳夫妥（一种酚类）发生偶联反应而得。

凡拉明蓝不溶于水。染色时，先将织物用纳夫妥AS浸润，然后再通过4-甲氧基-4′-氨基二苯胺盐酸重氮盐，这样就在被染的织物上发生偶联反应，生成凡拉明蓝，因凡拉明蓝不溶于水，因此被附着在纤维上，而染成蓝色。

思考与练习

9-1 写出下列化合物的结构式：

(1) 均三硝基苯　　(2) 对硝基甲苯

(3) 邻硝基苯磺酸　　(4) 三苯胺

(5) 苯胺　　(6) 三甲胺

(7) 对羟基苯胺　　(8) 2-氰基戊烷

(9) 己二腈　　(10) 氰基甲烷

(11) 丙烯腈　　(12) 苯甲腈

9-2 完成下列化学反应：

(1) 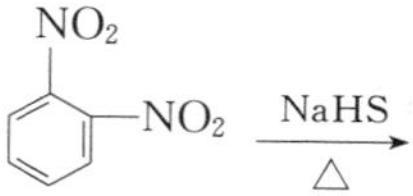 NO_2, NO_2 (benzene ring) $\xrightarrow[\triangle]{NaHS}$

(2) 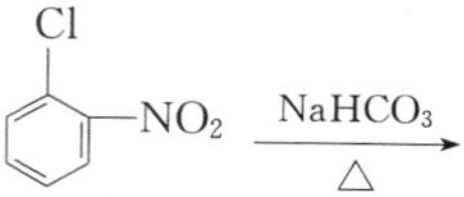 Cl, NO_2 (benzene ring) $\xrightarrow[\triangle]{NaHCO_3}$

(3) NH_2 (benzene ring) $\xrightarrow[0\sim5℃]{HNO_2}$

(4) NH_2 (benzene ring) $\xrightarrow{MnO_2+H_2SO_4}$

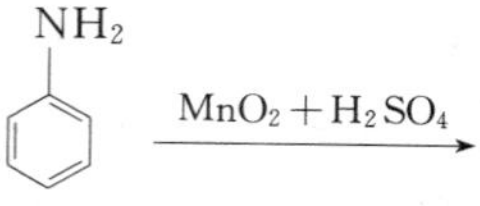

(5) 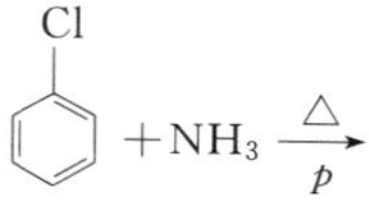 Cl (benzene ring) $+NH_3 \xrightarrow[p]{\triangle}$

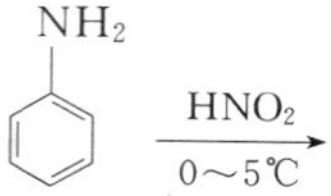

(6) $NH_3 + CO_2 \xrightarrow[\triangle]{p}$

(7) $ClCH_2CH_2Cl + NH_3 \xrightarrow[\triangle, p]{}$

(8) $CH_3CH_2CONH_2 \xrightarrow[Br_2]{NaOH}$

(9) $CO(NH_2)_2 + H_2O \xrightarrow{酶}$

(10) $CO(NH_2)_2 \xrightarrow{HNO_2}$

(11) 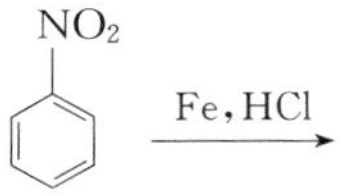 $C_6H_5NO_2 \xrightarrow{Fe, HCl}$ （硝基苯）

(12) $CH_3CH_2CH_2CN \xrightarrow[H^+]{H_2O}$

(13) $CH_3CH_2CONH_2 \xrightarrow[\triangle]{P_2O_5}$

(14) 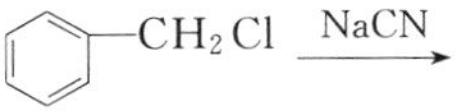 $C_6H_5—CH_2Cl \xrightarrow{NaCN}$

(15) 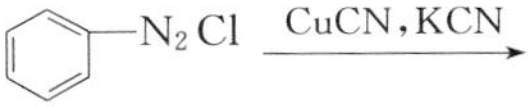 $C_6H_5—N_2Cl \xrightarrow{CuCN, KCN}$

(16) $CH_3CH_2CN \xrightarrow[H^+]{CH_3CH_2OH}$

(17) 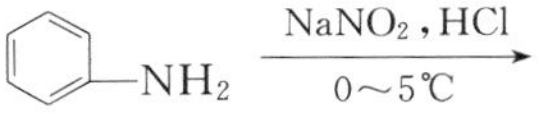 $C_6H_5—NH_2 \xrightarrow[0\sim5℃]{NaNO_2, HCl}$

(18) 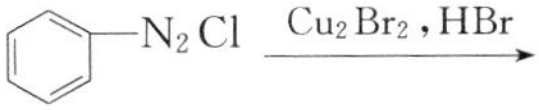 $C_6H_5—N_2Cl \xrightarrow{Cu_2Br_2, HBr}$

(19) 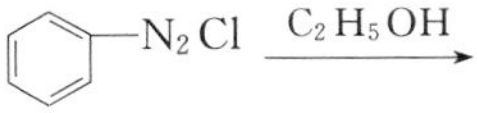 $C_6H_5—N_2Cl \xrightarrow{C_2H_5OH}$

(20) 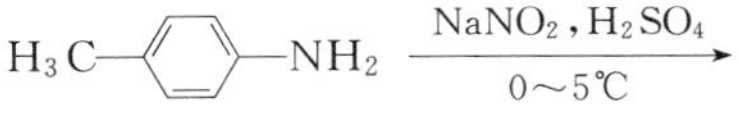 $H_3C—C_6H_4—NH_2 \xrightarrow[0\sim5℃]{NaNO_2, H_2SO_4}$ （对位）

(21)  $C_6H_5—N_2Cl \xrightarrow[\triangle]{CuCN, KCN} \xrightarrow[②H_2, Ni]{①H_2O, H^+}$

9-3 排出下列酚的酸性由弱到强的顺序：

苯酚（OH）　对硝基苯酚（OH, NO_2）　邻硝基苯酚（OH, NO_2）　2,4,6-三硝基苯酚（OH, O_2N, NO_2, NO_2）

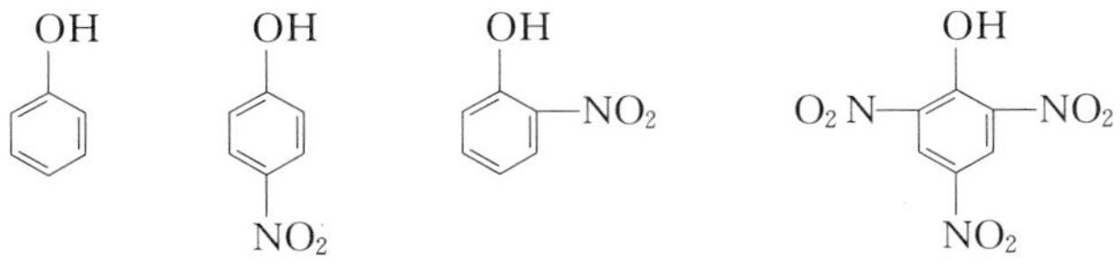

9-4　将下列化合物中碱性由大到小依次排列：

（1）$CH_3CH_2NH_2$，NH_3，$C_6H_5-NH_2$

（2）$C_6H_5NH_2$，$p-CH_3C_6H_4NH_2$，$o-NO_2C_6H_4NH_2$，$2,4-(NO_2)_2C_6H_3NH_2$

（3）$C_6H_5NH_2$，$C_6H_{11}-NH_2$（环己胺），$C_6H_5-NH-C_6H_5$

9-5　完成下列转变：

（1）$C_6H_5-NH_2 \longrightarrow m-NO_2C_6H_4NH_2$

（2）$C_6H_5NH_2 \longrightarrow p-BrC_6H_4NH_2$

（3）$p-CH_3CH_2C_6H_4NH_2 \longrightarrow C_6H_5CH_2COOH$

（4）$C_6H_5NH_2 \longrightarrow C_6H_5OH$

（5）$C_6H_5-NH_2 \longrightarrow C_6H_5-COOH$

（6）$C_6H_5-NH_2 \longrightarrow C_6H_5-N=N-C_6H_5$

（7）$H_3C-C_6H_4-NH_2 \longrightarrow HO-C_6H_4-NH_2$

自　测　题

一、填空题

1. 重氮和偶氮化合物分子中都含有________官能团，其中________官能团的一端与________相连，另一端与________相连的化合物叫做________。________官能团与________相连的化合物，叫做________。

2. 脂肪胺的碱性比氨________，芳香胺的碱性比氨________。

3. 硝基化合物分子中，硝基都是直接跟________相连接，通式为________。与________相连接称为________，与________相连称为________。

4. 写出下列化合物的结构式：

（1）乙酰苯胺________（2）TNT ________（3）丙烯腈________（4）EDTA ________（5）苯胺________（6）苯乙腈________（7）苦味酸________（8）苄胺________

二、选择题

1. 下列化合物中酸性最弱的是（　　）。

A. 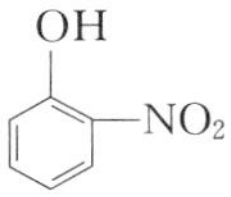 OH, $-NO_2$　　B. 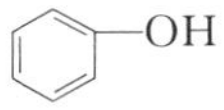 $-OH$　　C. 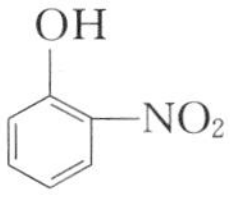 OH, $-NO_2$

D. 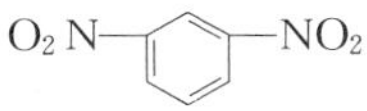 O_2N-, $-NO_2$

2. 下列化合物的水溶液，碱性最强的是（　　）。

A. NH_3　　B. CH_3NH_2　　C. $(CH_3)_2NH$　　D. $(CH_3)N$

3. 下列物质不属于硝基化合物的是（　　）。

A. 硝酸乙酯　　B. TNT　　C. 苦味酸　　D. 硝基乙烷

4. 下列物质中属于一元芳香胺的是（　　）。

A. 间苯二胺　　B. 乙二胺　　C. 苯胺　　D. 甲胺

三、是非题（下列叙述中，对的在括号中打“√”，错的打“×”）

1. 乙二胺简称 EDTA，是分析化学中常用的一种配合剂 。 (　　)

2. TNT 很不稳定，受热或撞击易发生爆炸 。 (　　)

3. 凡是含有氮氮重键的化合物称为重氮化合物。 (　　)

4. 苯胺具有弱碱性，它很容易被还原。 (　　)

5. 凡是含有硝基的化合物称为硝基化合物。 (　　)

四、将下列各组化合物按碱性强弱次序排列：

1. 氨，乙胺，苯胺，三苯胺

2. 苯胺，乙酰苯胺，戊胺，环己胺

五、完成下列方程式：

1. $C_6H_5-NHCH_2CH_3 + CH_3I \longrightarrow$

2. $C_6H_6 \xrightarrow[H_2SO_4]{HNO_3} \xrightarrow{Fe+HCl} \xrightarrow{C_6H_5-SO_2Cl}$

3. $C_6H_5-NO_2 \xrightarrow{Fe+HCl} \xrightarrow[0\sim5℃]{NaNO_2+HCl} \xrightarrow[NaOH]{C_6H_5-OH}$

4. $C_6H_5-CONH_2 \xrightarrow{Br_2+NaOH} \xrightarrow[0\sim5℃]{NaNO_2+HCl} \xrightarrow{CuCN\text{-}KCN} \xrightarrow[H^+]{H_2O}$

5. $C_6H_5-NH_2 + HCl + NaNO_2 \xrightarrow{0\sim5℃}$ $\begin{cases} \xrightarrow{C_6H_5N(CH_3)_2} \\ \xrightarrow[\triangle]{} \end{cases}$

6. $C_6H_5-NH_2 \xrightarrow{CH_3\overset{O}{\overset{\|}{C}}Cl}$ $\begin{cases} \xrightarrow[乙酐中]{HNO_3} \\ \xrightarrow[乙酸中]{HNO_3} \end{cases}$

六、用化学方法鉴别下列化合物

1. $C_6H_5-NH_2$，C_6H_5-OH，$C_6H_{11}-NH_2$（环己胺）

2. 甲胺，二甲胺，三甲胺

3. 硝基苯，苯胺，苯酚

七、推断题

分子式为 $C_7H_7NO_2$ 的化合物，与 Fe＋HCl 反应生成分子式为 C_7H_9N 的化合物（B）；（B）和 $NaNO_2$＋HCl 在0～5℃反应生成分子式为 $C_7H_7ClN_2$（C）；在稀盐酸中（C）与 CuCN 反应生成化合物 C_8H_7N（D）；（D）在稀盐酸中水解得到一个酸 $C_8H_8O_2$（E）；（E）用 $KMnO_4$ 氧化得到另一个酸（F）；（F）受热时生成分子式为 $C_8H_4O_3$（G）的酸酐，试推测 A、B、C、D、E、F、G 的结构式，并写出有关方程式。

第十章　其他类有机化合物简介

【学习目标】

1. 了解杂环化合物、碳水化合物、高分子化合物的概念、分类、命名。

2. 掌握碳水化合物的有关性质及部分鉴别方法。

3. 熟悉常见杂环化合物、碳水化合物、高分子化合物的结构特点、主要性质和用途及部分鉴别方法。

第一节　杂环化合物

杂环化合物是一种环状化合物，是由碳、氧、硫、氮等原子组成的。一般把除碳原子以外的成环原子叫做杂原子，由这些杂原子构成，具有类似苯环稳定结构和一定芳香性的化合物称为杂环化合物，例如：

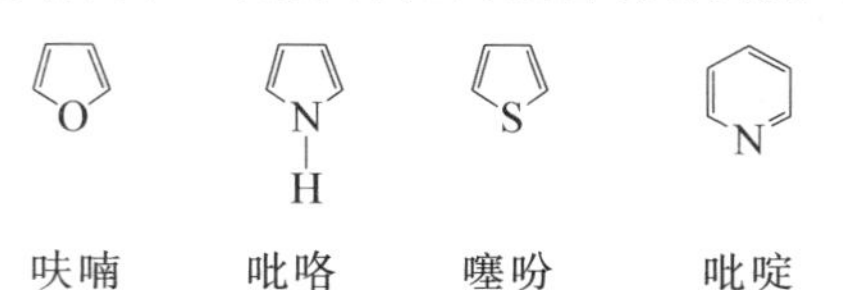

呋喃　　吡咯　　噻吩　　吡啶

前面章节学过一些含杂原子的环状化合物，例如环氧乙烷、邻苯二甲酸酐等。因这些环状化合物，在一定条件下易断裂成链状化合物，在性质上与脂肪族更为相似，所以通常归入脂肪族中讨论。

杂环化合物的种类繁多，数量很大，在自然界中分布非常广泛，约占全部已知有机化合物的 1/3 左右，其中很多具有重要的生理活性，如叶绿素、花青素、血红素、维生素、生物碱、核酸等。杂环化合物还是合成药物、染料、塑料、纤维、农药及生物膜等重要的原料。近年来随着科学技术的进步，含杂环化合物的合成材料不断涌现，因此研究杂环化合物具有一定的现实意义。

一、杂环化合物的分类和命名

1. 杂环化合物的分类

杂环化合物可以根据环的大小分为五元杂环化合物和六元杂环化合物两大类；根据环的数目分为单杂环化合物和稠杂环化合物；根据杂原子的数目分为含一个杂原子的杂环化合物和含多个杂原子的杂环化合物。在实际中这些分类往往混用。

2. 杂环化合物的命名

杂环化合物的命名比较复杂，目前常习惯采用音译法。即将杂环化合物的名称按英文名称译音，选用同音汉字，并在其左边加“口”字旁。对杂环化合物衍生物命名应遵守以下规则：从杂原子开始编号，依次用1、2、3…表示，并使取代基的位次尽量小；还可用希腊字母编号，与杂原子直接相连的碳原子为α位，依次为β位、γ位。五元杂环化合物只有α位、β位，六元杂环化合物有α位、β位、γ位。

若取代基是烃基、硝基、卤素、氨基、烷酰基、羟基等，以杂环作母体；若取代基是磺酸基、醛基、羧基等，则以杂环当取代基。

若含有多个相同杂原子，则从连有氢或取代基的杂原子开始编号，并使其他杂原子的位次尽可能最小；若含有不同的杂原子，则按O、S、N的顺序编号，例如：

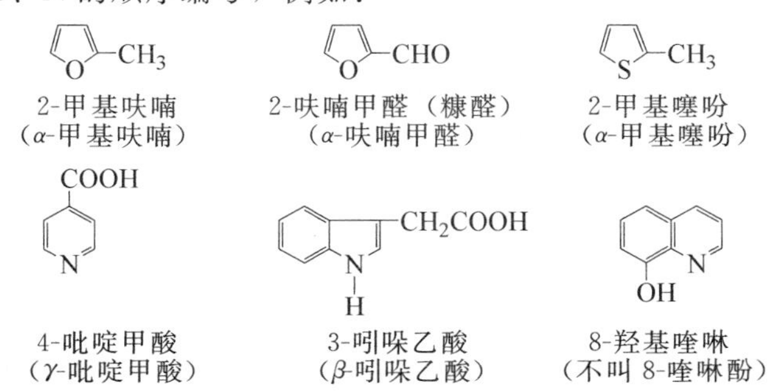

2-甲基呋喃（α-甲基呋喃）　2-呋喃甲醛（糠醛）（α-呋喃甲醛）　2-甲基噻吩（α-甲基噻吩）

4-吡啶甲酸（γ-吡啶甲酸）　3-吲哚乙酸（β-吲哚乙酸）　8-羟基喹啉（不叫8-喹啉酚）

二、五元杂环及其衍生物

1. 呋喃

（1）呋喃的结构和来源　呋喃的分子式为 C_4H_4O，结构式为 (呋喃环结构式)。其结构与苯很相似，具有芳香性，但芳香性比苯弱；活性增强，环上取代反应比苯更易进行。

呋喃及其衍生物主要存在于松木焦油中，工业上以糠醛和水蒸气为原料，在催化剂及高温作用下制得。

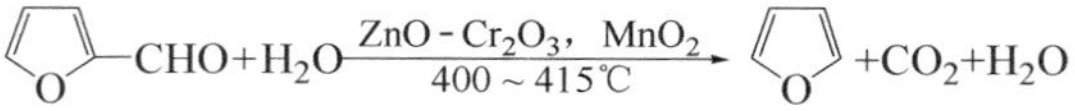

$$C_4H_3O\text{—}CHO + H_2O \xrightarrow[400\sim415℃]{ZnO-Cr_2O_3,\ MnO_2} C_4H_4O + CO_2 + H_2O$$

实验室中常用糠酸加热脱羧基而成。

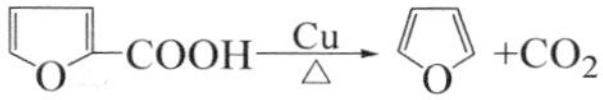

$$C_4H_3O\text{—}COOH \xrightarrow[\triangle]{Cu} C_4H_4O + CO_2$$

（2）呋喃的性质和用途　呋喃为无色液体，有特殊气味，相对密度 0.937，沸点 32℃，折射率 1.4216，不溶于水，溶于乙醇和乙醚，易挥发，并易燃烧。它的蒸气接触被盐酸浸过的松木片时，显绿色，叫做松木片反应，可用来鉴定呋喃的存在。

从呋喃的结构可知，它具有芳香性，性质较苯活泼，易发生取代，反应主要发生在 α 位上，另外它在一定程度上还具有不饱和性，可以发生加成反应。

呋喃在催化剂作用下，可以加氢而得到四氢呋喃。

四氢呋喃是无色透明液体，有乙醚气味，相对密度 0.8892，沸点 66℃，折射率 1.405，能与水和多数有机溶剂互溶，易燃烧。用作天然和合成树脂的溶剂，也用于制丁二烯、己二腈、己二酸、己二胺等，是一种重要的化工原料。

2. 噻吩

（1）噻吩的结构和来源　噻吩的分子式为 C_4H_4S，结构式为 (噻吩环结构式)。具有芳香性，且芳香性比呋喃强。

噻吩是由煤焦油分出苯中的杂质，也存在于某些原油中。工业

上是将丁烷与硫混合通过高温制得：

$$CH_3CH_2CH_2CH_3 + 4S \xrightarrow{650℃} \text{噻吩} + 3H_2S$$

实验室中可用琥珀酸钠与三硫化二磷或五氧化二磷作用制得

$$NaOOCCH_2CH_2COONa \xrightarrow[180℃]{P_2S_3} \text{噻吩}$$

（2）噻吩的性质和用途　噻吩为无色液体，有特殊气味，相对密度 1.0644，沸点 84.12℃，不溶于水，易溶于乙醇、乙醚、苯和硫酸。在浓硫酸作用下与松片作用呈蓝色，这是检验噻吩存在的方法。

它与苯的性质相似，但比苯活泼，能发生取代反应和一般在 α 位上的加成反应。

噻吩及其衍生物主要用于合成药物的原料，也是制造感光材料、增塑剂、增亮剂、除草剂和香料的材料，是现代有机化工很重要的原料之一。

3. 吡咯

（1）吡咯的结构和来源　吡咯的分子式为 C_4H_5N，结构式为（吡咯环，N—H），结构与呋喃、噻吩相似，具有芳香性，因氮原子电负性介于氧原子与硫原子之间，所以芳香性也介于两者之间。由于氮原子上连有一氢原子，共轭环对氢原子吸引力降低，使其较活泼，具有一定的弱酸性。

吡咯及其同系物主要存在于骨炭、焦油中，通过分馏可得，工业上是用氧化铝作催化剂，以呋喃和氨高温反应制得。

$$\text{呋喃} + NH_3 \xrightarrow[450℃]{Al_2O_3} \text{吡咯} + H_2O$$

还可以从乙炔与甲醛经丁炔二醇合成

$$CH{\equiv}CH + 2HCHO \xrightarrow{Cu_2O_2} HOCH_2C{\equiv}CCH_2OH \xrightarrow[\text{压力}]{NH_3} \text{吡咯}$$

（2）吡咯的性质和用途　吡咯是无色液体，在空气中颜色迅速变黑有显著的刺激性气味，相对密度 0.9691，沸点 130～131℃，几乎不溶于水，溶于乙醇、乙醚、苯和无机酸溶液。吡咯蒸气遇蘸有盐酸的松片能显红色，可用于鉴定吡咯的存在。

吡咯具有芳香性，能发生取代反应和加成反应，同时环上有氢原子存在，又具有一定的酸性。

吡咯和许多重要的衍生物都是重要药物和具有很强的生理活性的物质，如叶绿素、血红素、胆汁色素，某些氨基酸和许多生物碱等，在工业上应用广泛。

4. 糠醛

（1）糠醛的结构和来源　糠醛的分子式为 $C_5H_4O_2$，结构式 —CHO，由呋喃环和 α-醛基组成，学名 α-呋喃甲醛，是呋喃的重要衍生物。最初由米糠与稀酸共热制得，因此称为糠醛，也可用戊糖与稀酸作用，经水解、脱水和蒸馏而制得。

（2）糠醛的性质和用途　糠醛为无色液体，有特殊香味，相对密度 1.1598，折射率 1.5261，沸点 161.7℃，溶于水，与乙醇、乙醚互溶，是良好溶剂。与苯胺的醋酸盐作用呈红色，可用于鉴别糠醛。

从结构可知，糠醛具有芳香性，又含有醛基，其性质与苯甲醛相似，可发生氧化反应、还原反应、脱羰基反应以及歧化反应。

糠醛在工业上用途很广，可用于制合成树脂、电绝缘材料、清漆、呋喃西林和精制粗蒽，并用作防腐剂和香烟香料等，同时还是制药和多种有机合成的原料和试剂。

5. 吲哚

（1）吲哚的结构和来源　吲哚的分子式为 C_8H_7N，结构式为

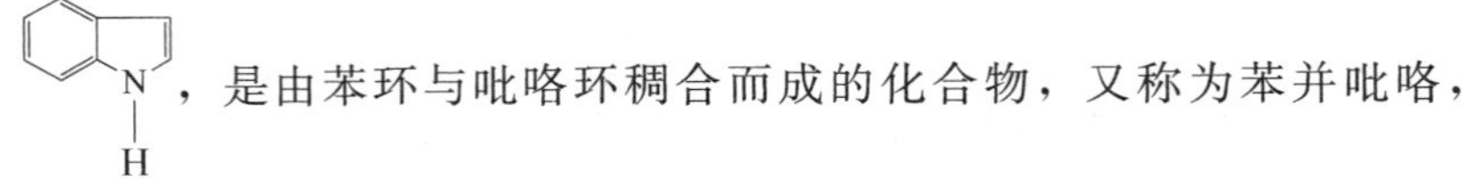

，是由苯环与吡咯环稠合而成的化合物，又称为苯并吡咯，平面构型，具有芳香性。

吲哚及其衍生物在自然界中分布广泛，主要存在于茉莉花和橙

橘花内。人和动物的粪便中也含有吲哚及其衍生物，某些石油和煤焦油中也含有一定量的吲哚。工业上可从煤焦油 220～260℃馏分中分出或由靛红用锌粉还原制得，也可由脂肪醛或酮的苯腙与氯化锌或氯化亚铜一起加热合成。

（2）吲哚的性质和用途　吲哚是无色晶体，遇光或在空气中变成黄色或红色，沸点 253℃，熔点 52℃，可溶于热水和乙醇、乙醚和苯等溶剂中，有粪的臭味。但其纯品在极稀浓度时却具有花香气味，可用于化妆品、制茉莉型香料、染料和药等，同时又是重要的合成原料，如可以合成植物生长素、β-吲哚乙酸和色氨酸等。

吲哚的分子结构中含吡咯环，使其性质相似于吡咯，显碱性，能与松木片显红色，氮上氢原子能被钾、钠等金属原子取代，由于苯环的影响，取代发生在吡咯环的β位上，生成β取代物。

三、六元杂环化合物

1. 吡啶

（1）吡啶的结构和来源　吡啶的分子式为 C_5H_5N，结构式为 N 。

吡啶主要存在于煤焦油、页岩油和骨焦油中，吡啶的衍生物广泛存在于自然界，如植物所含的生物碱不少具有吡啶环结构，维生素 B_6、维生素 PP、辅酶Ⅰ、辅酶Ⅱ等都含有吡啶环。

工业上一般从煤焦油中提取，或用糠醛和乙炔合成制备。

（2）吡啶的性质和用途　吡啶是无色或微黄色液体，有特殊气味，相对密度 0.978，沸点 115.56℃，折射率 1.5092，溶于水、乙醇、乙醚、苯、石油醚和动植物油，并能溶解大部分有机化合物和许多无机盐类，是一种良好的溶剂。

吡啶与苯的结构相似，具有一定芳香性，由于氮原子的电负性较强，使它的取代反应较苯难，且主要发生在β位上。另外氮原子上未共用的电子对能结合质子，因此吡啶显一定碱性。

① 碱性。吡啶呈弱碱性（$pK_b=8.8$），其碱性比苯胺（$pK_b=9.4$）强，但比甲胺（$pK_b=3.38$）和氨（$pK_b=3.8$）弱。

碱性强弱顺序：脂肪胺＞氨＞吡啶＞苯胺

吡啶可以与强酸作用生成盐，吡啶生成的盐与强碱作用可重新生成吡啶。可利用此性质从煤焦油中提纯吡啶及其衍生物。

② 取代反应。从结构上可知，取代反应不易进行，在一定条件下可发生 β 位取代。

③ 氧化与还原。从结构可知，吡啶比苯更难氧化，吡啶的烷基衍生物氧化较易进行，侧链可被氧化成羧基。

吡啶经催化氢化或用乙醇钠还原，可得六氢吡啶。

吡啶及衍生物广泛存在于自然界中，有些具有一定生理活性，所以是制许多维生素和药物的原料，吡啶还是一些有机反应的介质和分析化学的试剂。

2. 喹啉

（1）喹啉的结构和来源　喹啉的分子式为 C_9H_7N，结构式为 N，是由苯环与吡啶稠合而成的稠环化合物，又称为苯并吡啶，结构和萘环相似，是平面型分子，具有芳香性。

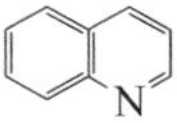

喹啉存在于煤焦油和骨焦油中。通常将苯胺和甘油在硫酸中以硝基苯氧化而成。

（2）喹啉的性质和用途　喹啉是无色油状液体，遇光或在空气中变黄色，有特殊气味，相对密度 1.0937，沸点 237.7℃，微溶于水，易溶于乙醇、乙醚、氯仿等有机溶剂。喹啉分子中含有吡啶环，性质与吡啶相似，具有弱碱性（$pK_b=9.1$），碱性比吡啶（$pK_b=8.8$）稍弱，能与酸作用生成盐，与卤代烷作用生成季铵盐，也能发生取代反应、氧化反应、还原反应。

① 取代反应。在喹啉分子中，因为有氮原子的吸电子作用，使吡啶环上的电子云密度低于苯环，一般取代反应不发生在吡啶环上，而发生在较活泼的苯环上，取代基主要进入 5 位和 8 位上。

② 氧化反应。喹啉用 $KMnO_4$ 氧化时，苯环断裂，生成 2,3-吡啶二甲酸，进一步加热脱羧可得 β-吡啶甲酸。

③ 还原反应。喹啉还原时，分子中吡啶环先被还原生成 1,2,

3,4-四氢喹啉，若在强烈条件下可生成十氢喹啉。

喹啉及衍生物主要用于制药、染料、试剂和溶剂，还可用于照相胶片的感光剂、彩色电影胶片的增感剂等，是很重要的一类有机合成原料。

第二节　碳水化合物

碳水化合物又称为糖类，是自然界中存在最多最重要的一类有机化合物。常见的碳水化合物有葡萄糖、果糖、蔗糖、淀粉、纤维素等，它们主要存在于植物体中，约占植物固体物质的 80%左右，是绿色植物光合作用的主要产物，也是人类的主要食物之一，是生物体进行新陈代谢不可缺少的能源。同时，它们又是许多工业部门，如纺织、造纸、食品、发酵等工业的重要原料。

一、碳水化合物的结构和分类

1. 碳水化合物的结构

从化学结构上看，碳水化合物是多羟基醛、多羟基酮，或者是能水解成多羟基醛或多羟基酮的化合物，即分子中含有下列结构：

```
 H    H   H              H          H
 |    |   |              |          |
—C———C———C═O          —C————C————C—H
 |    |                  |    ‖     |
 OH   OH                 OH   O     OH
```

由于人们最初发现这类化合物主要是由碳、氢、氧三种元素组成，而且分子中氢原子和氧原子个数比为 2∶1，同水分子相同，可以用通式 $C_n(H_2O)_m$（n 和 m 可以相同，也可不同）表示。例如葡萄糖和果糖的分子式都是 $C_6H_{12}O_6$，可以用 $C_6(H_2O)_6$ 表示；蔗糖的分子式是 $C_{12}H_{22}O_{11}$，可以用 $C_{12}(H_2O)_{11}$ 表示。所以将这类物质称为碳水化合物。随着科学技术的发展，有机物数量不断增多，后来发现，有些化合物的结构和性质属于碳水化合物，如鼠李糖（$C_6H_{12}O_5$）和脱氧核糖（$C_5H_{10}O_4$），其分子式并不符合

$C_n(H_2O)_m$这个通式。而有些分子式符合$C_n(H_2O)_m$通式的化合物，例如甲醛（CH_2O）、乙酸（$C_2H_4O_2$）、乳酸（$C_3H_6O_3$）等，又都不具有碳水化合物的结构和性质。"碳水化合物"这名称沿用已久，所以至今仍继续使用，但已失去原有的意义。

2. 碳水化合物的分类

碳水化合物一般根据它能否水解，以及水解后的产物可分为三大类。

（1）单糖　不能再被水解成更小分子的多羟基醛或多羟基酮，例如葡萄糖（醛糖）、果糖（酮糖）。

（2）低聚糖　水解后能生成几个分子（一般为2～10个）的单糖。能水解为两分子单糖的低聚糖称为二糖，水解生成三分子或四个分子单糖的低聚糖称为三糖或四糖，其中最主要的低聚糖是二糖。例如，蔗糖、麦芽糖和乳糖。

（3）多糖　水解后能生成几百、几千以致上万个单糖分子，它们相当于由许多单糖形成的高聚物，所以也称高聚糖，它们属于天然高分子化合物，例如淀粉、纤维素等。

二、单糖

自然界里的单糖种类很多，按分子中所含碳原子的数目可分为丙糖、丁糖、戊糖、己糖、庚糖等。分子中含有醛基的称为醛糖；分子中含有酮基的称为酮糖。单糖中最重要、应用最广的是己醛糖中的葡萄糖和己酮糖中的果糖，它们的分子式为$C_6H_{12}O_6$，互为同分异物体。

1. 葡萄糖

（1）葡萄糖的来源与结构　葡萄糖广泛存在于蜂蜜、葡萄、甜水果以及植物的种子、根茎、叶、花和果实中。尤其在成熟的葡萄中含量较高（含20%～30%），因而得名。动物及人类的血液、脑脊髓及淋巴液中，均含有少量的葡萄糖，正常人的血液中，保持有0.08%～0.11%的葡萄糖，称为血糖。

葡萄糖的分子式为$C_6H_{12}O_6$，是一种多羟基醛的己醛糖，结构式为：

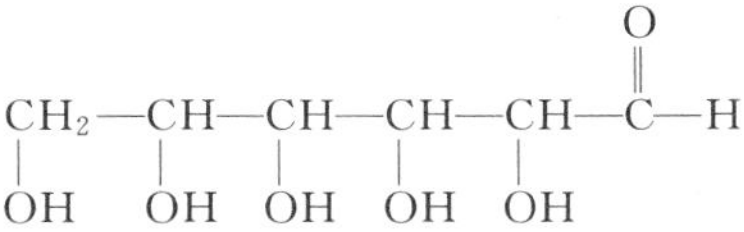

$$\underset{\displaystyle OH}{\underset{|}{CH_2}}-\underset{\displaystyle OH}{\underset{|}{CH}}-\underset{\displaystyle OH}{\underset{|}{CH}}-\underset{\displaystyle OH}{\underset{|}{CH}}-\underset{\displaystyle OH}{\underset{|}{CH}}-\overset{\displaystyle O}{\overset{\|}{C}}-H$$

（2）葡萄糖的性质　葡萄糖是一种白色粉末状晶体，无臭，具有甜味，其甜度约为蔗糖的70%，熔点146℃，相对密度1.544（25℃），易溶于水，稍溶于酒精，不溶于乙醚和芳香烃类。天然葡萄糖具有旋光性，是右旋体，称右旋糖（+52.7°）。葡萄糖是醛糖，分子中含醛基，所以有醛基的化学性质，易发生氧化反应和还原反应等。

① 氧化反应。葡萄糖是醛糖，具有还原性，可被氧化剂氧化生成葡萄糖酸，氧化剂不同，产物有所不同。

被弱氧化剂溴水氧化，生成葡萄糖酸。这个反应中溴水褪色，可用于区别醛糖和酮糖。被较强氧化剂稀硝酸氧化，生成葡萄糖二酸。

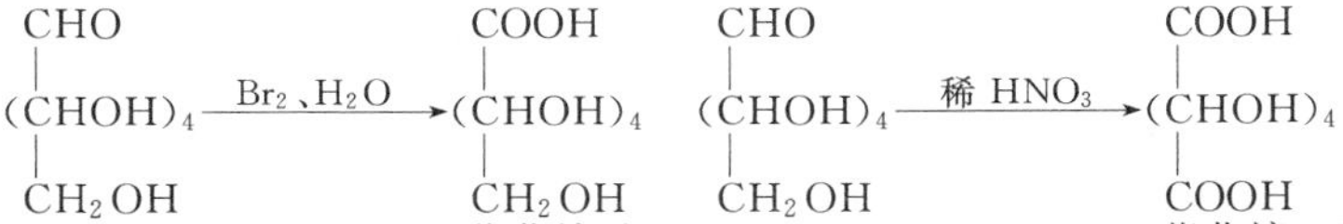

$$\begin{matrix}CHO\\|\\(CHOH)_4\\|\\CH_2OH\end{matrix}\xrightarrow{Br_2、H_2O}\underset{\text{葡萄糖酸}}{\begin{matrix}COOH\\|\\(CHOH)_4\\|\\CH_2OH\end{matrix}}\qquad\begin{matrix}CHO\\|\\(CHOH)_4\\|\\CH_2OH\end{matrix}\xrightarrow{\text{稀 }HNO_3}\underset{\text{葡萄糖二酸}}{\begin{matrix}COOH\\|\\(CHOH)_4\\|\\COOH\end{matrix}}$$

葡萄糖也能被多伦试剂、斐林试剂这些弱氧化剂所氧化，分别生成银镜和砖红色的氧化亚铜沉淀。凡是能与多伦试剂和斐林试剂发生反应的糖是还原糖，反之，是非还原糖，所以葡萄糖是还原糖。此反应用于区别还原糖和非还原糖。

② 还原反应。葡萄糖分子中含有醛基可以发生还原反应，在催化加氢或硼氢化钠等还原剂作用下，醛基可转变为羟基，生成相应的糖醇，例如葡萄糖可还原生成山梨糖醇（葡萄糖醇）。

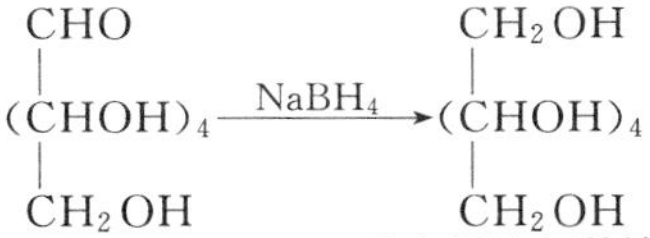

$$\begin{matrix}CHO\\|\\(CHOH)_4\\|\\CH_2OH\end{matrix}\xrightarrow{NaBH_4}\underset{\text{己六醇（山梨糖醇）}}{\begin{matrix}CH_2OH\\|\\(CHOH)_4\\|\\CH_2OH\end{matrix}}$$

(3) 葡萄糖的制法和用途　在工业上葡萄糖要由淀粉或纤维素在酸性条件下，发生水解反应制得：

$$(C_6H_{10}O_5)_n + nH_2O \xrightarrow{\text{酸或酶}} nC_6H_{12}O_6$$

葡萄糖是人体新陈代谢不可缺少的营养物质，是人类生命活动所需能量的重要来源。它在人体中经缓慢氧化而释放出能量，以供机体活动并保持体温。

$$C_6H_{12}O_6(\text{固}) + 6O_2(\text{气}) \longrightarrow 6CO_2(\text{气}) + 6H_2O(\text{液}) + 2840\text{kJ}$$

葡萄糖在医药上用作营养剂，并有强心、利尿、解毒等作用，同时也是制备某些药物的重要原料，如制备维生素 C、葡萄糖酸钙等药物。葡萄糖酸钙是一种重要的补钙质的药物。与维生素 D 并用，有助于骨质形成，可以治疗小儿佝偻病（钙缺乏病）。

工业上葡萄糖有很多应用，制镜业和热水瓶胆镀银常用葡萄糖作还原剂，在食品工业中用于制糖浆和糖果，印染工业和制革工业中常用作还原剂等。

2. 果糖

(1) 果糖的来源和结构　果糖是自然界中分布很广的一种单糖，它广泛存在于植物体中，与葡萄糖共存于蜂蜜和许多水果里，它也是蔗糖的组成单元。

果糖的分子式是 $C_6H_{12}O_6$，与葡萄糖一样，它们互为同分异构体，其构造式为：

```
                                   O
                                   ‖
CH2—CH—CH—CH—C—CH2
 |       |       |       |               |
OH    OH    OH    OH            OH
```

通过结构可知，果糖是一种多羟基酮，是一种己酮糖。

(2) 果糖的性质和用途　果糖为白色晶体或结晶粉末，是普通糖类中最甜的糖，相对密度 1.60，熔点 103～105℃，溶于水、乙醇和乙醚。有左旋性，称为左旋糖（－92.4°）。

果糖是酮糖，分子中不含醛基，不能被溴水氧化，但在碱性溶液中能转变为醛糖，因此能被多伦试剂或斐林试剂氧化，发生银镜反应和生成红色的氧化亚铜沉淀，所以果糖也是一种还原性糖。经催化加氢也能被还原成己六醇，它与氢氧化钙生成的配合物 $C_6H_{12}O_6 \cdot Ca(OH)_2 \cdot H_2O$ 极难溶于水，可用于果糖的检验。

工业上由木香粉（菊粉）在酸或酶水解下可生产果糖。

果糖可用作食物、营养剂和防腐剂。它在人体内极易转变为葡萄糖，在食品工业中也可作调味剂。

三、低聚糖

低聚糖水解后能生成二分子单糖的化合物称为二糖。低聚糖中最重要的是二糖，分子式为 $C_{12}H_{22}O_{11}$，例如蔗糖和麦芽糖。

1. 蔗糖

蔗糖是自然界中分布最广的二糖，它广泛存在于植物的茎、叶、根、种子和果实内，其中以甘蔗和甜菜含量最多，故称为蔗糖或甜菜糖。

工业上是将甘蔗或甜菜经榨汁、浓缩、脱色结晶等操作制得食用蔗糖。

蔗糖为白色晶体，有甜味，其甜味仅次于果糖，无气味，易溶于水，溶于甘油，极微溶于乙醇，相对密度 1.587（25℃），具有旋光性，天然蔗糖是右旋糖（+66.5°）。

蔗糖的分子式是 $C_{12}H_{22}O_{11}$，分子中不含醛基，因此不能与多伦试剂和斐林试剂发生反应，不具有还原性，是一种非还原糖，但在无机酸或酶的催化作用下可发生水解反应，生成一分子葡萄糖和一分子果糖。

$$C_{12}H_{22}O_{11} + H_2O \xrightarrow{H^+或酶} \underset{葡萄糖}{C_6H_{12}O_6} + \underset{果糖}{C_6H_{12}O_6}$$

蔗糖水解为单糖的过程称为转化过程，生成的混合单糖也称为转化糖。因此转化糖含有一半果糖，所以转化糖比原来的蔗糖更甜。

蔗糖是人类日常生活中不可缺少的食用糖，除食用外，还可用于制柠檬酸、焦糖、转化糖、透明肥皂等，也用于药物防腐剂、药片赋形剂等。

2. 麦芽糖

麦芽糖的分子式是 $C_{12}H_{22}O_{11}$，它是蔗糖的同分异构体。自然界中不存在游离的麦芽糖。通常是由含糊状淀粉较多的农产品（大米、玉米、薯类等）为原料，在淀粉酶作用下，在约 60℃ 发生水解反应制得：

$$2(C_6H_{10}O_5)_n + nH_2O \xrightarrow[60℃]{\text{淀粉酶}} \underset{\text{麦芽糖}}{nC_{12}H_{22}O_{11}}$$

在大麦的芽中通常含有淀粉酶，工业上通常就是用麦芽使淀粉水解的，麦芽糖由此得名。

唾液中含有淀粉酶，可使淀粉水解为麦芽糖，所以细嚼淀粉食物（米饭、馒头）后常有甜味感就是这个原因。

麦芽糖为白色晶体或晶体粉末，甜度约为蔗糖的 40%，相对密度为 1.540，熔点为 102～103℃，溶于水，微溶于乙醇，溶于乙醚，具有旋光性，是右旋糖（+130.4°）。麦芽糖分子中含有醛基，能与多伦试剂和斐林试剂反应，是还原糖。在无机酸或酶的催化作用下，发生水解反应，生成两分子葡萄糖。

$$\underset{\text{麦芽糖}}{C_{12}H_{22}O_{11}} + H_2O \xrightarrow{H^+\text{或酶}} \underset{\text{葡萄糖}}{2C_6H_{12}O_6}$$

麦芽糖主要用于食品工业中，是饴糖的主要成分，可用于营养剂和微生物的培养基。

四、多糖

多糖是一类复杂的天然有机高分子化合物，广泛存在于自然界中，是由许多相同或不相同的单糖分子脱水缩合而成的化合物。多糖的相对分子质量高达几万或几十万。自然界中最常见的多糖是由己糖构成的，可用通式（$C_6H_{10}O_5$）$_n$ 表示。多糖的性质与单糖、低聚糖有明显区别。一般为无定形固体，难溶于水，无甜味，没有还原性，水解的最终产物是单糖。

淀粉和纤维素都是重要的多糖，分子式为（$C_6H_{10}O_5$）$_n$，淀粉和纤维素分子里所包含的单糖单元（$C_6H_{10}O_5$）的数目不相同，即 n 值不同，它们的结构也有所不同，所以不是同分异构体。

1. 淀粉

淀粉是植物体内储藏的营养，是人类食物的重要成分，是一种白色的无定形粉末，相对密度为 1.499～1.513。大量存在于植物的种子、块根和茎中，其中谷类植物中含有大量淀粉，例如大米中约含淀粉 62%～82%，小麦约含 57%～75%等。

淀粉按结构特点可分为直链淀粉和支链淀粉两部分，它们在淀粉中所占的比例有所不同，直链淀粉约占 10%～30%，支链淀粉为 70%～90%。

直链淀粉又称可溶性淀粉（淀粉颗粒质），是由几百个葡萄糖单元（$C_6H_{10}O_5$）脱水缩合而成的链状化合物，它的相对分子质量是从几万到十几万。能溶于热水而不成糊状，遇碘显蓝色。

支链淀粉又称为淀粉皮质，是由几百个或几千个葡萄糖单元脱水缩合而成的链状化合物，分子链中有许多支链，约每相隔 20 个葡萄糖单元有一分支，它的相对分子质量从几十万到几百万，在冷水中不溶，与热水作用则膨胀而成糊状，遇碘呈紫或红紫色。

粮食作物的种子中，直链淀粉和支链淀粉都有，含支链淀粉较高的粮食，蒸煮后黏性较大，例如粳米支链淀粉含量比小米多，糯米中几乎 100%是支链淀粉，所以黏性更大。人们煮稀饭就是淀粉膨胀破裂的过程，这就是选择不同的米煮出的饭黏性不同的原因。

直链淀粉和支链淀粉在酸或酶的催化下，能发生水解，最后生成葡萄糖，淀粉水解最后生成葡萄糖，可用化学方程式表示：

$$(C_6H_{10}O_5)_n + nH_2O \xrightarrow{H^+ 或酶} nC_6H_{12}O_6$$

淀粉没有还原性，不与多伦试剂、斐林试剂作用，淀粉遇碘呈蓝紫色，可用于淀粉的检验，淀粉除作食物外，也是一种重要的工业原料。在工业上以淀粉为原料，用发酵方法生产酒精，先用酸或酶使淀粉水解成葡萄糖，葡萄糖在酒化酶作用下转变为酒精，同时放出二氧化碳。

$$C_6H_{12}O_6 \xrightarrow{\text{酒化酶}} 2C_2H_5OH + 2CO_2 \uparrow$$

另外淀粉水解的中间产物糊精是相对分子质量比淀粉小的多糖，能溶于水，可作糨糊及纸张、布匹等的上浆剂。

2. 纤维素

纤维素是自然界中分布最广、含量最丰富的有机高分子多糖类化合物。它们是构成植物细胞壁的主要成分，也是构成植物基干的基础。常与木质素、半纤维素、树脂等伴生。纤维素在纯棉花中含90%以上，亚麻约为80%，木材约为50%，竹子、麦秆、稻草、野草芦苇等也含有大量的纤维素。

纤维素是由许多葡萄糖单元脱水缩合而成的没有分支的长链高分子化合物，它的分子中约含几千个葡萄糖单元（$C_6H_{10}O_5$），相对分子质量约为几十万，分子式是（$C_6H_{10}O_5$）$_n$。

纯净的纤维素是无色、无味、无臭的纤维状物质，不溶于水，也不溶于一般有机溶剂，没有还原性，比淀粉更难水解，但在高温、高压和无机酸的作用可下发生水解，水解的最终产物是葡萄糖。

$$(C_6H_{10}O_5)_n + nH_2O \xrightarrow[\text{高温，高压}]{\text{稀酸}} nC_6H_{12}O_6$$

尽管纤维素水解的最终产物是葡萄糖，但它不能作为人类的养分物质，因人体消化道中没有能使纤维素水解的酶，但人可食用一些含纤维素的食物，如玉米、大麦、燕麦、水果、蔬菜等，增加胃肠蠕动，有助于食物的消化吸收。而且纤维素还能吸收胆固醇，使体内的胆固醇沉积减少，有利于人体健康，是食物中不可缺少的组成部分。而食草动物如马、牛、羊等消化道中能分泌纤维素酶，使纤维素水解成葡萄糖，所以纤维素是食草动物的主要营养物质。

纤维素分子由许多个葡萄糖单元构成，单元中的醇羟基可以与一些试剂作用，生成纤维素的衍生物。例如纤维素与混酸作用，生成纤维素硝酸酯，是制造无烟火药、塑料和涂料的原料；纤维素与醋酸和酸酐的混合物作用生成的纤维素醋酸酯可用于制造胶片和香烟过滤嘴；纤维素还可以制黏胶纤维和纸张等。总之纤维素是纺织和轻工业不可缺少的工业原料之一。

第三节　高分子化合物

一、概述

高分子化合物是相对分子质量很大的化合物，分为两大类，一类是天然有机高分子化合物，另一类是合成有机高分子化合物。随着人类社会的发展，特别是塑料、合成纤维和合成橡胶等通过人工合成的方法制造出来，广泛地应用在日常生活、工农业生产、航空、医疗及能源等领域。所以有必要了解一些有关高分子化合物的知识。

1. 高分子化合物的含义

高分子化合物实际上是由许多链节结构相同而聚合度不同的高分子所组成的混合物，又称为高聚物。它们是相对分子质量大于10000的大分子化合物。虽然高聚物的相对分子质量很大但其分子组成和结构并不复杂，是由特定的结构单元多次重复连接组成，例如：

$$\underset{\text{乙烯}}{nCH_2{=}CH_2} \xrightarrow[100MPa]{100\sim300^\circ C} \underset{\text{聚乙烯}}{\left[CH_2{-}CH_2\right]_n}$$

其中乙烯就是聚乙烯的单体，组成聚乙烯的重复构造单元称为链节，n 表示链节的数目，称为聚合度。因此，高分子化合物的平均相对分子质量＝聚合度×单体的相对分子质量。例如聚合度为2000的聚乙烯的相对分子质量＝2000×28＝56000。

同一种高分子化合物是由许多链节相同而聚合度不同的化合物组成的同系混合物。所以同系混合物各个分子的相对分子质量是不同的。高分子化合物的相对分子质量指的是平均相对分子质量，聚合度也是平均聚合度。高分子化合物中相对分子质量大小不等的现象称为高分子化合物的多分散性。这种现象在低分子化合物中不存在，但对高分子化合物的性能却有很大的影响，一般来讲，分散性越大，性能越差。所以在合成高分子材料时，要注意相对分子质量和分散性的问题，以提高其性能质量。

2. 高分子化合物的分类

高分子化合物的种类繁多，性能和用途各不相同，为了便于研究常按下列方法分类。

（1）按来源分类　可将高分子化合物分为天然高分子化合物和合成高分子化合物。天然高分子化合物是指存在于自然界动、植物体内的高分子化合物，例如淀粉、纤维素、蛋白质、天然橡胶等。合成高分子化合物是指用化学方法合成的高分子化合物，例如塑料、合成纤维、合成橡胶等。

（2）根据工艺性质分类　根据性能和用途不同可分为塑料、橡胶和纤维三大类，各类化合物又可分为若干类别。

- 塑料
  - 热塑性塑料（聚乙烯、聚氯乙烯）
  - 热固性塑料（如酚醛塑料、环氧树脂）
- 橡胶
  - 天然橡胶
  - 合成橡胶（如丁苯橡胶、氯丁橡胶）
- 纤维
  - 天然纤维（如棉、毛、丝）
  - 化学纤维
    - 人造纤维（如黏胶纤维、醋酸纤维）
    - 合成纤维（涤纶、尼龙-66）

（3）按分子的几何形状分类　根据形状分为线型高分子化合物和体型高分子化合物。线型高分子化合物的各链节连接成一个长链，在主链上也可以带支链，如聚乙烯、聚氯乙烯等。体型高分子化合物是由线型高分子互相交联起来，形成网状的三度空间结构，如酚醛树脂等。

（4）按主链结构分类　根据结构可分为碳链高分子化合物、杂链高分子化合物、元素高分子化合物和无机高分子化合物。

（5）按用途分类　按用途分类可分为通用高分子（塑料、纤维、橡胶）、工程材料高分子（聚甲醛、聚碳酸酯）、功能高分子（离子交换树脂）、高分子催化剂（蛋白酶）、生物高分子（生物细胞膜）。

3. 高分子化合物的命名

高分子化合物有多种命名方法，其中系统命名法比较复杂，实际上很少用，现将常见的几种命名法简介如下。

天然高分子化合物，一般常用俗名，例如淀粉、纤维素、蛋白质等。

合成高分子化合物常用下列几种命名法。

① 加聚反应物命名，在单体名称前加“聚”字来命名。例如氯乙烯的聚合物称为聚氯乙烯。

② 缩聚反应物命名，在单体的简称后加“树脂”二字来命名。例如，由苯酚和甲醛缩聚得到的产物称为酚醛树脂。

③ 合成橡胶命名，由不同单体共聚得到的化合物，在单体简称后面加“橡胶”二字。例如，丁二烯和苯乙烯共聚得到的共聚物称为丁苯橡胶。

此外，在商业上为了方便，也常用商品名称给高分子物质命名。例如，聚己内酰胺称为尼龙-6，聚丙烯腈称为腈纶，聚甲基丙烯酸甲酯称为有机玻璃等。

二、高分子化合物的结构和特性

1. 高分子化合物的结构

高分子化合物的分子结构可分为两种基本类型。

（1）线型结构　是分子中的原子以共价键相互联结成一条很长的卷曲状态的“链”（叫分子链），具有这种结构的高分子化合物称为线型高分子化合物。在线型结构高分子化合物中有独立的大分子存在，这类高聚物在溶剂中或在加热熔融状态下，大分子可以彼此分离开来。

（2）体型结构　是分子链与分子链之间由许多共价键交联起来，形成三度空间的网状结构。具有这种结构的高分子化合物称为体型高分子化合物，在体型高分子物质中，没有独立的大分子存在，因而也没有相对分子质量的意义，只有交联度的意义。

应该指出，上述两种基本结构实际上是对高分子化合物的分子模型的直观模拟，而分子的真实精细结构一般是很难搞清的。

2. 高分子化合物的特性

高分子化合物由于相对分子质量很大和特殊的结构关系，导致它与低分子化合物有很大的不同，表现出许多特殊的性质。

（1）溶解性和不挥发性　线型高分子化合物因分子链间可以滑动，因而一般能溶解于适当的有机溶剂。例如聚苯乙烯可溶解于苯或乙苯中，聚氯乙烯可溶解于环己醇中。体型高分子化合物因分子链间的相对移动困难，不易溶解。

高分子化合物由于相对分子质量很大，一般不挥发，因此不能用蒸馏的方法来提纯。

（2）密度和机械强度　高分子化合物虽然相对分子质量很大，但一般密度较小。高分子化合物的分子链很长，分子中的原子数目又非常多，分子间的引力比较大，在常温下，大多数以固态存在，具有良好的机械强度，具有一定的抗拉、抗压、抗扭转、抗弯曲、抗冲击等性能。

高分子材料的机械强度差别与它们的相对分子质量、分子间的引力、分子结构有关。一般来说，同一种高分子化合物，相对分子质量越大，机械强度也就越大；分子结构成网状，机械强度显著增加。例如玻璃钢的强度比合金钢大 1.7 倍，比钛钢大 1 倍。

由于质轻、强度大、耐腐蚀、价廉、易制取等，所以高分子材料在不少地方已逐步替代金属材料，如航空航天、全塑汽车都是典型的例子。

（3）高弹性和可塑性　线型高分子化合物的分子链很长，由于通常情况下是卷曲的，当受到外力作用拉伸时，可稍被拉直，当外力去掉后分子又恢复原来的卷曲形状，这种性质称为弹性。例如生胶是一种线型高分子化合物，它有很大的弹性。体型高分子化合物里的分子长链，如果交联不多，也有一定的弹性，如硫化橡胶，如果交联过多，就失去弹性而变成坚硬的物质，如硬橡皮、酚醛塑料等。

线型高分子化合物当加热到一定温度时，就会逐渐变软，最后到达黏性流动状态，在这种情况下，整个大分子可以移动，受外力作用时，分子间便互相滑动而变形，除去外力也不恢复原状，这种性质称为可塑性。利用此性质可进行高分子材料的加工。例如，可用高分子材料吹成农业上和日常用品用得最多的农膜和各种塑料袋；拉成各种各样的丝，可以织成布、渔网等，以及日常用的各种塑料器皿等。

体型高分子化合物因交联过多，当加热时不能软化，因此，也就没有可塑性。

（4）电绝缘性和耐腐蚀性　高分子化合物分子中的原子以共价键结合，键的极性不大，没有自由电子，不易发生电离，不能导电，所以一般具有良好的绝缘性，可用于包裹电缆、电线，制成各种电器设备的零件等。

由于许多高分子化合物中含有C—C键、C—H键、C—O键等饱和性共价键，具有饱和烃的稳定性，能耐化学腐蚀。如聚四氟乙烯可耐酸、碱，是城市建设中上下水管用的很多的高分子材料。

高分子化合物除具上述特性外，还有耐磨、耐油、不透明、不透气、抗辐射等特性。

高分子化合物虽然有上述许多优良特性，但也有些缺点，如不耐高温、易燃烧、易老化、不易降解等。如何通过改善高分子化合物的结构，改进它们的聚合和加工工艺，改善它们在加工和使用过程中对环境的影响，提高高分子材料的性能，都是高分子化合物的重要研究课题。

三、高分子化合物的合成

有机高分子化合物是由低分子单体聚合而成的，又称为高聚物。最主要的基本反应有两类：一类为缩合聚合反应（简称缩聚反应），另一类为加成聚合反应（简称加聚反应）。这两类合成反应的单体结构、聚合机理和具体实施方法都不同。通过这两类反应可以合成各种各样的有机高分子化合物。在下面讨论中，将会发现合成高分子化合物的反应和合成低分子化合物的反应有许多相似之处，从原理上讲，它们都是通过不同的官能团相互作用来实现的，只是聚合反应所得的产物是高分子化合物。

1. 加成聚合反应

加聚反应是指由一种或两种以上单体通过相互加成而聚合成高聚物的反应，在反应过程中没有低分子物质生成，生成的高聚物中链节的化学组成与单体相同，其相对分子质量是单体相对分子质量的整数倍。仅由一种单体发生的加聚反应称为均聚反应，例如氯乙烯合成聚氯乙烯：

$$n\underset{\text{氯乙烯}}{CH_2{=}\underset{\displaystyle Cl}{\underset{|}{CH}}} \xrightarrow[\text{加热，加压}]{\text{催化剂}} \underset{\text{聚氯乙烯}}{\left[CH_2-\underset{\displaystyle Cl}{\underset{|}{CH}} \right]_n}$$

由两种以上单体发生的加聚反应称共聚反应，例如乙烯和丙烯聚合生成乙丙橡胶。

$$n\underset{\text{乙烯}}{CH_2{=}CH_2} + n\underset{\text{丙烯}}{CH_2{=}CH-CH_3} \longrightarrow \underset{\text{乙丙橡胶}}{\left[CH_2-CH_2-CH_2-\overset{\displaystyle CH_3}{\overset{|}{CH}} \right]_n}$$

通过共聚反应，不仅可增加聚合物的种类，还可改善产品性能，例如聚丁二烯橡胶的耐油性差，而1,3-丁二烯与丙烯腈共聚，可得耐油的丁腈橡胶。

2. 缩合聚合反应

缩聚反应是由一种或两种以上单体通过缩合形成高聚物，同时有低分子物质（水、卤化氢、氨、醇等）析出的反应，所以，生成的高聚物的化学组成与单体的组成不同。故缩聚物的相对分子质量不是单体的整数倍，例如，己二胺和己二酸分子间脱水，发生缩聚反应生成尼龙-66。

四、合成高分子材料

高分子合成材料主要指塑料、合成纤维、合成橡胶三大合成材料及涂料、黏合剂、离子交换树脂等。这些新型的合成材料，一般具有密度小、强度高、弹性好，可塑性、绝缘性和耐腐性好等特点，是一般天然材料所没有的，所以在工业、农业、航空、医疗卫生、建筑以及人民日常生活等方面都有广泛的应用，下面就这些材料作一些简单的介绍。

1. 塑料

以合成的或天然的高分子化合物为基本成分，在加工过程中可塑制成型，而产品最后能保持形状不变的材料。多数塑料以合成树脂为基本成分，是三大合成材料中产量最大、用途最广泛的一种。

根据其受热后的表现，塑料可分为热塑性塑料和热固性塑料。

热塑性塑料是以热塑性树脂为基本成分的。具有链状的线型结构，受热时软化或熔化成黏稠流动的液体，可以制成一定形状，冷却后变硬成型，并且能反复多次加工塑制。例如聚乙烯、聚氯乙烯、聚四氟乙烯等都是热塑性塑料。

热固性塑料是以热固性树脂为基本成分的。具有网状的结构。初次受热时变软，可以塑制成一定形状，但硬化成型后，再加热不会软化，因此不能反复加工，也不能回收利用，如酚醛树脂、环氧树脂、脲醛塑料等。

按其应用和使用性能，塑料又可分为通用塑料和工程塑料。

聚烯烃（聚乙烯、聚丙烯）、聚苯乙烯、聚氯乙烯、酚醛树脂和氨基树脂被称为五大通用塑料，其产量占塑料总量的75%，广泛应用于工农业生产、日常生活和国防上。

工程塑料是一类新兴的高分子合成材料，它力学性能好，是可代替金属用作工程材料的一类塑料，如聚酰胺、聚甲醛、聚碳酸酯和 ABS 树脂，称为四大工程塑料。它们广泛应用于机械制造工业、仪器仪表工业、化工、建筑以及航空、国防等尖端科技方面，在这些领域内它们已成为不可缺少的材料。

2. 合成纤维

纤维是一类具有一定长度、细度、强度和弹性的丝状高分子化合物。根据来源不同，纤维可分为天然纤维和化学纤维两大类。有些纤维是天然高分子化合物，称为天然纤维，如棉、麻、羊毛、蚕丝等。用化学方法制得的纤维称为化学纤维，根据使用的原料不同又分为人造纤维和合成纤维。

人造纤维是以天然纤维为原料（如木材、短棉绒、稻草等），经过化学加工处理得到的性能比天然纤维优越的新纤维，又称再生纤维。例如黏胶纤维、醋酸纤维等。

合成纤维是以煤、石油、天然气和农副产品作原料制成单体，经加聚反应或缩聚反应制得的高分子化合物，再经纺丝加工而制成的纤维。合成纤维都是线型高聚物，有较好的强度和挠曲性能，具有比天然纤维和人造纤维更优越的性能。同时还具有质轻、耐磨、耐腐蚀、不怕虫蛀、不会发霉等特性，成为现代人类重要的衣着材料之一，例如尼龙纤维、腈纶纤维和涤纶纤维等。此外具有特殊性能的合成纤维还可满足现代工业技术和科学技术发展的需求，如耐高温纤维、耐辐射纤维、防火纤维、发光纤维、光导纤维等。

3. 合成橡胶

橡胶是一类具有高弹性能的高分子化合物。按照橡胶来源不同，可分为天然橡胶和合成橡胶两大类。

天然橡胶是由橡胶树和橡胶草的胶乳经化学处理制得，由于橡胶树只适宜在热带和亚热带地区生长，因此天然橡胶生产受到地理条件的限制，远远不能满足日益发展的工业需要。

合成橡胶是由人工合成的具有天然橡胶性能的线型高分子化合物。合成橡胶按照性能和用途不同，可分为两类：一类是通用橡胶，如顺丁橡胶和丁苯橡胶等，用于制造轮胎及一般橡胶制品；另一类是特种橡胶，如硅橡胶等，用于制造具有特殊性能（如耐高温、耐油、耐老化等）并适合特殊条件下使用的橡胶制品。

合成橡胶的出现不仅弥补了天然橡胶数量上的不足，而且品种较多，有的在某些性能上优于天然橡胶，具有一些特殊的用途。因此发展合成橡胶生产，对于工业、农业、交通、国防建设和科学技术的发展，都有十分重要的意义。目前世界上橡胶生产中合成橡胶占有越来越重要的地位。

思考与练习

10-1 举例说明下列名词的含义：

(1) 多糖 (2) 二糖 (3) 转化糖 (4) 还原糖

(5) 非还原糖

10-2 用化学方法区别下列各组物质：

(1) 淀粉与葡萄糖　　(2) 纤维素与淀粉

(3) 蔗糖与麦芽糖　　(4) 葡萄糖与蔗糖

10-3 写出葡萄糖与下列试剂的化学反应方程式：

(1) 多伦试剂　(2) 斐林试剂　(3) 溴水　(4) 催化氢化

10-4 某种聚氯乙烯的平均聚合度为3000，计算它的平均相对分子质量。

10-5 举例说明高分子化合物的分类方法有哪些？

10-6 高分子合成材料包括哪些物质？

10-7 天然纤维、人造纤维、合成纤维有何不同？

自　测　题

一、填空题

1. 高分子的结构大体可分为________结构和________结构两种，其中________结构的高分子是一条能够________的长链，这种高分子链中，原子跟原子或链节都是以________键相结合的。

2. 杂环化合物是一种________化合物，是由________原子组成的，一般把除碳原子以外的________原子叫做________。由这些________构成具有________化合物称为杂环化合物。

3. 人们常说的三大合成材料是________、________、________。其中产量最大、用途最广的是________。

4. 葡萄糖的分子式是________，结构式是________。分子中含有两种________和________，其中一种能跟银氨溶液作用发生________反应。

5. 写出下列化合物的结构式：

(1) 聚氯乙烯　(2) 果糖　(3) 糠醛　(4) 乙丙橡胶

（5）α-呋喃磺酸

二、选择题

1. 下列物质不具有芳香性的是（　　）。

A. 呋喃　　B. 噻吩　　C. 糠醛　　D. 甲醛

2. 乙烯是聚乙烯的（　　）。

A. 单体　　B. 聚合度　　C. 链节　　D. 同分异构体

3. 下列物质味最甜的是（　　）。

A. 果糖　　B. 葡萄糖　　C. 蔗糖　　D. 麦芽糖

4. 下列物质属于合成高分子化合物的是（　　）。

A. 氨基酸　　B. 天然橡胶　　C. 淀粉　　D. 聚氯乙烯

5. 下列物质能发生银镜反应的是（　　）。

A. 葡萄糖　　B. 蔗糖　　C. 纤维素　　D. 淀粉

三、是非题(下列叙述中，对的在括号中打“√”，错的打“×”)

1. 凡是含有杂原子的环状化合物就是杂环化合物。（　）

2. 加聚反应一定要通过两种不同的单体才能发生反应。（　）

3. 通用塑料和工程塑料都是线型高聚物，都具有可塑性。（　）

4. 凡分子组成符合通式 $C_n(H_2O)_m$ 的化合物属糖类也称碳水化合物。（　）

5. 线型结构的高分子链是一条直线型的能够旋转的长链。（　）

四、用化学方法鉴别下列化合物：

1. 噻吩与苯酚　2. 葡萄糖与蔗糖　3. 蔗糖与淀粉

***五、推断题**

分子式为 $C_5H_4O_2$ 的化合物 A，氧化时生成 B（$C_5H_4O_3$），B 是羧酸。B 在封管内加热到 260～275℃生成化合物 C（C_4H_4O），C 不和金属钠作用，也没有与醛和酮的反应。试推断 A、B、C 的结构。

有机化学实验

实验一　甲烷的制取及性质

一、实验目的

掌握甲烷的实验室制法，验证其主要的化学性质。

二、实验原理

实验室中常用无水醋酸钠和碱石灰共热来制备甲烷：

$$CH_3COONa + NaOH \xrightarrow[\triangle]{CaO} CH_4 \uparrow + Na_2CO_3$$

三、仪器及试剂

仪器：铁架台、试管、大试管、试管架、酒精灯、研钵、导气管、水盆。

试剂：无水醋酸钠、碱石灰、3％的溴水、0.5％的高锰酸钾。

四、实验方法

1. 制备

取 3g 无水醋酸钠和 6g 碱石灰[1]，放在研钵内研细，混合均匀后，装入干燥洁净的大试管中，用带有玻璃导气管的塞子塞住试管口。然后，将试管横夹在铁架台上，使管口微微向下倾斜，并通过单孔塞将导气管插入装有水的洗气装置[2]中（见图 1）。

2. 性质检验

准备 3 支试管。一支加入 2mL3％的溴水，另一支加入 0.5mL0.5％的高锰酸钾溶液并稀释到 2mL，第三支装满水倒置于水盆中供排水集气用。

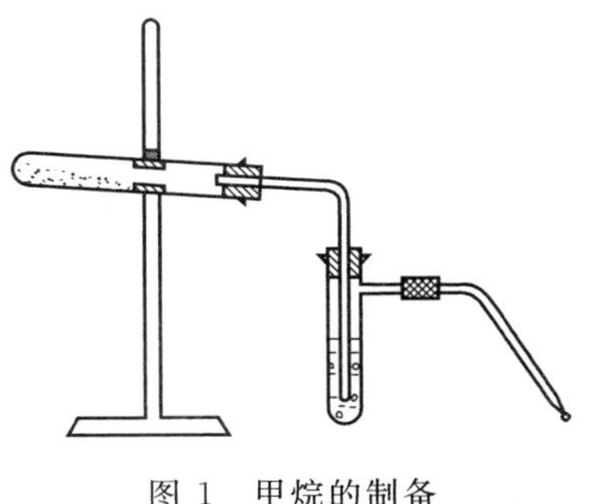

图 1　甲烷的制备

先用小火微热大试管的全部，再用较大的火焰加热无水醋酸钠和碱石灰的混合物，将火焰自试管前部逐渐向后部移动。把生成的甲烷分别通入事先准备好的高锰酸钾溶液[3]中，仔细观察溶液是否褪色。

继续加热，用排水集气法收集甲烷气体。待甲烷充满试管后，用手指按住管口，从水中取出试管，管口向下，移近火焰，放开手指，点燃甲烷。观察淡蓝色火焰的产生。

3. 实验后的处理

实验结束时，应先去掉洗气装置，然后移去酒精灯，以免造成倒吸，使大试管破裂。

4. 整理台面

［**注释**］

［1］ 碱石灰是固体氢氧化钠与氧化钙的混合物，使用前应烘干。其中有效成分是氢氧化钠，氧化钙并未参加反应，但它的存在可稀释反应物，使反应物变得疏松，有利于甲烷气体的外逸。同时，氧化钙具有强吸湿性，可以吸收加热反应物时所释出的水分。

［2］ 反应中有副产物丙酮生成。使试管口微微向下，可以避免丙酮液体流入热试管，引起试管破裂。再使甲烷通过水洗气装置，混在甲烷中的丙酮蒸气溶于水中而除去。

［3］ 甲烷在本实验情况下与溴水和高锰酸钾都不起作用，但如果通入的时间过长，则把易挥发的溴带走而使溴水褪色。

在更换试剂前，导气管须用水洗净，以免试剂互相污染，影响实验结果。

实验二　乙烯的制取及性质

一、实验目的

掌握乙烯的实验室制法，验证其部分性质。

二、实验原理

$$CH_3CH_2OH \xrightarrow[170℃]{浓 H_2SO_4} CH_2=CH_2\uparrow + H_2O$$

点燃乙烯气体生成二氧化碳和水。乙烯可使高锰酸钾溶液和溴水褪色。

三、仪器及试剂

仪器：铁架台、试管、试管架、酒精灯、蒸馏瓶、导气管、水盆、具支试管、温度计（200℃）。

试剂：95%酒精、浓硫酸、10%氢氧化钠溶液、3%溴水、0.5%高锰酸钾溶液。

四、实验方法

1. 制备

在50mL的蒸馏瓶中倒入5mL95%酒精，然后一边摇动，一边慢慢加入15mL浓硫酸（相对密度1.84），再投入少量碎瓷片（防止加热时暴沸）。用带有温度计的塞子塞住瓶口，并使温度计的水银球没入混合液中。将蒸馏瓶固定在铁架台并置于石棉网上，蒸馏瓶的支管通过导气管与盛有10%氢氧化钠溶液的洗气装置相连[1]。如图2。

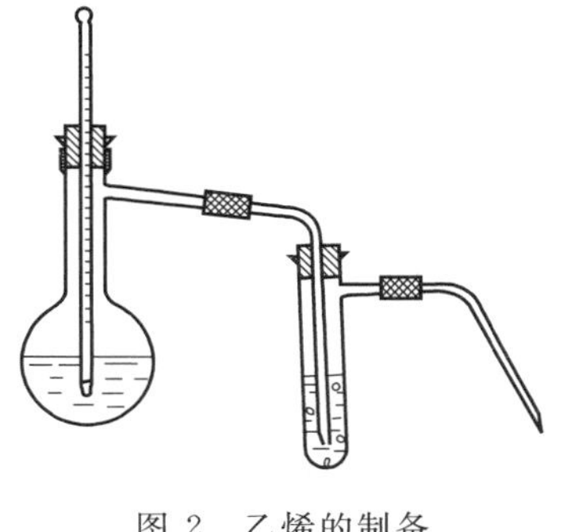

图2　乙烯的制备

2. 性质检验

准备3支洁净的试管，第一支加入2mL3%溴水，第二支加入0.5mL0.5%高锰酸钾溶液并加水稀释到2mL，第三支装满水后倒立在水盆中。

用小火缓缓地加热蒸馏瓶内的混合液体，当温度上升到160℃时，调整火焰的高度，使液体的温度保持在160～180℃之间。

将生成的乙烯气体分别通入准备好的溴水和高锰酸钾溶液中，观察溶液是否褪色。

用排水集气法收集乙烯，并用与点燃甲烷相同的方法点燃试管中的乙烯。可以看到，乙烯燃烧的火焰比甲烷燃烧时明亮一些。

3. 实验后的处理

结束实验时，先去掉洗气装置，再移开灯火，以免碱液流入热的蒸馏瓶内，发生事故。

4. 整理台面

［注释］

［1］ 浓硫酸是强氧化剂。它与乙醇作用时，还能发生氧化反应，将部分乙醇氧化为 CO_2、CO 和游离碳，而硫酸本身则被还原成 SO_2。乙烯气体通过 NaOH 溶液可以除去 SO_2，否则将会影响实验结果。

实验三 乙炔的制取及性质

一、实验目的

掌握乙炔的实验室制法及性质。

二、实验原理

$$\underset{\diagdown\ \diagup \atop Ca}{C\equiv C} + 2H_2O \longrightarrow CH\equiv CH + Ca(OH)_2$$

点燃乙炔气体生成二氧化碳和水。乙炔可使高锰酸钾溶液或溴水褪色。乙炔遇到硝酸银氨水溶液生成乙炔银沉淀。遇到氯化亚铜的氨水溶液生成乙炔亚铜沉淀。

三、仪器及试剂

仪器：铁架台、试管、试管架、蒸馏瓶、滴液漏斗、导气管。

试剂：碳化钙、饱和食盐水、3％溴水、0.5％高锰酸钾、硝酸银氨水溶液、氯化亚铜氨水溶液

四、实验方法

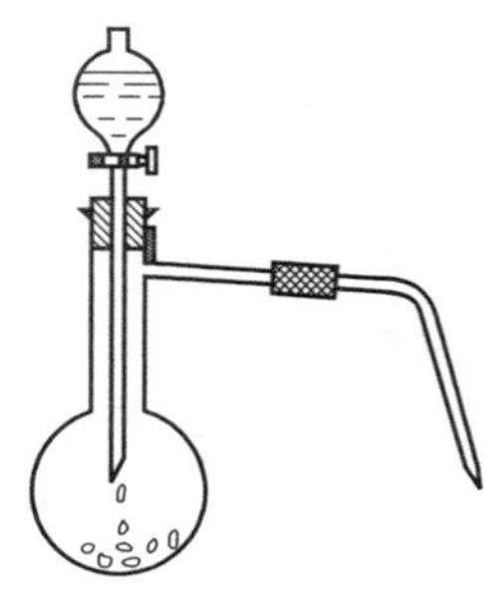

图 3 乙炔的制备

1. 制备

在干燥的 100mL 蒸馏瓶中，沿壁放入小块碳化钙（约 5～6g），瓶口通过单孔塞安装一个 50mL 滴液漏斗，漏斗的活塞关紧。将蒸馏瓶固定在铁架台上，蒸馏瓶的支管与尖嘴导气管相连。如图 3。

2. 性质检验

准备 4 支试管，分别加入 3％溴水 2mL，0.5％高锰酸钾溶液 0.5mL 并加水

稀释到 2mL，硝酸银氨水溶液（在 10%硝酸银溶液中，滴加稀氨水到生成的沉淀恰好溶解，得澄清的硝酸银氨水溶液）2mL，氯化亚铜氨水溶液［取 1g 氯化亚铜加 1～2mL 浓氨水和 10mL 水，用力振摇后，静置片刻，倾出溶液并投入一铜片（或铜丝），贮存备用］2mL。

把饱和食盐水[1]倒入滴液漏斗中，然后开启活塞，将饱和食盐水慢慢地滴入蒸馏瓶。不要一次滴入太多，以控制乙炔发生的速度。

将生成的乙炔依次通入上述 4 支试管中，观察溶液是否变色。

向蒸馏瓶中滴加较多的食盐水，使乙炔大量发生，然后在尖嘴口点燃乙炔，可以看到明亮带烟的火焰。点火时应特别注意气流充分，且点燃时间不宜过长，以免火焰延烧入蒸馏瓶中，引起爆炸。

3. 实验后的处理

乙炔银和乙炔亚铜干燥时极易爆炸，在实验完后不可随便弃置，而应集中到指定的地方，由老师用稀酸处理，加以销毁。

4. 整理台面

［注释］

［1］ 水与碳化钙的反应比较剧烈。根据经验，改用饱和食盐水，可使反应较为平稳地进行。

实验四　苯和甲苯的性质

一、实验目的

检验苯及甲苯的性质，掌握区别二者的方法。

二、实验原理

苯与高锰酸钾不氧化，甲苯与高锰酸钾氧化（褪色）。

$$C_6H_6 + Br_2 \xrightarrow[\text{光}]{Fe} C_6H_5{-}Br + HBr$$

$$C_6H_5{-}CH_3 + Br_2 \longrightarrow C_6H_5{-}CH_2Br + HBr$$

$$C_6H_6 + HNO_3 \xrightarrow[50\sim60℃]{H_2SO_4} C_6H_5{-}NO_2 + H_2O$$

三、仪器及试剂

仪器：试管、大试管、烧杯、试管架、试管夹、酒精灯、铁三脚架、水浴锅。

试剂：苯、甲苯、10％硫酸溶液、3％溴的四氯化碳溶液、0.5％高锰酸钾溶液、浓硫酸、浓硝酸、蓝色石蕊试纸、铁屑。

四、实验方法

1. 氧化反应

在两支试管中，分别加入苯和甲苯各 0.5mL，然后各加入 0.2mL 0.5％的高锰酸钾溶液和 0.5mL10％硫酸溶液，剧烈振荡（也可水浴加热）几分钟，观察比较两试管的颜色变化。

2. 与溴反应

① 在两支试管中分别加入苯和甲苯各 0.5mL，再各加入 3～6 滴 3％溴的四氯化碳溶液，在试管口各放置一条湿润的蓝色石蕊试纸并用软木塞塞紧。将两支试管放在太阳光下（或强日光灯下）照射几分钟，观察比较试纸的颜色变化。

② 在试管中加入 1mL 苯，再各加入 10～12 滴溴（量取溴时要特别小心。溴是强烈腐蚀性和刺激性的物质，因此量取时在通风橱中进行，并带上防护手套），然后加入一小匙新刨的铁屑，振荡，反应开始并有气体产生。将湿润的蓝色石蕊试纸置于管口，观察试纸的颜色变化。

待反应缓慢，用小火微热试管，使反应完全。将试管中的液体倒入盛有水的烧杯中，有浅黄色（纯时为无色）油珠（难溶于水的溴苯）生成。

3. 硝化反应

在干燥的大试管中加入 1.5mL 浓硝酸，再加入 2mL 浓硫酸，充分混合，用冷水浴冷却到室温。然后边振荡边加入 1mL 苯，并于 50～60℃的水浴中加热 10min。将反应液倾入盛有水的烧杯中，可以看到黄色油状液体硝基苯沉于烧杯底（控制适当的温度，如果温度过高将生成二硝基物，以黄色固体沉于烧杯底部）。

4. 实验后的处理

清洗仪器，并将仪器、试剂、物品放回原处。

5. 整理台面

实验五　醇、酚、醚的性质与鉴定

一、实验目的

1. 验证醇、酚、醚的主要化学性质

2. 掌握醇和酚的鉴定方法

二、实验原理

醇、酚、醚都是烃的含氧衍生物。其中醇和酚具有相同的官能团——羟基。但由于与官能团所连接的烃基结构不同，它们的化学性质也有很大差别。具体的反应类型及实验现象见本书相关内容。

三、仪器及试剂

仪器：试管、试管架、酒精灯、试管夹、烧杯、玻璃棒。

试剂：无水乙醇、95%酒精、正丁醇、仲丁醇、叔丁醇、乙醚、乙二醇、丙三醇、金属钠、酚酞指示剂、苯酚晶体、对苯二酚晶体、2%苯酚溶液、5%重铬酸钾溶液、10%氢氧化钠溶液、1%三氯化铁溶液、饱和溴水、卢卡斯试剂、铜丝、1∶5硫酸、2%硫酸亚铁溶液、1%硫氰化铵溶液、10%硫酸铜溶液、10%碳酸钠溶液、10%碳酸氢钠溶液。

四、实验方法

1. 醇的性质与鉴定

(1) 与金属钠作用　在2支干燥的试管中，分别加入无水乙醇、正丁醇各5mL，再各加入1粒绿豆大小的金属钠[1]，观察2支试管中反应速率的差异。用大拇指按住一支试管口片刻，再用点燃的火柴接近试管口，有什么现象发生？

待试管中钠粒完全消失后[2]，醇钠析出使溶液变黏稠（或凝固）。向试管中加入5mL水并滴入2滴酚酞指示剂，观察溶液颜色变化。

记录上述实验现象并解释原因。

(2) 与氧化剂作用　在3支试管中各加入1mL5%重铬酸钾溶

液和1mL3mol/L硫酸溶液，振荡摇匀后，分别加入5滴正丁醇、仲丁醇、叔丁醇，振摇后用小火加热，观察现象，记录并解释原因。

(3) 与卢卡斯试剂作用　在3支干燥试管中[3]，分别加入0.5mL正丁醇、仲丁醇、叔丁醇，再各加入1mL卢卡斯试剂[4]，管口配上塞子，用力振摇片刻后静置，观察试管中的变化，记录首先出现浑浊的时间。将其余2支试管放入50℃的水浴中温热几分钟，取出观察，记录上述实验现象并解释原因。

(4) 多元醇与氢氧化铜作用　在2支试管中，各加入1mL10%硫酸铜溶液和1mL10%氢氧化钠溶液，混匀，立即出现蓝色氢氧化铜沉淀。向2支试管中分别加入5滴乙二醇、丙三醇，振摇并观察现象变化，记录并解释原因。

2. 酚的性质与鉴定

(1) 弱酸性　在试管中加入约0.3g苯酚[5]和1mL水，振摇并观察其溶解性。将试管在水浴中加热几分钟，取出观察其中的变化[6]。将溶液冷却，有什么现象发生？向其中滴加10%氢氧化钠溶液并振摇，发生了什么变化？

在2支试管中，各加入约0.3g苯酚，分别加入1mL10%碳酸钠溶液、1mL10%碳酸氢钠溶液，振摇并温热后，观察并对比两试管中现象[7]。

在试管中加入少许苦味酸，再加入1mL10%碳酸氢钠溶液，振摇并观察现象[8]。

(2) 与溴水作用　在试管中加入约0.1g苯酚和2mL水，振摇使其溶解成为透明溶液[9]。向其中滴加饱和溴水，观察现象，记录并解释原因。

(3) 与三氯化铁溶液作用　在2支试管中分别加入少量苯酚、对苯二酚晶体，各加入2mL水振摇使其溶解。分别向2支试管中滴加新配制的1%三氯化铁溶液，观察溶液颜色变化，记录并解释原因。

3. 醚的性质

(1) 𨦡盐的生成与分解　在干燥的试管中加入 1mL 乙醚，将试管置于冰-水浴中冷却，再缓慢向其中滴加 2mL 冰冷的浓硫酸，振摇后观察现象。将此溶液小心地倒入另一支盛有 5mL 冰水的试管中，振摇后观察现象变化。记录并解释原因。

(2) 过氧化物的检验　在试管中加入 1mL 新配制的 2%硫酸亚铁溶液和几滴 1%硫氰化铵溶液，再加入 1mL 工业乙醚，用力振摇后观察溶液颜色有无变化[10]，记录现象并解释原因。

4. 实验后的处理

清洗仪器，并将仪器、试剂、物品放回原处。

5. 整理台面

[**实验指南与安全指示**]

① 注意：金属钠遇水反应十分剧烈，容易发生危险！所以试管中若有未反应完全的残余钠粒时，绝不能加水，可用镊子将其取出放入酒精中分解，千万不能弃于水槽中！

② 本实验所用的三氯化铁溶液和硫酸亚铁溶液都是在空气中容易发生还原或氧化反应的物质，应在实验前新配制。

③𨦡盐的形成是放热反应，容易使乙醚逸散并使已生成的𨦡盐分解，所以整个实验过程应始终保持在低温下进行。

④ 注意：苯酚有毒并有腐蚀性，苦味酸是强酸，有腐蚀性，应避免它们与皮肤直接接触！

[**注释**]

[1]　金属钠表面有一层氧化膜，应用小刀轻轻切去，以便反应顺利进行。

[2]　醇与钠的后期反应逐渐变慢，可将试管置于水浴中适当加热，促使反应进行完全。

[3]　醇与氢卤酸的反应是可逆反应，其逆反应是卤烷的水解。如果试管不干燥，将影响卤烷的生成，甚至导致实验失败。

[4]　卢卡斯试剂即无水氯化锌的盐酸溶液，容易吸水而失效。因此必须

在实验前新配制。方法如下：将 34g 熔融的无水氯化锌溶于 23mL 浓盐酸中。边搅拌边冷却以防止氯化氢外逸。冷却后保存于试剂瓶中，塞紧。配制操作应在通风橱中进行。

[5] 苯酚对皮肤有很强的腐蚀性，如不慎沾及皮肤应先用水冲洗，再用酒精擦洗，直至灼伤部位白色消失，然后涂上甘油。

[6] 苯酚在常温下微溶于水，但在 68℃时可与水混溶。

[7] 苯酚酸性较弱，不能溶于碳酸钠溶液，因为碳酸钠水解时生成的氢氧化钠与苯酚反应生成了水溶性的苯酚钠。

[8] 苦味酸的酸性比乙酸强，25℃时 $pK_a=0.38$，所以可与碳酸氢钠作用放出二氧化碳，并生成苦味酸钠沉淀。

[9] 2,4,6-三溴苯酚的溶解度很小。即使是极稀的苯酚溶液（3μg/L）加入溴水也会呈现浑浊。溴水具有氧化性。加入过量时，可将 2,4,6-三溴苯酚氧化成醌类而呈淡黄色。

[10] 亚铁盐容易被氧化。乙醚中若含有过氧化物，可将硫酸亚铁铵中的 Fe^{2+} 氧化成 Fe^{3+}，Fe^{3+} 能与硫氰化铵发生配合反应，生成血红色的配合物。借此颜色变化来鉴别过氧化物的存在。

实验六 醛和酮的性质与鉴别

一、实验目的

1. 验证醛、酮的主要化学性质

2. 掌握醛、酮的鉴别方法

二、实验原理

醛和酮都是分子中含有羰基官能团的化合物，它们有很多相似的化学性质。具体的反应类型、特征、现象及鉴别方法见本书的相关内容。

三、仪器及试剂

仪器：试管、试管夹、试管架、酒精灯、铁三脚架、水浴。

试剂：40％甲醛溶液、40％乙醛溶液、正丁醛、苯甲醛、丙酮、95％乙醇、异丙醇、苯甲醛、苯乙酮、饱和亚硫酸氢钠、2,4-二硝基苯肼试剂、碘-碘化钾溶液、2％硝酸银溶液、10％氢氧化钠溶液、2％氨水、斐林试剂 A、斐林试剂 B、希夫试剂、品红试剂、稀盐酸（1∶5）、浓硫酸、铬酸。

四、实验方法

1. 羰基加成反应

在4支干燥的试管中[1]，各加入新配制的饱和亚硫酸氢钠溶液1mL，然后分别加入0.5mL甲醛溶液、正丁醛、苯甲醛、丙酮。振摇后放入冰-水浴中冷却几分钟，取出观察有无结晶析出[2]。

取有结晶析出的试管，倾去上层清液，向其中1支试管中加入2mL10%碳酸钠溶液，向其余试管中加入2mL稀盐酸溶液，振摇并稍稍加热，观察结晶是否溶解？有什么气味产生？记录现象并解释原因。

2. 缩合反应

在5支试管中，各加入1mL新配制的2,4-二硝基苯肼试剂，再分别加入5滴甲醛溶液、乙醛溶液、苯甲醛、丙酮、苯乙酮，振摇后静置。观察并记录现象，描述沉淀颜色的差异。

3. 碘仿反应

在6支试管中，分别加入5滴甲醛溶液、乙醛溶液、正丁醛、丙酮、乙醇、异丙醇，再各加入1mL碘-碘化钾溶液，边振摇边分别滴加10%氢氧化钠溶液至碘的颜色刚好消失[3]，反应液呈微黄色为止。观察有无沉淀析出。将没有沉淀析出的试管置于约60℃水浴中温热几分钟后取出[4]，冷却，观察现象，记录并解释原因。

4. 氧化反应

（1）与铬酸试剂反应　在4支试管中，分别加入3滴乙醛溶液、正丁醛、苯甲醛、苯乙酮，再各加入3滴铬酸试剂，充分振摇后观察溶液颜色变化[5]，记录现象并解释原因。

（2）与多伦试剂反应　在洁净的试管中加入3mL2%硝酸银溶液，边振摇边向其中滴加浓氨水[6]，开始时出现棕色沉淀，继续滴加氨水，直至沉淀恰好溶解为止（不宜多加，否则将会影响实验灵敏度）。

将此澄清透明的银氨溶液分装在3支洁净的试管中，再分别加入两滴甲醛溶液、苯甲醛、苯乙酮（加入苯甲醛、苯乙酮的试管需充分振摇)，将3支试管同时放入60～70℃水浴中，加热几分钟后取出，观察有无银镜生成[7]。记录现象并解释原因。

(3) 与斐林试剂反应　在4支试管中各加入0.5mL斐林试剂A和0.5mL斐林试剂B，混匀后分别加入5滴甲醛溶液、乙醛溶液、苯甲醛、丙酮，充分振摇后，置于沸水浴中加热几分钟，取出观察现象差别[8]，记录并解释原因。

5. 与希夫试剂作用[9]

在3支试管中，各加入1mL新配制的希夫试剂，再分别加入3滴甲醛溶液、乙醛溶液、丙酮，振摇后静置，观察溶液的颜色变化。然后在加入甲醛、乙醛的试管中各加入1mL浓硫酸，振摇后，观察、比较两支试管中溶液的颜色变化。记录并解释原因。

6. 实验后的处理

清洗仪器，并将仪器、试剂、物品放回原处。

7. 整理台面

[实验指南与安全提示]

① 注意：硝酸银溶液与皮肤接触，立即形成难于洗去的黑色金属银，故滴加和振摇时应小心操作！

② 配制银氨溶液时，切忌加入过量的氨水，否则将生成雷酸银，受热后会引起爆炸，也会使试剂本身失去灵敏性。多伦试剂久置后会析出具有爆炸性的黑色氮化银(Ag_3N)，因此需在实验前配制，不可贮存备用。

③ 进行银镜反应的试管必须十分洁净，否则无法形成光亮的银镜，只能产生黑色单质银沉淀。可将试管用铬酸洗液或洗涤剂清洗后，再用蒸馏水冲洗至不挂水珠为止。

银镜反应的水浴温度也不宜过高，水的沸腾振动将使附在管壁上的银镜脱落。

④ 希夫试剂久置后会变色失效，需在实验前新配制。

[注释]

[1]　加成产物α-羟基磺酸钠可溶于水，但不溶于饱和亚硫酸氢钠溶液，

因此能呈晶体析出。实验时，样品和试剂量较少，若试管带水，稀释了亚硫酸氢钠溶液，使其不饱和，晶体就难于析出。

[2] 此时若无晶体析出，可用玻璃棒摩擦试管壁并静置几分钟，促使晶体析出。

[3] 碱液不可多加。过量的碱会使生成的碘仿消失，而导致实验失败，因为氢氧化钠可将碘仿分解。

$$CHI_3 + 4NaOH \longrightarrow HCOONa + 3NaI + 2H_2O$$

[4] 带有甲基的醇需先被次碘酸钠氧化成甲基醛或甲基酮后，才能发生碘仿反应，加热可促使醇的氧化反应快速完成。

[5] 铬酸实验是区别醛和酮的新方法，具有反应速率快、现象明显等特点。但应注意伯醇和仲醇也呈正性反应现象，所以不能一同鉴别。

[6] 多伦试剂是银氨配合物的碱性水溶液。通常是在硝酸银溶液中加入1滴氢氧化钠溶液后再滴加稀氨水至溶液透明。但最近的实验发现，有时加碱的多伦试剂进行空白实验加热到一定温度时，试管壁也能出现银镜。因此本实验中采用不加氢氧化钠，而滴加浓氨水的方法，以使实验结果更加可靠。

[7] 实验结束后，应在试管中加入少量硝酸溶液，加热煮沸洗去银镜，以免溶液久置后产生雷酸银。

[8] 一般醛被氧化后，斐林试剂还原成砖红色的 Cu_2O 沉淀，甲醛的还原性较强，可将 Cu_2O 进一步还原为单质铜，形成铜镜。

[9] 希夫试剂又称品红试剂。能与醛作用生成一种紫红色染料。一般对三个碳以下的醛反应较为灵敏。产物加入过量强酸时可发生分解使颜色褪去，惟独甲醛与希夫试剂的反应产物比较稳定，不易分解，所以可借此区别甲醛和其他醛类。

实验七 羧酸及其衍生物的性质

一、实验目的

验证羧酸及其衍生物的性质，掌握羧酸的鉴别方法。

二、实验原理

羧酸的分子中含有羧基（—COOH）官能团，由于结构特点，羧酸具有一定的酸性，羟基的取代反应生成相应的羧酸衍生物。这些衍生物具有相似的化学性质，在一定条件下能发生水解、醇解、氨解等反应。其活性顺序为酰氯>酸酐>酯>酰胺。

甲酸分子中的羧基与一个氢原子相连，从而使它的结构还具有醛基的特点，能与多伦试剂、斐林试剂作用。草酸的结构为两个羧基，使其具有较强的还原性，能被高锰酸钾定量氧化，常用于高锰酸钾的标定。

三、仪器及试剂

仪器：试管、试管夹、试管架、酒精灯、铁三脚架、水浴、玻璃棒。

试剂：甲酸、冰醋酸、草酸、乙酰氯、乙酸酐、乙酸乙酯、乙酰胺、无水乙醇、0.5%高锰酸钾溶液、10%硫酸溶液、5%硝酸银溶液、10%氢氧化钠溶液、浓硫酸、饱和碳酸钠溶液、刚果红试纸、红色石蕊试纸、2%氨水。

四、实验方法

1. 羧酸的性质

(1) 酸性　取 3 支试管，分别加入 5 滴甲酸、5 滴乙酸、约 0.2g 草酸，再分别加 1mL 蒸馏水，振荡使其溶解。然后用干净的玻璃棒分别蘸取少量酸液，在同一条刚果红试纸上画线[1]，观察试纸颜色变化，比较各线的颜色深浅并说明三种酸的强弱顺序。

(2) 酯化反应　在一支干净的试管中分别加入 2mL 乙醇和乙酸，混合均匀后加入 5 滴浓硫酸，把试管放入 70～80℃水浴中加热，并时常摇动。10min 后在试管口闻一下气味，取出试管冷却后，再加约 2mL 饱和碳酸钠溶液，观察有无分层，是否嗅到气味，记录现象并写出有关方程式。

(3) 羧酸的还原性　取 3 支试管分别加入 0.5mL 甲酸、0.5mL 乙酸和 0.2g 草酸，各加水 1mL 配成溶液，再各加 10%硫酸溶液 1mL 和 0.5%高锰酸钾溶液 2mL，振摇后加热至沸，观察现象，记录并解释原因。

在另一支干净试管中加入 1mL1∶1 氨水和 5 滴 5%硝酸银溶液，再取一支干净试管加入 1mL20%氢氧化钠溶液和 5 滴甲酸，振荡后倒入第一支试管中并摇匀。若产生沉淀，则补加几滴稀氨水，直到沉淀完全消失，形成无色透明溶液，将试管放入85～90℃水浴中加热10min，观察有无银镜产生，记录现象并解释原因。

2. 羧酸衍生物的性质

（1）水解反应

① 酰氯水解。取一支试管加入1mL蒸馏水，沿管壁慢慢加入3滴乙酰氯[2]，轻微振摇试管，观察反应剧烈程度，并用手触摸试管底部，有何现象发生，待试管冷却后，再加1～2滴5%硝酸银溶液，观察现象，再向试管中加稀硝酸2滴，有何现象产生，写出有关方程式。

② 乙酸酐水解。取一支试管加入1mL蒸馏水、3滴乙酸酐，振摇并观察其溶解性，再稍微加热试管，观察试管中现象和气味，写出有关方程式。

③ 酯的水解。取3支试管编号，各加入0.5mL乙酸乙酯和0.5mL蒸馏水，然后在第2支试管中再加入1mL10%硫酸，在第3支试管中加入1mL10%氢氧化钠溶液。把3支试管同时放入70～80℃水浴中加热，不断地振荡试管，比较3支试管中酯层消失的速度，其中哪一支快一些，为什么？写出有关方程式。

④ 酰胺水解

碱性水解：在试管中加约0.2g乙酰胺和2mL10%氢氧化钠溶液，振荡后加热至沸，是否有氨气味？用湿的红色石蕊试纸在试管口检验，有何现象发生，写出有关方程式。

酸性水解：在试管中加入约0.2g乙酰胺和2mL10%硫酸溶液，用小火加热至沸，是否闻到乙酸的气味？冷却后加入10%氢氧化钠溶液中和至碱性，再加热闻其气味，并在试管中用湿的红石蕊试纸检验，有何现象，记录并解释。

（2）醇解反应

① 酰氯醇解。在一干燥的试管中[3]加入1mL无水乙醇，慢慢滴加1mL乙酰氯，同时用冷水冷却试管并不断振荡。观察反应剧烈程度，待试管冷却后，再加3mL饱和碳酸钠溶液中和，当溶液

出现明显分层后，闻其气味，有无酯的香味，观察现象并写出有关方程式。

② 酸酐醇解。在干燥试管中加入 1mL 无水乙醇和 1mL 乙酸酐，混合后摇匀，再加 1 滴浓硫酸，小火加热至微沸。冷却后慢慢加入 3mL 饱和碳酸钠溶液中和至分层清晰，是否有气味，记录并写出方程式。

3. 实验后的处理

清洗仪器，并将仪器、试剂、物品放回原处。

4. 整理台面

［**注释**］

［1］ 刚果红是一种酸碱指示剂，与弱酸作用显棕黑色；与中强酸作用显蓝黑色；与强酸作用显蓝色。

［2］ 乙酰氯与水、醇作用十分剧烈，操作时要小心，以防液体溅出。

［3］ 乙酰氯易发生水解，而无法进行醇解。

实验八　苯胺的性质

一、实验目的

1. 验证苯胺的一般性质

2. 了解重氮盐的制备及主要性质

二、实验原理

苯胺具有一定的碱性，在一定的条件下能发生很多反应，具体参照第九章第二节的相关内容。

三、仪器及试剂

仪器：试管、试管架、冰水浴、热水浴、酒精灯、铁三角架、玻璃棒。

试剂：苯胺、盐酸（1∶5）、稀硫酸（1∶5）、饱和溴水、饱和亚硝酸钠溶液、β-萘酚溶液、碘化钾淀粉试纸、饱和重铬酸钾溶液。

四、实验方法

1. 苯胺盐的生成

在 2 支试管中，各加入 3～4 滴苯胺和 1mL 水，振荡，苯胺并不完全溶解，只形成乳浊液。然后在振荡中分别滴加 2～3 滴浓盐酸和 1mL 稀硫酸，加盐酸的试管得到均匀透明的溶液，而加硫酸的试管则析出白色沉淀[1]。

2. 苯胺的溴代反应

在 4mL 水中滴入苯胺 1 小滴，振荡使之全部溶解，将溶液分盛于 2 支试管中。

向其中一支试管中滴加饱和溴水，溶液立即变浑浊，并有白色三溴苯胺析出。

3. 苯胺的氧化作用

在上述剩余的苯胺水溶液里，滴加饱和重铬酸钾溶液 2～3 滴和硫酸 0.5mL，混合物先呈暗绿色，然后经蓝色转变为黑色[2]。

4. 苯胺的重氮化

在试管中加入 0.5mL 苯胺、1.5mL 浓盐酸和 2mL 水，将试管放在冰水浴中冷却至 0℃。然后一边搅拌，一边逐滴滴加饱和亚硝酸钠溶液，至反应液刚能使碘化钾淀粉试纸显蓝色为止[3]，得到完全透明的氯化重氮苯水溶液。将氯化重氮苯溶液分盛于 2 支试管里。

5. 偶合反应

向盛有氯化重氮苯溶液的一支试管里，滴加数滴 β-萘酚溶液[4]，观察有无橙红色的沉淀生成。

6. 苯胺重氮盐的水解

将另一盛有氯化重氮苯溶液的试管，置于 30～50℃ 水浴中加热，这时氯化重氮苯水解，放出氮气，并生成苯酚，具有辨别苯酚的气味。

7. 实验后的处理

清洗仪器，并将仪器、试剂、物品放回原处。

8. 整理台面

［注释］

［1］ 苯胺难溶于水。它与浓盐酸作用生成苯胺盐酸盐溶于水，与硫酸作用生成的苯胺硫酸盐则难溶于水。

［2］ 苯胺易被氧化，因为氧化剂的性质和反应条件的不同，氧化产物可能是偶氮苯、亚硝酸苯、对蒽醌或苯胺黑等。用重铬酸钾和硫酸做氧化剂时，苯胺最终被氧化为褐色的苯胺黑。

［3］ 试验中须不断用玻璃棒蘸取反应液点在碘化钾淀粉试纸上，如试纸与反应液接触处现出蓝紫色，即为重氮化终点。

［4］ β-萘酚溶液的配制：4g β-萘酚溶于 40mL 的 5%氢氧化钠溶液中。

附　　录

一、一些有机化学名词的读音

笔画	名词	读音		意义
		同音字	汉语拼音	
七	苄(基)	变	bian	$C_6H_5—CH_2$(苯甲基)
	苊	厄	e	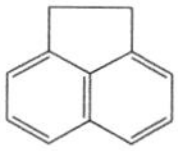
	芘	比	bi	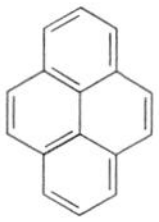
	肟	沃	wo	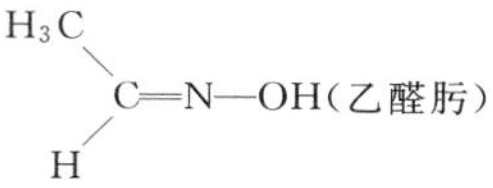 H_3C \ C═N—OH(乙醛肟) / H
	芴	勿	wu	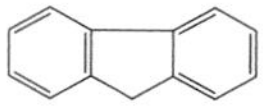
八	苯	本	ben	
	苷	甘	gan	糖类通过它的还原性基团与其他含羟基物质缩合而成的化合物,又称配糖物或甙
	肼	井	jing	$H_2N—NH_2$
	茂	帽	mao	 (1,3-环戊二烯)
	炔	缺	que	分子中含有三键的开链不饱和烃,如 CH≡CH (乙炔)

续表

笔画	名词	读音		意义
		同音字	汉语拼音	
八	肽	太	tai	氨基酸的氨基与另一氨基酸的羧基缩合脱水后形成的化合物 $\mathrm{-\overset{\overset{O}{\|}}{C}-NH-}$（肽键）
	茚	印	yin	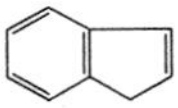
九	砜	风	feng	$\mathrm{R-\underset{\underset{O}{\|}}{\overset{\overset{O}{\|}}{S}}-R'}$
	胩	卡	ka	R—NC（异腈）
	烃	听	ting	碳氢化合物
十	氨	安	an	NH_3
	胺	按	an	氨分子中的氢原子被烃基取代形成的化合物，如 $CH_3—NH_2$（甲胺）
	酐	干	gan	$(RCO)_2O$
	脎	萨	sa	还原糖与过量苯肼作用的生成物
十一	铵	安	an	NH_4^+
	菲	非	fei	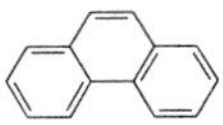
	酚	分	fen	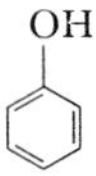 OH（苯酚）
	萘	奈	nai	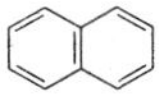
	脲	尿	niao	$\mathrm{H_2N-\overset{\overset{O}{\|}}{C}-NH_2}$
	羟	抢	qiang	—OH
	烯	希	xi	分子中含有双键的开链不饱和烃，如 $CH_2=CH_2$（乙烯）
	烷	完	wan	开链的饱和烃，如 $CH_3—CH_3$（乙烷）
	𬭸（盐）	羊	yang	$\mathrm{[R-\overset{\overset{H}{\|}}{O}-R']^+Cl^-}$

续表

笔画	名词	读音		意义
		同音字	汉语拼音	
十二	腈	京	jing	R—CN
	氰	情	qing	—C≡N(—CN)
	巯	求	qiu	—SH
	腙	宗	zong	醛和酮的羰基与肼的缩合物，如 $(H_3C)(H)C{=}N{-}NH_2$（乙醛腙）
十三	蒽	恩	en	
	羧(基)	梭	suo	—COOH
	酮	同	tong	$R{-}C({=}O){-}R'$
	酰(基)	先	xian	$R{-}C({=}O){-}$
	酯	旨	zhi	$R{-}C({=}O){-}OR'$
十四	酶	梅	mei	生物体产生的具有催化能力的蛋白质
十五	醌	昆	kun	
	羰(基)	汤	tang	$>C{=}O$
十六	醚	迷	mi	$R{-}O{-}R'$
	醛	全	quan	$R{-}C({=}O){-}H$

二、常见有机化合物的类别

名称	通式或类型结构	官能团或特征结构	举例	附注
烷烃	C_nH_{2n+2}或R—H	碳原子间以单键相连不成环	$CH_3—CH_2—CH_2—CH_3$ （丁烷）	—R表示烷基（有时也代表烃基）
烯烃	C_nH_{2n}	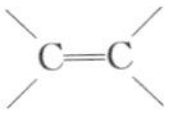 $>C=C<$	$CH_3—CH=CH_2$（丙烯）	
二烯烃	C_nH_{2n-2}	分子中含有两个碳碳双键的开链不饱和烃	$CH_2=CH—CH=CH_2$ 1,3-丁二烯 $CH_2=C=CH_2$ （丙二烯） $CH_2=CH—CH_2—CH=CH_2$ （1,4-戊二烯）	
炔烃	C_nH_{2n-2}	$—C\equiv C—$	$CH\equiv CH$（乙炔）	
脂环烃	C_nH_{2n} C_nH_{2n-2} C_nH_{2n-4}	具有非闭合共轭体系的碳环结构	（环戊烷） （环己烯） （环戊二烯）	
芳烃	C_nH_{2n-6}（单环芳烃及其同系物，$n\geqslant 6$） Ar—H	具有共平面的闭合共轭体系的碳环	（苯） 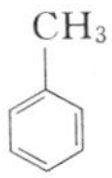 CH_3（甲苯） 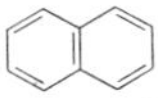 （萘）	$C_6H_5—$（苯基） $C_6H_5—CH_2—$（苄基） Ar—（芳基）
卤代烃	R—X Ar—X	—X（X代表卤素）	CH_3Cl（氯甲烷） $CH_2=CHCl$（氯乙烯） 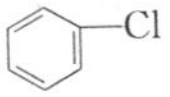 —Cl（氯苯）	

续表

名称	通式或类型结构	官能团或特征结构	举　例	附　注
醇	R—OH（R代表脂肪烃基和脂环烃基）	—OH（羟基）	C_2H_5OH（乙醇） 环己基—OH（环己醇）	—OH连在开链碳原子上或脂环上
酚	Ar—OH	—OH（羟基）	苯基—OH（苯酚） 萘基—OH（β-萘酚）	—OH连在芳环上
醚	R—O—R Ar—O—R Ar—O—Ar	—O—（醚键）	CH_3—O—CH_3（甲醚） 苯基—O—CH_3（苯甲醚） 苯基—O—苯基（二苯醚） CH_2—CH_2（O桥连）（环氧乙烷）	—O—两个键都与碳相连
醛	R—C(=O)—H	—C(=O)—H（简写为—CHO，醛基或甲酰基）	H—C(=O)—H（甲醛） CH_3—C(=O)—H（乙醛） 苯基—CHO（苯甲醛）	醛基与氢或烃基碳原子相连
酮	R—C(=O)—R	—C(=O)—（羰基）	CH_3—C(=O)—CH_3（丙酮） 苯基—C(=O)—CH_3（苯乙酮）	羰基碳原子的两个键都与烃基碳原子相连

续表

名称	通式或类型结构	官能团或特征结构	举例	附注
醌		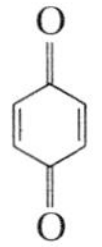 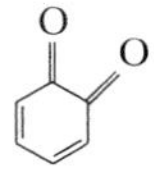 对醌结构（$O=C_6H_4=O$） 邻醌结构	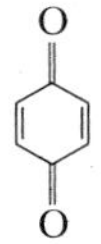 （对苯醌） 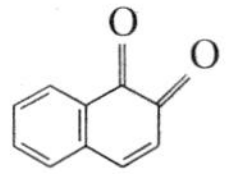 （β-萘醌） 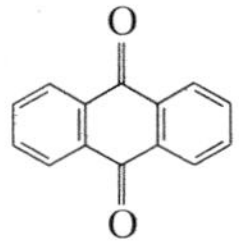 （蒽醌）	
羧酸	$R-\overset{O}{\overset{\|}{C}}-OH$ （R 代表烃基）	$-\overset{O}{\overset{\|}{C}}-OH$ （简写为—COOH，羧基）	H—COOH （甲酸） CH_3-COOH （乙酸） 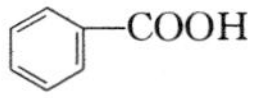 C_6H_5-COOH （苯甲酸）	羧基与氢原子或烃基碳原子相连
酰卤	$R-\overset{O}{\overset{\|}{C}}-X$	$-\overset{O}{\overset{\|}{C}}-X$ （简写为—COX，卤甲酰基或卤羰基）	$CH_3-\overset{O}{\overset{\|}{C}}-Cl$ （乙酰氯） 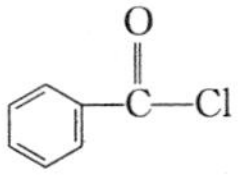 $C_6H_5-\overset{O}{\overset{\|}{C}}-Cl$ （苯甲酰氯）	$R-\overset{O}{\overset{\|}{C}}-$ （酰基）

续表

名称	通式或类型结构	官能团或特征结构	举例	附注
酸酐	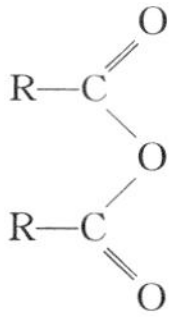 $\begin{matrix} R-C(=O) \\ \quad O \\ R-C(=O) \end{matrix}$	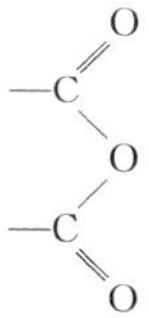 $\begin{matrix} -C(=O) \\ \quad O \\ -C(=O) \end{matrix}$	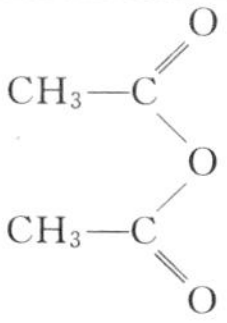 $(CH_3CO)_2O$（乙酐） 邻苯二甲酸酐（邻苯二甲酸酐） 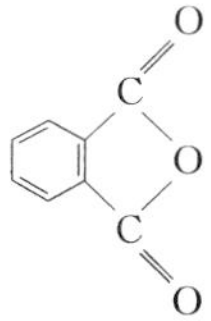	在结构上可以看作由两个一元酸或一个二元酸缩合而成的化合物
羧酸酯	$R-\overset{O}{\overset{\Vert}{C}}-OR'$	$-\overset{O}{\overset{\Vert}{C}}-OR'$（简写为$-COOR'$，烷氧羰基或酯基）	$CH_3-\overset{O}{\overset{\Vert}{C}}-OC_2H_5$（乙酸乙酯）  $CH_3OOC-C_6H_4-COOCH_3$（对苯二甲酸二甲酯）	$-\overset{O}{\overset{\Vert}{C}}-OC_2H_5$（乙氧羰基即乙酯基）
酰胺	$R-\overset{O}{\overset{\Vert}{C}}-NH_2$	$-\overset{O}{\overset{\Vert}{C}}-NH_2$［简写为$-CONH_2$，氨(基)甲酰基］	$CH_3-\overset{O}{\overset{\Vert}{C}}-NH_2$（乙酰胺）	
卤代酸	$R-\underset{X}{\underset{\vert}{CH}}(CH_2)_nCOOH$ $X-Ar-COOH$ $n=0,1,2,\cdots$	分子中同时含有卤原子和羧基	$\underset{Cl}{\underset{\vert}{CH_2}}-COOH$（氯乙酸） 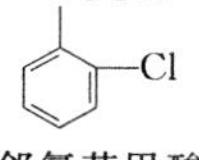 $o-ClC_6H_4COOH$（邻氯苯甲酸）	卤原子可在碳链上也可在芳环上

续表

名称	通式或类型结构	官能团或特征结构	举例	附注
羟基酸	$R—CH(OH)(CH_2)_nCOOH$ $n=0,1,2,\cdots$	分子中同时含有羟基和羧基	$CH_3—CH(OH)—COOH$ （乳酸） 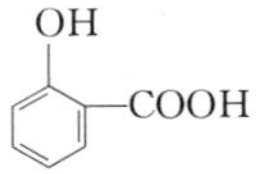 邻羟基苯甲酸（$C_6H_4(OH)COOH$） （水杨酸）	羟基可在碳链上也可在芳环上
氨基酸	$R—CH(NH_2)(CH_2)_nCOOH$ $n=0,1,2,\cdots$	分子中同时含有氨基和羧基	$CH_3—CH(NH_2)—COOH$ （α-氨基丙酸）	
羰基酸	$RC(=O)(CH_2)_nCOOH$ $n=0,1,2,\cdots$	分子中同时含有羰基和羧基	$CH_3—C(=O)—CH_2—COOH$ （乙酰乙酸）	
碳水化合物	多羟基醛或多羟基酮以及能水解生成多羟基醛或多羟基酮的化合物	CHO—CHOH—CHOH— （醛糖） $CH_2OH—C(=O)—CH(OH)—$ （酮糖）	CHO—C(H)(OH)—C(HO)(H)—C(H)(OH)—C(H)(OH)—CH_2OH （葡萄糖） CH_2OH—C(=O)—C(HO)(H)—C(H)(OH)—C(H)(OH)—CH_2OH （果糖）	

续表

名称	通式或类型结构	官能团或特征结构	举例	附注
硝基化合物	$R-NO_2$ $Ar-NO_2$	$-N(=O)\rightarrow O$ （简写为$-NO_2$，硝基）	CH_3NO_2 （硝基甲烷） $C_6H_5-NO_2$ （硝基苯）	硝基氮原子与碳原子相连
胺	$R-NH_2$ $Ar-NH_2$	$-NH_2$ （氨基）	CH_3NH_2 （甲胺） $C_6H_5-NH_2$ （苯胺）	氨基氮原子与碳原子相连
重氮化合物	$Ar-N=N-Y$ （Y不是碳原子） $Ar-N^+\equiv NX^-$ （重氮盐，X^-为一价酸根）		$C_6H_5-N=N-NH-C_6H_5$ （重氮氨基苯） $C_6H_5-N^+\equiv NCl^-$ （氯化重氮苯）	偶氮基的一个氮原子不与碳原子相连
偶氮化合物	$Ar-N=N-Ar$ $R-N=N-R$	$-N=N-$ （偶氮基）	$C_6H_5-N=N-C_6H_5$ （偶氮苯） $CH_3-C(CH_3)(CN)-N=N-C(CH_3)(CN)-CH_3$ （偶氮二异丁腈）	偶氮基的两个氮原子都与碳原子相连
腈	$R-CN$ $Ar-CN$	$-C\equiv N$ （简写为$-CN$，氰基）	$CH_2=CHCN$ （丙烯腈） C_6H_5-CN （苯甲腈）	
异腈	$R-NC$	$-N\rightleftarrows C$ （简写为$-NC$，异氰基）	CH_3NC （甲胩）	异氰基的碳原子不直接与烃基相连

续表

名称	通式或类型结构	官能团或特征结构	举例	附注
异氰酸酯	R—N=C=O		C_6H_5—N=C=O（异氰酸苯酯）	H—N=C=O 异氰酸，未被分离出来
硫醇	R—SH	—SH（巯基）	CH_3SH（甲硫醇）	巯基连在碳链上
硫酚	Ar—SH	—SH（巯基）	C_6H_5—SH（苯硫酚）	巯基连在芳环上
硫醚	R—S—R′	—S—［硫（醚）键或硫基］	CH_3—S—CH_3（甲硫醚）	硫原子的两个键都与碳原子相连
亚砜	R—S(→O)—R′	—S(→O)—（氧硫基）	CH_3—S(→O)—CH_3（二甲基亚砜）	
砜	R—S(→O)(→O)—R′	—S(→O)(→O)—（二氧硫基或磺酰）	C_6H_5—S(→O)(→O)—C_6H_5（二苯砜）	
磺酸	R—SO_3H Ar—SO_3H	—SO_3H（磺酸基或磺基）	$C_{12}H_{25}SO_3H$（十二烷基磺酸） C_6H_5—SO_3H（苯磺酸）	硫原子与碳原子相连

三、重要的有机反应

1. 烷烃

(1) 取代

$$R—H \xrightarrow[\text{紫外线}]{X_2} RX（X_2 \text{为} Cl_2、Br_2）$$

（氢的活泼性：叔氢>仲氢>伯氢）

（2）热裂

$$CH_3CH_2CH_3 \begin{cases} \longrightarrow CH_3CH{=}CH_2 + H_2 \\ \longrightarrow CH_2{=}CH_2 + CH_4 \end{cases}$$

$$CH_4 \begin{cases} \xrightarrow{1500℃} CH{\equiv}CH + H_2 \\ \xrightarrow[Ni,800℃]{H_2O} CO + H_2 \end{cases}$$

（3）异构化

$$CH_3CH_2CH_2CH_3 \underset{\triangle}{\overset{AlCl_3}{\rightleftharpoons}} CH_3{-}\underset{\substack{|\\CH_3}}{CH}{-}CH_3$$

2. 烯烃

（1）加成

$$CH_2{=}CH_2 \begin{cases} \xrightarrow[Ni(Pt、Pd)]{H_2} CH_3{-}CH_3 \\ \xrightarrow{X_2} \underset{\substack{|\\X}}{CH_2}{-}\underset{\substack{|\\X}}{CH_2}\text{（活泼性：}Cl_2 > Br_2 > I_2\text{，}I_2\text{ 困难）} \\ \xrightarrow{HX} \underset{\substack{|\\X}}{CH_2}{-}\underset{\substack{|\\H}}{CH_2} \\ \overset{H_2SO_4}{\rightleftharpoons} \underset{\substack{|\\OSO_2OH}}{CH_2}{-}CH_3 \overset{H_2O}{\rightleftharpoons} \\ \xrightarrow{HOX(H_2O+X_2)} \underset{\substack{|\\OH}}{CH_2}{-}\underset{\substack{|\\X}}{CH_2} \xrightarrow{Ca(OH)_2} \underset{O}{CH_2{-}CH_2}\text{（环氧）} \\ \xrightarrow[H_3PO_4]{H_2O} CH_3CH_2OH\text{（乙烯、丙烯、异丁烯可直接水合）} \end{cases}$$

（不对称烯烃与极性试剂加成，服从不对称加成规律）

（2）取代

$$CH_3CH{=}CH_2 \xrightarrow[500℃]{Cl_2} \underset{\displaystyle \underset{|}{}Cl}{CH_2}{-}CH{=}CH_2$$

（3）氧化

$$CH_2{=}CH_2 \begin{cases} \xrightarrow[Ag]{O_2} CH_2{-}CH_2 \text{（环氧乙烷，} \diagdown O \diagup \text{）} \\ \xrightarrow[PdCl_2\text{-}CuCl_2]{O_2} CH_3{-}\overset{\displaystyle O}{\overset{\|}{C}}{-}H \\ \xrightarrow[KMnO_4,H_2O]{[O]} \underset{OH}{\underset{|}{CH_2}}{-}\underset{OH}{\underset{|}{CH_2}} + MnO_2\downarrow \end{cases}$$

（4）羰基合成

$$CH_2CH{=}CH_2 \xrightarrow[\text{羰基钴}]{CO,H_2} \underset{\text{（主产物）}}{CH_3CH_2CH_2\overset{\displaystyle O}{\overset{\|}{C}}H} + CH_3\underset{CH_3}{\underset{|}{C}}H\overset{\displaystyle O}{\overset{\|}{C}}H$$

（5）聚合

$$n\underset{H(R,Cl,C_6H_5)}{\underset{|}{CH}}{=}CH_2 \xrightarrow{\text{催化剂}} {+}\!\!\!\!\!-\!\!\!\!\!\left[\underset{H(R,Cl,C_6H_5)}{\underset{|}{CH}}{-}CH_2\right]_n$$

3. 二烯烃

（1）加成

$$CH_2{=}CH{-}CH{=}CH_2 \xrightarrow{X_2} \begin{cases} \xrightarrow{1,2\text{ 加成}} \underset{X}{\underset{|}{CH_2}}{-}\underset{X}{\underset{|}{CH}}{-}CH{=}CH_2 \\ \xrightarrow{1,4\text{ 加成}} \underset{X}{\underset{|}{CH_2}}{-}CH{=}CH{-}\underset{X}{\underset{|}{CH_2}} \end{cases}$$

（2）聚合

$$nCH_2{=}CH{-}CH{=}CH_2 \xrightarrow{\text{催化剂}} {+}\!\!\!\!\!-\!\!\!\!\!\left[CH_2{-}CH{=}CH{-}CH_2\right]_n$$

4. 炔烃

（1）加成

$$CH\equiv CH\begin{cases}\xrightarrow[\text{Pd-Fe}]{H_2} CH_2=CH_2\text{（用 Ni、Pt 为催化剂可继续加氢，生成烷烃）}\\ \xrightarrow{X_2} CHX=CHX \xrightarrow{X_2} X-CHX-CHX-X\\ \xrightarrow{HX} CH_2=CHX \xrightarrow{HX} CH_3-CHX-X\\ \xrightarrow[HgSO_4\text{-}H_2SO_4]{H_2O} CH_2=CH(OH) \xrightarrow[\text{（乙炔、丙炔可水化）}]{\text{重排}} CH_3CHO\\ \xrightarrow[Cu_2Cl_2]{HCN} CH_2=CHCN\\ \xrightarrow[\text{醋酸锌}]{CH_3COOH} CH_3\overset{O}{\overset{\|}{C}}-O-CH=CH_2\end{cases}$$

（2）氧化

$$CH\equiv CH\xrightarrow[KMnO_4, H_2O]{[O]}CO_2\uparrow+MnO_2\downarrow$$

（3）聚合

$$CH\equiv CH\begin{cases}\xrightarrow[Cu_2Cl_2\text{-}NH_4Cl]{\text{二聚}} CH_2=CH-C\equiv CH\\ \xrightarrow{\text{三聚}} \text{苯（}C_6H_6\text{）}\end{cases}$$

（4）金属炔化物的生成

$$CH\equiv CH\begin{cases}\xrightarrow{Ag(NH_3)_2NO_3} AgC\equiv CAg\downarrow\text{（白色）}\\ \xrightarrow{Cu(NH_3)Cl} CuC\equiv CCu\downarrow\text{（红色）}\end{cases}$$

（含活泼氢的炔烃有此反应）

5. 环烷烃

（1）加氢

$$\text{环戊烷}\xrightarrow[Ni]{H_2}CH_3-CH_2-CH_2-CH_2-CH_3$$

（2）异构化、芳构化

$$\text{methylcyclopentane} \xrightleftharpoons{AlCl_3} \text{cyclohexane} \xrightarrow[\triangle]{Pt\ 或\ Pd} \text{benzene}$$

（3）氧化

$$\text{cyclohexane} \xrightarrow[\text{醋酸钴(锰)}]{O_2} \text{cyclohexanol} + \text{cyclohexanone} \xrightarrow[HNO_3]{[O]} HOOC(CH_2)_4COOH$$

6. 芳香烃

（1）取代

苯：

- $\xrightarrow[Fe]{X_2}$ C₆H₅—X
- $\xrightarrow[H_2SO_4]{HNO_3}$ $C_6H_5—NO_2$
- $\xrightarrow{H_2SO_4(98\%)}$ $C_6H_5—SO_3H$
- $\xrightleftharpoons[AlCl_3]{RX、ROH\ 或烯烃}$ $C_6H_5—R$ （易发生异构化和多元取代）
- $\xrightarrow[AlCl_3]{RCOX\ 或(RCO)_2O}$ $C_6H_5—CO—R$

（苯环上原有邻对位定位基时，新引入的取代基主要进入邻位和对位；苯环上原有间位定位基时，不能发生烷基化反应，新引入的取代基主要进入间位）

萘：

- $\xrightarrow[Fe]{X_2}$ 2-X-萘
- $\xrightarrow[H_2SO_4]{HNO_3}$ 2-NO_2-萘
- $\xrightarrow{H_2SO_4}$
  - $\xrightleftharpoons{60℃}$ 1-SO_3H-萘 $\xrightarrow{165℃}$ 2-SO_3H-萘
  - $\xrightleftharpoons{165℃}$ 2-SO_3H-萘
- $\xrightarrow{CH_3COCl}$
  - $\xrightarrow[AlCl_3]{CS_2}$ 1-$COCH_3$-萘 （主产物）
  - $\xrightarrow[AlCl_3]{C_6H_5NO_2}$ 2-$COCH_3$-萘

（2）加成

$$\text{C}_6\text{H}_6 \xrightarrow[\text{Ni}]{H_2} \text{C}_6\text{H}_{12}$$

$$\text{C}_6\text{H}_6 \xrightarrow[\text{紫外光}]{Cl_2} \text{C}_6\text{H}_6\text{Cl}_6$$

$$\text{C}_{10}\text{H}_8 \xrightarrow[\text{Ni}]{H_2} \text{C}_{10}\text{H}_{12} \xrightarrow[\text{Ni}]{H_2} \text{C}_{10}\text{H}_{18}$$

（3）氧化与脱氢

$$\text{C}_6\text{H}_6 \xrightarrow[V_2O_5]{O_2} \text{H—C(=C—H)—C(=O)—O—C(=O)}$$

$$\text{C}_6\text{H}_5\text{R} \xrightarrow[KMnO_4]{[O]} \text{C}_6\text{H}_5\text{COOH}$$

$$\text{C}_{10}\text{H}_8 \xrightarrow[V_2O_5]{O_2} \text{C}_6\text{H}_4(\text{CO})_2\text{O}$$

$$\text{C}_6\text{H}_5\text{—}CH_2CH_3 \xrightarrow{ZnO} \text{C}_6\text{H}_5\text{—}CH{=}CH_2 + H_2$$

7. 卤代烃

（1）取代

$$RX \xrightarrow{NaOH(\text{水})} ROH$$

$$RX \xrightarrow{NaCN(\text{醇})} RCN$$

$$RX \xrightarrow{NH_3} RNH_2$$

$$RX \xrightarrow{NaOR'} ROR'$$

$$RX \xrightarrow{AgNO_3(\text{醇})} RONO_2 + AgX\downarrow$$

烯丙型、卤烷型和乙烯型卤烃都能发生反应。

活泼性：$CH_2=CHCH_2X$ 和 $C_6H_5CH_2X$ > $CH_2=CH(CH_2)_nX$ 和 RX > $CH_2=CHX$ 和 C_6H_5X，$n \geqslant 2$

(2) 格氏反应

$$RX \xrightarrow[\text{无水乙醚}]{Mg} RMgX$$

(3) 消除反应

$$RCH_2CH(X)CH_3 \xrightarrow{NaOH(\text{醇})} RCH=CHCH_3 + HX$$

（含氢较少的相邻碳原子比较容易脱去氢原子）

$$CH_2Cl-CH_2Cl \xrightarrow{NaOH(\text{醇})} CH_2=CHCl + HCl$$

8. 醇和酚

(1) 弱酸性

$$ROH \underset{H_2SO_4}{\overset{R'COOH}{\rightleftharpoons}} R'-\overset{O}{\overset{\|}{C}}-OR$$

$$ROH \overset{H_2SO_4}{\rightleftharpoons} ROSO_3H \xrightarrow{ROSO_3H} (RO)_2SO_3$$

$$\begin{matrix}CH_2OH\\ |\\ CHOH\\ |\\ CH_2OH\end{matrix} \xrightarrow[H_2SO_4]{3HNO_3} \begin{matrix}CH_2-O-NO_2\\ |\\ CH-O-NO_2\\ |\\ CH_2-O-NO_2\end{matrix}$$

$$C_6H_5-ONa \xrightarrow[\text{或}(RCO)_2O]{R-\overset{O}{\overset{\|}{C}}-Cl} C_6H_5-O-\overset{O}{\overset{\|}{C}}-R$$

(2) 氧化

$$RCH_2OH \xrightarrow{[O]} R-\overset{O}{\overset{\|}{C}}-H \xrightarrow{[O]} R-\overset{O}{\overset{\|}{C}}-OH$$

$$\begin{matrix}R\\ \diagdown\\ \end{matrix}CHOH\ (R, R') \xrightarrow{[O]} \begin{matrix}R\\ \diagdown\end{matrix}C=O\ (R, R')$$

（叔醇一般难氧化）

$$\text{C}_6\text{H}_5\text{OH} \xrightarrow[K_2Cr_2O_7 + H_2SO_4]{[O]} \text{O=C}_6\text{H}_4\text{=O}$$

(3) 脱水与脱氢

$$C_2H_5OH \xrightarrow[\text{或 } Al_2O_3,\ 360℃]{H_2SO_4,\ 170℃} CH_2{=}CH_2$$

$$2C_2H_5OH \xrightarrow[360℃]{MgO\text{-}SiO_2} CH_2{=}CH{-}CH{=}CH_2$$

(4) 其他反应

$$ROH \xrightarrow{HX} RX$$

$$\text{C}_6\text{H}_5\text{OH} \xrightarrow{Br_2(\text{水})} \text{2,4,6-三溴苯酚} \downarrow (\text{白色})$$

9. 醚

(1) 碱性

$$R{-}O{-}R + HCl \rightleftharpoons [R{-}\underset{\displaystyle H}{\underset{|}{O}}{-}R]^+ Cl^-$$

(2) 环醚的开环反应

$$\underset{\diagdown O \diagup}{CH_2{-}CH_2} \begin{cases} \xrightarrow{H_2O} \underset{OH}{CH_2}{-}\underset{OH}{CH_2} \\ \xrightarrow{HCl} \underset{OH}{CH_2}{-}\underset{Cl}{CH_2} \\ \xrightarrow{NH_3} \underset{OH}{CH_2}{-}\underset{NH_2}{CH_2} \ (\text{继续反应可生成二乙醇胺和三乙醇胺}) \\ \xrightarrow[H_2SO_4]{C_2H_5OH} \underset{OH}{CH_2}{-}CH_2{-}OC_2H_5 \end{cases}$$

10. 醛和酮

（1）加成

$$\begin{matrix}R\\ \diagdown\\ C{=}O\\ \diagup\\ H\ (R')\end{matrix}\xrightarrow[Ni]{H_2}R{-}\underset{\underset{H(R')}{|}}{CH}{-}OH$$

$$\begin{matrix}R\\ \diagdown\\ C{=}O\\ \diagup\\ H\ (R')\end{matrix}\xrightarrow{HCN}\underset{(R')}{H}{-}\overset{\overset{R}{|}}{\underset{\underset{OH}{|}}{C}}{-}CN\quad（结晶）$$

$$\begin{matrix}R\\ \diagdown\\ C{=}O\\ \diagup\\ H\ (CH_3)\end{matrix}\xrightarrow{HSO_3Na}\underset{(CH_3)}{H}{-}\overset{\overset{R}{|}}{\underset{\underset{SO_3Na}{|}}{C}}{-}OH\quad（结晶）$$

$$\begin{matrix}R(H)\\ \diagdown\\ C{=}O\\ \diagup\\ (R')H\end{matrix}\xrightarrow[干醚]{R''MgX}\underset{(R')}{H}{-}\overset{\overset{R(H)}{|}}{\underset{\underset{R''}{|}}{C}}{-}OMgX\xrightarrow{H_2O}\underset{(R')}{H}{-}\overset{\overset{R(H)}{|}}{\underset{\underset{R''}{|}}{C}}{-}OH$$

（2）与氨衍生物的加成缩合

$$\begin{matrix}R\\ \diagdown\\ C{=}O\\ \diagup\\ H\ (R')\end{matrix}\xrightarrow{H_2NOH}\begin{matrix}R\\ \diagdown\\ C{=}N{-}OH\\ \diagup\\ H\ (R')\end{matrix}（结晶）$$

肟

$$\text{环己酮}{=}O\xrightarrow{H_2NOH}\text{环己基}{=}N{-}OH$$

环己酮肟

$$\begin{matrix}R\\ \diagdown\\ C{=}O\\ \diagup\\ H\ (R')\end{matrix}\xrightarrow{H_2N{-}NH{-}C_6H_5}\begin{matrix}R\\ \diagdown\\ C{=}N{-}NH{-}C_6H_5\\ \diagup\\ H\ (R')\end{matrix}（结晶）$$

苯腙

（3）缩醛化

$$\mathrm{RCHO}\ (\text{R}-\text{CH}{=}\text{O}) \underset{}{\overset{R'OH}{\rightleftharpoons}} \left[\ \text{R}(\text{H})\text{C}(\text{OR}')(\text{OH})\ \right] \overset{R'OH}{\rightleftharpoons} \text{R}(\text{H})\text{C}(\text{OR}')_2$$

（酮类不易直接与醇作用生成缩酮）

(4) 羟醛缩合

$$2CH_3CHO \xrightarrow{\text{稀}\ OH^-} CH_3-\underset{\underset{OH}{|}}{CH}-CH_2-CHO \xrightarrow{-H_2O} CH_3-CH{=}CH-CHO$$

（两个含 α-氢的醛或一个含 α-氢的醛与另

一个不含 α-氢的醛，能发生羟醛缩合反应）

(5) 碘仿反应

$$\underset{(R)H}{\overset{CH_3}{}}\!\!>C{=}O \xrightarrow[(NaOH+I_2)]{NaOI} CHI_3\downarrow(\text{黄色})+(R)H-\overset{\overset{O}{\|}}{C}-ONa$$

(6) 氧化与还原

$$RCHO \xrightarrow[\triangle]{Ag(NH_3)_2OH} RCOONH_4+Ag\downarrow(\text{银镜})$$

$$RCHO \xrightarrow[\triangle]{Cu(OH)_2+NaOH} RCOONa+Cu_2O\downarrow(\text{红色})$$

（酮不发生银镜反应和斐林反应）

$$2\,C_6H_5CHO \xrightarrow{\text{浓}\ NaOH} C_6H_5COONa + C_6H_5CH_2OH$$

（不含 α-氢的醛有歧化反应）

$$\underset{(R')H}{\overset{R}{}}\!\!>C{=}O \xrightarrow[Ni]{H_2} R-\underset{\underset{H(R')}{|}}{\overset{\overset{H}{|}}{C}}-OH$$

11. 羧酸

(1) 酸性

$$RCOOH \xrightarrow{NaOH(Na_2CO_3、NaHCO_3)} RCOONa \xrightarrow{H^+} RCOOH$$

（2）羧基中羟基被取代

$$R-\overset{O}{\overset{\|}{C}}-OH \xrightarrow{PX_3(PX_5)} R-\overset{O}{\overset{\|}{C}}-X + HPO_3(POX_3)$$

$$R-\overset{O}{\overset{\|}{C}}-OH \xrightarrow[(CH_3CO)_2O]{R-\overset{O}{\overset{\|}{C}}-OH} (R-\overset{O}{\overset{\|}{C}})_2O + H_2O\text{（甲酸除外）}$$

$$R-\overset{O}{\overset{\|}{C}}-OH \xrightarrow[H_2SO_4]{R'OH} R-\overset{O}{\overset{\|}{C}}-OR' + H_2O$$

$$R-\overset{O}{\overset{\|}{C}}-OH \xrightarrow{NH_3} R-\overset{O}{\overset{\|}{C}}-ONH_4 \xrightarrow[\triangle]{-H_2O} R-\overset{O}{\overset{\|}{C}}-NH_2$$

（3）脱羧

$$CH_3COONa \xrightarrow[\triangle]{NaOH+CaO} CH_4 + Na_2CO_3$$

$$CH_2(COOH)_2 \xrightarrow{\triangle} CH_3COOH + CO_2$$

（4）α-氢被取代

$$CH_3-\overset{O}{\overset{\|}{C}}-OH \xrightarrow[p]{X_2} \underset{X}{\underset{|}{CH_2}}-\overset{O}{\overset{\|}{C}}-OH$$

（X_2 为 Cl_2、Br_2，进一步反应 3 个 α-氢均可被取代）

（5）还原或氧化

$$R-\overset{O}{\overset{\|}{C}}-OH \xrightarrow[LiAlH_4]{[H]} RCH_2OH$$

$$HCOOH \xrightarrow{Ag(NH_3)_2OH} CO_2 + Ag\downarrow\text{（银镜）}$$

$$HCOOH \xrightarrow[NaOH]{Cu(OH)_2} CO_2 + Cu_2O\downarrow\text{（红色）}$$

（仅甲酸有银镜反应和斐林反应）

12. 羧酸衍生物

(1) 水解

$$R-\overset{O}{\overset{\|}{C}}-X \xrightarrow{H_2O} R-\overset{O}{\overset{\|}{C}}-OH + HX$$

$$(RCO)_2O \xrightarrow[\triangle]{H_2O} R-\overset{O}{\overset{\|}{C}}-OH + RCOOH$$

$$R-\overset{O}{\overset{\|}{C}}-OR' \xrightarrow[H^+ \text{或} OH^-]{H_2O} R-\overset{O}{\overset{\|}{C}}-OH + R'OH$$

$$R-\overset{O}{\overset{\|}{C}}-NH_2 \xrightarrow[H^+ \text{或} OH^-,\text{回流}]{H_2O} R-\overset{O}{\overset{\|}{C}}-OH + NH_3$$

(反应速率：酰卤>酸酐>酯>酰胺)

$$\begin{matrix} CH_2O-\overset{O}{\overset{\|}{C}}-R \\ | \\ CHO-\overset{O}{\overset{\|}{C}}-R \\ | \\ CH_2O-\overset{O}{\overset{\|}{C}}-R \end{matrix} \xrightarrow[\triangle]{NaOH(\text{水})} \begin{matrix} CH_2OH \\ | \\ CHOH \\ | \\ CH_2OH \end{matrix} + 3RCOONa$$

肥皂

(2) 醇解

$$R-\overset{O}{\overset{\|}{C}}-X \xrightarrow{R'OH} R-\overset{O}{\overset{\|}{C}}-OR' + HX$$

$$(RCO)_2O \xrightarrow{R'OH} R-\overset{O}{\overset{\|}{C}}-OR' + RCOOH$$

$$R-\overset{\overset{O}{\|}}{C}-OR'' \xrightarrow{R'OH} R-\overset{\overset{O}{\|}}{C}-OR'-R''OH$$

（反应速率：酰卤>酸酐>酯）

（3）氨解

$$R-\overset{\overset{O}{\|}}{C}-X \xrightarrow{NH_3} R-\overset{\overset{O}{\|}}{C}-NH_2 + HX$$

$$(RCO)_2O \xrightarrow{NH_3} R-\overset{\overset{O}{\|}}{C}-NH_2 + RCOOH$$

$$R-\overset{\overset{O}{\|}}{C}-OR' \xrightarrow{NH_3} R-\overset{\overset{O}{\|}}{C}-NH_2 + R'OH$$

（反应速率：酰卤>酸酐>酯）

（4）酰胺的降解与脱水

$$R-\overset{\overset{O}{\|}}{C}-NH_2 \xrightarrow[NaOH]{NaOX} RNH_2 + CO_2 + NaX$$

$$R-\overset{\overset{O}{\|}}{C}-NH_2 \xrightarrow{P_2O_5} RCN + H_2O$$

13. 硝基化合物

$$C_6H_5NO_2 \xrightarrow{[H]} C_6H_5NO \xrightarrow{[H]} C_6H_5NHOH \xrightarrow{[H]} C_6H_5NH_2$$

14. 胺

（1）弱碱性

$$R-NH_2 \xrightarrow{HCl} RNH_2 \cdot HCl \xrightarrow{NaOH} RNH_2$$

$$C_6H_5-NH_2 \xrightarrow{HCl} C_6H_5-NH_2 \cdot HCl \xrightarrow{NaOH} C_6H_5-NH_2$$

（2）烷基化

$$\left.\begin{array}{l} NH_3 \\ R-NH_2 \\ R_2-NH \\ R_3-N \end{array}\right\} \xrightarrow{RX} \left\{\begin{array}{l} RN^+H_3Cl^- \xrightarrow{NaOH} RNH_2 \\ R_2N^+H_2Cl^- \xrightarrow{NaOH} R_2NH \\ R_3N^+HCl^- \xrightarrow{NaOH} R_3N \\ R_4N^+Cl^- \end{array}\right.$$

（芳胺也能发生相应的反应）

$$C_6H_5-NH_2 \xrightarrow[H_2SO_4]{2CH_3OH} C_6H_5-N(CH_3)_2$$

（3）酰基化

$$C_6H_5-NH-H(R) \xrightarrow{R-\overset{O}{\overset{\|}{C}}-X \text{ 或 } (RCO)_2O}$$

$$C_6H_5-\underset{H(R)}{\underset{|}{N}}-\overset{O}{\overset{\|}{C}}-R \xrightarrow[H^+ \text{ 或 } OH^-]{H_2O} C_6H_5-\underset{H(R)}{\underset{|}{NH}}$$

（脂肪胺也有相似的反应）

（4）与亚硝酸作用

$$R-NH_2 \xrightarrow{HONO} R-OH+N_2\uparrow$$

$$C_6H_5-NH_2 \xrightarrow[0\sim5^\circ C]{HONO，HCl} C_6H_5-N_2Cl \xrightarrow[\triangle]{H_2O} C_6H_5-OH + N_2\uparrow$$

$$R_2NH \xrightarrow{HONO} R_2N-N=O \xrightarrow[H^+]{H_2O} R_2NH$$

（黄色油状液体）

$$C_6H_5-\underset{R}{\underset{|}{NH}} \xrightarrow{HONO} C_6H_5-\underset{R}{\underset{|}{N}}-N=O \xrightarrow[H^+]{H_2O} C_6H_5-\underset{R}{\underset{|}{NH}}$$

$$C_6H_5NR_2 \xrightarrow{HONO} p\text{-}ON\text{-}C_6H_4\text{-}NR_2$$ （脂肪族叔胺无此反应）

（5）其他反应

$$C_6H_5NH_2 \xrightarrow[MnO_2,\ H_2SO_4]{[O]} O{=}C_6H_4{=}O$$

$$C_6H_5NH_2 \xrightarrow{Br_2(水)} 2,4,6\text{-}Br_3C_6H_2NH_2 \downarrow$$ （白色）

15. 重氮盐

（1）取代（放出氮气的反应）

$$C_6H_5N_2Cl \xrightarrow[\triangle]{H_2O} C_6H_5OH$$

$$C_6H_5N_2Cl \xrightarrow[\text{或 } C_2H_5OH]{H_3PO_2} C_6H_6$$

$$C_6H_5N_2Cl \xrightarrow[\triangle]{Cu_2Cl_2,HCl} C_6H_5Cl$$ （溴化重氮苯也有类似反应）

$$C_6H_5N_2Cl \xrightarrow[\triangle]{KCN,Cu_2(CN)_2} C_6H_5CN \xrightarrow[H^+]{H_2O} C_6H_5COOH$$

（2）偶合

$$C_6H_5N_2Cl \xrightarrow[NaOH,0℃]{C_6H_5OH} C_6H_5\text{-}N{=}N\text{-}C_6H_4\text{-}OH$$

$$C_6H_5N_2Cl \xrightarrow[CH_3COONa,0℃]{C_6H_5NH_2} C_6H_5\text{-}N{=}N\text{-}C_6H_4\text{-}NH_2$$

（如果羟基或氨基的对位被占据，则偶合反应发生在邻位）

（3）还原

$$C_6H_5N_2Cl \xrightarrow[SnCl_2+HCl]{[H]} C_6H_5NHNH_2 \cdot HCl$$

$$\xrightarrow{NaOH} C_6H_5-NHNH_2$$

16. 腈

（1）水解

$$R-CN \xrightarrow[H^+]{H_2O} R-\overset{\overset{O}{\|}}{C}-NH_2 \xrightarrow[H^+，加热]{H_2O} RCOOH$$

（2）醇解

$$R-CN \xrightarrow[H_2SO_4]{R'OH，H_2O} R-\overset{\overset{O}{\|}}{C}-OR'$$

（3）还原

$$R-CN \xrightarrow[Ni]{H_2O} RCH_2NH_2$$

17. 碳水化合物

（1）氧化

$$\begin{array}{c} CHO \\ | \\ H-C-OH \\ | \\ HO-C-H \\ | \\ H-C-OH \\ | \\ H-C-OH \\ | \\ CH_2OH \end{array} \xrightarrow[（多伦试剂）]{Ag(NH_3)_2OH} \begin{array}{c} COONH_4 \\ | \\ H-C-OH \\ | \\ HO-C-H \\ | \\ H-C-OH \\ | \\ H-C-OH \\ | \\ CH_2OH \end{array} + Ag\downarrow（银镜）$$

$$\begin{array}{c} CHO \\ | \\ H-C-OH \\ | \\ HO-C-H \\ | \\ H-C-OH \\ | \\ H-C-OH \\ | \\ CH_2OH \end{array} \xrightarrow[（斐林试剂）]{Cu(OH)_2，NaOH} \begin{array}{c} COOH \\ | \\ H-C-OH \\ | \\ HO-C-H \\ | \\ H-C-OH \\ | \\ H-C-OH \\ | \\ CH_2OH \end{array} + Cu_2O\downarrow（红色）$$

（2）成脎

$$
\begin{array}{c}
\mathrm{CHO} \\
| \\
\mathrm{H{-}C{-}OH} \\
| \\
\mathrm{HO{-}C{-}H} \\
| \\
\mathrm{H{-}C{-}OH} \\
| \\
\mathrm{H{-}C{-}OH} \\
| \\
\mathrm{CH_2OH}
\end{array}
\xrightarrow[\text{（过量）}]{\mathrm{H_2NNHC_6H_5}}
\begin{array}{l}
\mathrm{H{-}C{=}N{-}NH{-}C_6H_5} \\
\quad | \\
\quad\mathrm{C{=}N{-}NH{-}C_6H_5} \\
\quad | \\
\mathrm{HO{-}C{-}H} \\
\quad | \\
\mathrm{H{-}C{-}OH} \\
\quad | \\
\mathrm{H{-}C{-}OH} \\
\quad | \\
\quad\mathrm{CH_2OH}
\end{array}
$$

（还原糖有以上反应）　　　　D-葡萄糖脎

参 考 文 献

[1] 初玉霞．有机化学．北京：化学工业出版社，2002.

[2] 陈剑波．有机化学．广州：华南理工大学出版社，2004.

[3] 张法庆．有机化学．北京：化学工业出版社，2002.

[4] 邓苏鲁．有机化学．第3版．北京：化学工业出版社，2002.

[5] 高职高专化学教材编写组．有机化学．第2版．北京：高等教育出版社，2003.

[6] 邓苏鲁，黎春南．有机化学例题与习题．北京：化学工业出版社，2001.

[7] 许寿昌．有机化学．北京：高等教育出版社，1993.

[8] 高鸿宾．有机化学．天津：天津大学出版社，2003.

[9] 高鸿宾，王庆文．有机化学．北京：化学工业出版社，2000.

[10] 王箴．化工词典．第4版．北京：化学工业出版社，2000.

[11] 王秀芳．有机化学．北京：化学工业出版社，1999.

[12] 冯蕴华，马锦疆．有机化学实验．北京：化学工业出版社，1989.

[13] 袁红兰，金万祥．有机化学．北京：化学工业出版社，2004.

[14] 刘珍．化验员读本．第4版．北京：化学工业出版社，2004.